污水生物处理热力学及自给能路径

晏 鹏 郭劲松 高 旭 著

科学出版社

北京

内 容 简 介

本书是一部关于污水生物处理能量计量与评估分析的专著，以污水生物处理微生物代谢化学计量学和代谢能量学为基础，重点阐述污水生物处理工艺的热力学基础与微生物物质–能量代谢偶联的微观本质；详述污水生物处理过程能质的宏观规律和污染物化学能高效定向转化的原理与途径；提出污水处理厂能效评估方法和自给能污水处理厂数学模型。结合我国区域气候特征，开展不同气候区污水处理厂自给能的可行性评估，揭示污水厂能源自给潜力的地理空间分布，提出污水处理零能耗实现碳中和的工艺调控与优化途径。

本书可作为环境科学与工程、市政工程研究生的参考书，也可作为高等院校和科研院所的研究人员、水务从业人员、环保部门管理人员等的参考用书。

图书在版编目（CIP）数据

污水生物处理热力学及自给能路径 / 晏鹏，郭劲松，高旭著.
北京：科学出版社，2024.12. -- ISBN 978-7-03-078858-0

Ⅰ. X703.1

中国国家版本馆 CIP 数据核字第 2024L8D962 号

责任编辑：刘　琳 / 责任校对：彭　映
责任印制：罗　科 / 封面设计：墨创文化

科 学 出 版 社 出版

北京东黄城根北街16号
邮政编码：100717
http://www.sciencep.com

成都锦瑞印刷有限责任公司 印刷
科学出版社发行　各地新华书店经销

*

2024 年 12 月第 一 版　　开本：787×1092 1/16
2024 年 12 月第一次印刷　　印张：14 1/2
字数：350 000

定价：148.00 元
（如有印装质量问题，我社负责调换）

序 言 1

　　自工业革命以来，全球气候的温室效应日益加剧，极端天气事件日趋频繁，正影响着人类生存和文明进程。随着我国"双碳"战略的纵深推进，实现污水处理工艺的碳中和已成为污水处理未来发展的必然方向。

　　污水中的污染物含有大量的化学潜能，将其视为一种可再生能源，革新污水处理工艺系统将这种潜能挖掘出来利用，以实现污水处理厂能源自给、能源内部循环并达成碳中和，已成为当今污水处理资源化、能源化、高效化世界性前沿基础研究之一。目前，发达国家已开展污水处理碳中和的理论和技术研究，并已开始探索污水处理"能量中和"的工程实践。在我国，污水处理大多起步于引进技术，对前沿理论和技术的研究起步较晚，而污水处理能源自给的相关理论和技术研发及工程实践，正是我们可以与国际先进同行并跑的机遇。

　　该书的作者团队长期致力于低能耗污水处理资源化和能源化的研究工作，该专著凝聚了作者团队过去十几年在污水处理污染物化学能利用与能效分析等方面的研究成果。该书聚焦污水处理微生物物质代谢偶联的能量迁移的本质，融合微生物代谢能量学与污水生物处理工艺的热力学，诠释能量从微生物微观质-能代谢到污水处理过程宏观质-能转化的利用规律，揭示污水处理过程污染物化学能高效定向转化机制与途径。该书从热力学视觉论证"低品位的污染物化学能-生物质能-高品位化学能-热/电能"逐级升华的路径，提出污水处理厂能量自给的评估数学模型与调控方法，并探索我国不同气候区实现能量中和的普适性规则和多样性特征。这将为推动我国污水处理厂能量回收乃至实现"能量中和"提供重要的知识和理论积累。

　　该专著的学术价值在于其有效地建立了微生物微观物质-能量代谢与污水处理宏观过程物质-能量流动的映射关系。相信该专著的问世，将会丰富和启发污水处理能源化方向的研究，推动污水处理能量回收技术的发展，助力国家"双碳"战略。

中国工程院院士

北京工业大学教授

序 言 2

现今的污水处理以高能耗为代价实现污染物削减，形成了"减排污染物、增排温室气体"的尴尬局面，是能源密集型的高耗能行业。因此，革新污水处理工艺，探索污水处理厂能源自给，将推动污水处理行业为"双碳"战略作出贡献。

资料显示：污水中的污染物所蕴含的化学能约是处理污水能耗的 10 倍。传统的污水生物处理采用"以能(曝气供氧)-耗能(有机物化学能)"的模式，将污染物转化为环境基态物质。在这一过程中，既未充分考虑降低化学能转化过程中的耗散和提升化学能向可支配利用的能源形式的高通量富集，也未充分利用富集了能量的能源物质(如生物质)和产生的能源的回收循环，更未在污水处理厂内构建起能量循环的自给能体系。造成这一困局的关键是建立微观物质-能量转化与宏观能量利用、回收之间计量关系等理论研究的滞后。

针对上述问题，该书作者在国内较早开展污水处理能量循环理论与技术研究。经过十几年的沉淀积累，其相关研究成果受到了国内外学者的关注和认可。该书以污水生物处理"微生物质能代谢特征解析-处理工艺热力学诠释-处理过程能量平衡模型建立-处理厂自给能潜力评估-以碳中和为目标的自给能途径提出与优化"的写作逻辑，构建起该书的结构和知识体系。书中阐释的污水处理系统微生物质-能代谢转化的能量平衡机制，构建的嵌入了微生物质-能代谢计量关系的污水处理工艺过程能量平衡模型，明确的污染物化学能量可回收的边界，以及针对我国国情，提出的不同气候区域城市污水处理厂实现能源自给、零能耗的工艺技术途径和调控优化策略等，可为面向碳中和的污水处理厂设计、运营、技术开发和管理优化提供技术指导。

相信该书的出版将启发和推动我国在污水处理自给能技术方面的理论研究和工程实践，为我国制定污水处理"双碳"政策及实施标准提供理论与技术借鉴。

中国科学技术大学教授

前　　言

现有污水处理是一个高耗能行业，其能耗费用占总成本的 50%以上。2020 年污水处理行业耗电量约 338 亿 kW·h，且在社会总能耗中的占比逐年提高。以高耗能为代价实现污染物削减，形成了"减排污染物、增排温室气体"的尴尬局面。我国污水处理行业的碳排放量占全社会总排放量的 1%~2%，是碳排放前十的行业之一。为了配合国家"双碳"目标，积极探讨污水处理行业"双碳"实施技术，将对"双碳"目标的实现起到重要支撑。

目前，国内外关于污水处理工艺节能、减排、降碳的研究与实践仍主要集中于污染物去除过程的宏观用能分析。事实上，污染物含有大量的化学潜能，因此，如何释放并利用这一潜能自然成为实现污水处理能源自给、碳中和的关键。深刻解析物质代谢和能量代谢的耦合关系，并建立微观物质-能量转化与宏观能量回收之间的有效工程技术路径，就成为污水处理领域解决碳中和"卡脖子"技术的前沿关键基础问题之一。本书拟从污水处理微生物代谢化学计量学和代谢能量学出发，重点围绕污水中污染物化学能高效定向转化与处理过程能量平衡这条主线展开相关论述。

全书共分 5 章。第 1 章介绍污水生物处理微生物化学计量学，重点推导不同电子供体和电子受体条件下，污水处理功能微生物代谢的化学计量关系，由晏鹏撰写。第 2 章介绍污水生物处理微生物代谢能量学，着重构建微生物代谢的热力学描述，分析污水处理生物体系的能量迁移特征，由晏鹏、郭劲松撰写。第 3 章梳理污水生物处理工艺的热力学基础知识，引入污染物化学㶲的概念并建立㶲平衡分析模型，阐释污染物化学能高效定向转化的驱动力机制，由郭劲松、高旭撰写。第 4 章构建城市污水处理厂污水污泥的能值测定方法，建立能值指标与常规水质指标的耦合关系，提出城市污水处理厂能效评价的方法，并对国内 4 座不同工艺类型的城市污水处理厂进行案例分析，由高旭、郭劲松撰写。第 5 章基于微生物代谢提出零能耗污水处理及计量分析模型，对我国不同气候区域实际的城市污水处理厂自给能开展可行性评估，揭示我国污水处理厂能源自给潜力的地理空间分布特征，由晏鹏撰写。全书由晏鹏统稿，郭劲松审定。

本书的研究工作得到了国家自然科学基金、国家科技支撑计划、国家重点研发计划、重庆市自然科学基金等的支持，得到了课题组方芳教授、陈猷鹏教授等老师及课题组参加该方向研究工作的研究生们的支持和帮助，在此表示由衷感谢！笔者也要向本书所引用的参考文献的所有作者表示衷心的感谢！由于作者水平有限，书中难免出现疏漏之处，恳请读者批评指正。

晏鹏　郭劲松　高旭

2024 年 6 月于重庆

目 录

第1章 污水生物处理微生物化学计量学

污水生物处理过程中，物质能量转化通过微生物生化反应完成。微生物生化反应实现反应物(污染物)向产物如生物量、二氧化碳、水、氨、热量等的转化，同时实现污水处理系统能量的平衡；其反应物和产物之间物质的量的关系能够利用化学计量学原理建立化学反应平衡方程确定。因此，微生物化学计量学是确定污水处理过程能量平衡关系的基础。微生物生化反应化学计量学具有以下特点：第一，氧化反应与还原反应同时发生在微生物细胞中，且微生物既充当反应催化剂，也是反应的最终产物；第二，微生物细胞能够同时发生多个反应，以便为细胞合成与维持生命活动提供能量；第三，能量反应与合成反应深度耦合，因此，在考虑元素、电子、电荷平衡的同时，必须考虑微生物能量学。本章将结合污水生物处理微生物化学计量学介绍微生物能量学的内容。

Porges 等(1956)针对含酪蛋白废水提出废水生物氧化的平衡方程式：

$$C_8H_{12}O_3N_2 + 3O_2 \longrightarrow C_5H_7O_2N + NH_3 + 3CO_2 + H_2O \tag{1.1}$$

$$\text{酪蛋白} \qquad\qquad\qquad \text{细胞生物质}$$

相对分子质量：　184　　　96　　　113　　　17　　132　　18

酪蛋白是复杂的蛋白质混合物，通常用化学计量式 $C_8H_{12}O_3N_2$ 表示。这个计量式是根据废水中含有的有机碳、H 和 N 的相对质量比例而确定的。方程式(1.1)表明，为了使反应正常进行，微生物每消耗 184 g 酪蛋白，必须向其提供 96 g O_2。这个反应产生 113 g 细胞生物质、17 g NH_3、132 g CO_2 以及 18 g H_2O。在方程式(1.1)中，酪蛋白中的一些碳被完全氧化成 CO_2，因此，酪蛋白是电子供体。酪蛋白中剩余的碳用于细胞合成新的细胞有机质固体(生物质)。

采用同样的方法可以得到细菌细胞的经验化学计量式为 $C_5H_7O_2N$。细菌细胞具有高度复杂的结构，含有多种碳水化合物、蛋白质、脂肪和核酸，有些相对分子质量很大。微生物细胞物质成分除了包含 C、H、O、N 外，还包含如 P、S、Fe 以及其他一些仅仅以痕量存在的元素。通常只要已知化合物元素的相对质量比，就能获得化合物的经验化学计量式。Porges 等(1956)只选择了 4 种主要元素来表示，这基本上能够满足应用的需要。有了化学计量式，只要知道形成细菌细胞的特定反应，就可以通过它来确定化学计量式中未表示出的元素的需求量。例如，根据方程式(1.1)，当处理 500 kg/d 酪蛋白时，需要提供约 261 kg/d 的 O_2，并产生约 307 kg/d 的细胞生物质。P 通常占细菌细胞有机物干重(干质量)的 2%，因此，如果在处理过程中消耗了 500 kg/d 酪蛋白，废水中就需要存在(或者添加) 6.14 kg/d P，以满足细菌的需求。同样也可以根据经验数据利用化学计量学原理来推导化学反应平衡方程。

1.1　理论化学需氧量与电子当量

化学需氧量(chemical oxygen demand，COD)的测定在实验室中很容易，其过程是在酸性重铬酸盐溶液中150℃加热2 h氧化样品中的有机物。重铬酸盐被给予的电子数以等价的氧当量表示为 COD_{cr}，通常简写为COD；单位符号为 gO_2/m^3(或 mgO_2/L)。

O_2 的电子当量可以测定，因为1mol O_2 的质量是32 g，为4电子当量(2氧原子×2e⁻/1氧原子)，因此，1电子当量(electron equivalent，e⁻eq)对应于8g COD [式(1.2)]。

$$1\ e^- eq = 8g\ COD \tag{1.2}$$

考虑到有机物是电子供体，O_2 是电子受体，溶解氧由负COD表示：

$$1g\ O_2 = -1g\ COD \tag{1.3}$$

基质的理论化学需氧量(theoretical chemical oxygen demand，thCOD)可以通过建立化学平衡方程来确定，O_2 为反应物，化合物被矿化为最终产物(环境基态物质)，氮依然保持−3价 $N(NH_3)$ 的状态[式(1.4)]。式(1.5)给出了由C、H、N、O等元素组成的基质thCOD的计算通式(Rittmann and McCarty，2020)。

$$C_nH_aO_bN_c + \left(\frac{2n+0.5a-1.5c-b}{2}\right)O_2 \longrightarrow nCO_2 + cNH_3 + \left(\frac{a-3c}{2}\right)H_2O \tag{1.4}$$

$$thCOD / 质量 = \frac{(2n+0.5a-1.5c-b)\times 16}{12n+a+16b+14c} \tag{1.5}$$

其中，n = C质量分数/12T；a = H质量分数/T；b = O质量分数/16T；c = N质量分数/14T。

$$T = C质量分数/12 + H质量分数/1 + O质量分数/16 + N质量分数/14 \tag{1.6}$$

1.2　微生物细胞的经验化学计量式

前面提到细胞的经验化学计量式($C_5H_7O_2N$)是最先应用于平衡微生物生化反应的分子式之一。但是，细胞中各种元素的相对比例取决于系统含有的微生物种类、用于产生能量的基质以及微生物生长所需的营养物质等特性。例如，微生物生长在缺乏氮的环境中，它们会产生更多的脂肪和糖类物质，结果使细胞的经验化学计量式中氮的比例变小。表1.1列举了现有文献中报道的细胞经验化学计量式。这些细胞，有些是厌氧生长的，有些是好氧生长的；有些是混合培养物，有些是纯培养物；有些在不同的有机基质中培养。含氮量在6%～15%变化，典型的经验化学计量式($C_5H_7O_2N$)中含氮量为12%。

表1.1　原核微生物细胞的经验化学计量式

经验化学计量式	相对分子质量	含氮量/%	生长基质和环境条件	参考文献
混合培养				
$C_5H_7O_2N$	113	12	酪蛋白，好氧的	(Porges et al.，1956)

续表

经验化学计量式	相对分子质量	含氮量/%	生长基质和环境条件	参考文献
$C_7H_{12}O_4N$	174	8	乙酸盐、氨氮氮源，好氧的	(Symons and McKinney，1958)
$C_9H_{15}O_5N$	217	6	乙酸盐、硝酸盐氮源，好氧的	(Symons and McKinney，1958)
$C_9H_{16}O_5N$	218	6	乙酸盐、亚硝酸盐氮源，好氧的	(Symons and McKinney，1958)
$C_{4.9}H_{9.4}O_{2.9}N$	129	11	乙酸盐，产甲烷的	(Speece and McCarty，1964)
$C_{4.7}H_{7.7}O_{2.1}N$	112	13	辛酸，产甲烷的	(Speece and McCarty，1964)
$C_{4.9}H_9O_3N$	130	11	丙氨酸，产甲烷的	(Speece and McCarty，1964)
$C_5H_{8.8}O_{3.2}N$	134	10	亮氨酸，产甲烷的	(Speece and McCarty，1964)
$C_{4.1}H_{6.8}O_{2.2}N$	105	13	营养肉汤，产甲烷的	(Speece and McCarty，1964)
$C_{5.1}H_{8.5}O_{2.5}N$	124	11	葡萄糖，产甲烷的	(Speece and McCarty，1964)
$C_{5.3}H_{9.1}O_{2.5}N$	127	11	淀粉，产甲烷的	(Speece and McCarty，1964)
纯培养				
$C_5H_8O_2N$	114	12	细菌、乙酸，好氧的	(Bailey and Ollis，1986)
$C_5H_{8.33}O_{0.81}N$	95	15	细菌，未确定	(Bailey and Ollis，1986)
$C_4H_8O_2N$	102	14	细菌，未确定	(Bailey and Ollis，1986)
$C_{4.17}H_{7.42}O_{1.38}N$	94	15	*Aerobacter aerogenes*（产气杆菌），未确定	(Bailey and Ollis，1986)
$C_{4.54}H_{7.91}O_{1.95}N$	108	13	*Klebsiella aerogenes*（克雷伯氏产气荚膜杆菌），甘油，$\mu=0.1\ h^{-1}$	(Bailey and Ollis，1986)
$C_{4.17}H_{7.21}O_{1.79}N$	100	14	*Klebsiella aerogenes*（克雷伯氏产气荚膜杆菌），甘油，$\mu=0.85\ h^{-1}$	(Bailey and Ollis，1986)
$C_{4.16}H_8O_{1.25}N$	92	15	*Escherichia coli*（埃希氏大肠杆菌），未确定	(Battley，1987)
$C_{3.85}H_{6.69}O_{1.78}N$	95	15	*Escherichia coli*（埃希氏大肠杆菌），葡萄糖	(Battley，1987)
最高	218	15	—	
最低	92	6	—	
中间值	113	12	—	

如果已知一个微生物培养物中 C、H、O、N 4 种元素的质量分配，就可以很快建立细胞的经验化学计量式，并计算出 thCOD。如细胞的组成（质量分数）为 49.1%的 C，5.8%的 H，25.8%的 O，9.2%的 N 和 8.2%的灰分（N、P、Fe 和其他无机微量元素），则

T =49.1%/12+5.8%+25.8%/16+9.2%/ 14 =12.16%

n =49.1%/（12×12.16%）= 0.336 a = 5.8%/12.16% = 0.477

b =25.8%/（16×12.16%）= 0.133 c = 9.2%/（14×12.16%）= 0.054

通常以 N 为基准进行归一化，即设系数 c=1，各系数除以 0.054，此时得到细胞的经验化学计量式为 $C_{6.2}H_{8.8}O_{2.5}N$。这个经验化学计量式表明的是一种计量关系，而非原子个数。因此，非整数系数（如 O 为 2.5）是合理的、正确的。thCOD/有机物质量为

（2×6.2+0.5×8.8-1.5-2.5）×16/（12×6.2+8.8+16×2.5+14）= 1.49 g thCOD/g 细胞

一些化合物的 thCOD 如表 1.2 所示。对基质而言，理论化学需氧量与挥发性悬浮固体（volatile suspended solids，VSS）质量的比值（thCOD/VSS）随基质还原程度的不同而变

化。如甲酸为 0.35 gCOD/gVSS，氧化程度更高的基质甲烷其值为 4.00 gCOD/gVSS，氢气为 8.00 gCOD/gVSS。

表 1.2   按质量计算不同化合物的 thCOD 值

化合物	化学计量式	质量(VSS)C、H、O、N 元素分子量/(g/mol)	C/%	N/%	P/%	thCOD /(g/mol)	COD/VSS /(g/g)
生物质							
	$C_5H_7O_2N$	113	53	12	0	160	1.42
	$C_5H_7O_2NP_{1/12}$	113	52	12	2.2	160	1.42
	$C_{60}H_{87}O_{23}N_{12}P$	1343	52	12	2.3	1960	1.46
	$C_6H_{7.7}O_{2.3}N$	131	55	11	0	193	1.48
	$C_{18}H_{19}O_9N$	393	55	4	0	560	1.42
	$C_{6.2}H_{8.8}O_{2.5}N$	137	54	10	0	205	1.49
	$C_{41.3}H_{64.6}O_{18.8}N_{7.04}$	960	52	10	0	1369	1.43
	$C_4H_6O_2$	86	56	0	0	144	1.67
有机物							
生活污水	$C_{10}H_{19}O_3N$	201	60	7	0	400	1.99
酪蛋白	$C_8H_{12}O_3N_2$	184	52	15	0	256	1.39
一般有机物	$C_{18}H_{19}O_9N$	393	55	4	0	560	1.42
碳水化合物	$C_{10}H_{18}O_9$	282	43	0	0	320	1.13
油脂	$C_8H_6O_2$	134	72	0	0	272	2.03
油类：十八烯酸	$C_{18}H_{34}O_2$	282	77	0	0	816	2.89
蛋白质	$C_{14}H_{12}O_7N_2$	320	53	9	0	384	1.20
葡萄糖	$C_6H_{12}O_6$	180	40	0	0	192	1.07
甲酸	CH_2O_2	46	26	0	0	16	0.35
乙酸	$C_2H_4O_2$	60	40	0	0	64	1.07
丙酸	$C_3H_6O_2$	74	49	0	0	112	1.51
丁酸	$C_4H_8O_2$	88	55	0	0	160	1.82
甲烷	CH_4	16	75	0	0	64	4.00
氢气	H_2	2	—	—	—	16	8.00

资料来源：Henze et al.，2008。

1.3   基质分配和化学计量学的细胞产率

1.3.1   基于基质分配及基于化学计量学的细胞产率

微生物利用电子供体(基质)进行新陈代谢，一部分电子(f_e^0，e^-eq 产物/e^-eq 供体)先传递给电子受体，用以提供能量(分解代谢)，剩余的电子(f_s^0，e^-eq 细胞 s/e^-eq 供体)转化进入微生物细胞(合成代谢), 如图 1.1 所示。以电子当量为基础, f_e^0 和 f_s^0 之和等于 1, 这样才能保持电子平衡与 COD 平衡(Rittmann and McCarty, 2020)。

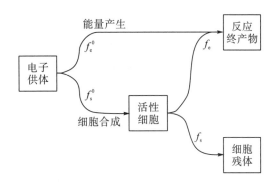

图 1.1　电子供体用于能量产生和细胞合成

f_s^0 和 f_e^0 能够为基质参与能量代谢和合成代谢提供分配框架, 这个分配框架以电子平衡为依据。f_s^0 可以质量单位表达, 如 g 细胞产量/gCOD 消耗。以质量单位表示, 称为细胞实际产率, 并且以符号 Y 表示。将 f_s^0 转化为 Y 的表达式为

$$Y = f_s^0 (M_c \text{g细胞}) / [(n_e \text{e}^- \text{eq/mol细胞})(8 \text{gCOD} / \text{e}^- \text{eq 供体})] \quad (1.7)$$

式中, M_c 为细胞经验化学计量式的摩尔质量; n_e 为单位摩尔细胞的电子当量数; 电子供体质量以 COD 表示。当以 $C_5H_7O_2N$ 表示细胞, 以氨为氮源时, $M_c = 113$ g 细胞/mol 细胞, $n_e = 20$ e$^-$ eq/mol 细胞。细胞微生物产率为 $Y = 0.706 f_s^0$, Y 的单位是 g 细胞/g COD。如果细胞化学计量式不同或者细胞以氧化态氮如 NO_3^- 为氮源, 细胞产率就会不同。

利用初始电子供体的生长作用产生了活的细菌细胞, 随后活细胞由于维持生命活动、捕食作用和溶胞作用而衰亡。在衰亡过程中, 一部分活细菌细胞成为电子供体产生更多的能量 f_e, 其余的部分转化成没有生物活性的细胞残余物 f_s。f_e 和 f_s 同样遵守电子平衡和 COD 平衡, 因此, $f_e + f_s = 1$。f_s 为残留部分细胞物质, 也可以以质量单位表达, 用其计算的细胞产率称为表观产率, 并且以符号 Y_{obs} 表示, 其表达式为

$$Y_{obs} = f_s (M_c \text{g细胞}) / [(n_e \text{e}^- \text{eq/mol 细胞})(8 \text{gCOD/e}^- \text{eq 供体})] \quad (1.8)$$

同理, 当以 $C_5H_7O_2N$ 表示细胞, 以氨为氮源时, $Y_{obs} = 0.706 f_s$。

通常在反应器中, f_s 与 f_s^0 存在以下关系:

$$f_s = f_s^0 \frac{1 + (1 - f_d) b \theta_x}{1 + b \theta_x} \quad (1.9)$$

式中, f_d 为细胞物质可以被生物降解的部分, 通常为 0.8; θ_x 为反应器中细胞平均停留时间, 即污泥龄(d); b 为内源衰减系数(d^{-1}), 其表达式为

$$b_T = b_{20} (1.04)^{T-20} \quad (1.10)$$

式中, b_{20} 为温度 20℃时的内源衰减系数(d^{-1}), 通常为 0.005～0.15 d^{-1}; b_T 为温度 T℃时的内源衰减系数(d^{-1})。

1.3.2　基于微生物能量学估算实际产率

通过精细的实验室实验测定实际(或最大)产率时,微生物能量学是一种可供选择的方法。利用细菌能量学计算细胞实际产率的方法较多,如 McCarty 的电子当量模型,以及基于此模型的一些简化方法。McCarty 的电子当量模型将在第 2 章中详细介绍,这里介绍 Henze 等(2008)的方法,该方法也是对 McCarty 的电子当量模型的简化。

简化的计算程序包括:判断电子受体和电子供体;分解代谢产生的能量;细胞合成(合成代谢)所需能量;细胞基质分配;实际产率(Y)系数。

1)产能反应(分解代谢)

Rittmann 和 McCarty(2020)的方法假设只有一部分(40%～80%,典型值 60%)氧化还原反应产生的能量可被合成代谢利用,其余部分以热量的形式耗散,即

$$\Delta G_{\text{cata}} = \varepsilon \Delta G_{\text{R}} \tag{1.11}$$

式中,ΔG_{cata} 为 1 电子当量电子供体分解可利用的吉布斯自由能($\text{kJ/e}^-\text{eq}$);ε 为能量转移利用系数(典型值 0.60);ΔG_{R} 为 1 电子当量电子供体释放的吉布斯自由能($\text{kJ/e}^-\text{eq}$)。

2)细胞合成所需能量(合成代谢)

以丙酮酸盐作为中间代谢产物,由电子供体合成异养生物量所需能量就能估算出来,即

$$\Delta G_{\text{ana}} = \frac{\Delta G_{\text{P}}}{\varepsilon^m} + \Delta G_{\text{C}} + \frac{\Delta G_{\text{N}}}{\varepsilon} \tag{1.12}$$

式中,ΔG_{ana} 为 1 电子当量电子供体合成代谢所需的吉布斯自由能($\text{kJ/e}^-\text{eq}$);ΔG_{P} 为转化 1 电子当量电子供体至丙酮酸盐所需的吉布斯自由能($\text{kJ/e}^-\text{eq}$);m 为常数,ΔG_{P} 为正(吸能)时取+1,ΔG_{P} 为负(放能)时取-1;ΔG_{C} 为转化 1 电子当量丙酮酸盐至细胞体内所需的吉布斯自由能,等于 31.41 $\text{kJ/e}^-\text{eq}$;ΔG_{N} 为 1 电子当量细胞将氮还原至氨所需的吉布斯自由能($\text{kJ/e}^-\text{eq}$ 细胞体),氮源为 NO_3^-、NO_2^-、N_2 和 NH_4^+ 时,其值分别为 17.46 $\text{kJ/e}^-\text{eq}$、13.61 $\text{kJ/e}^-\text{eq}$、15.85 $\text{kJ/e}^-\text{eq}$、0.00 $\text{kJ/e}^-\text{eq}$。

式(1.12)右边第一项描述了将电子供体转化至丙酮酸盐在效率部分 ε 有一个指数 m,若 ΔG_{P} 为正,反应为吸能反应,如乙酸盐转化为丙酮酸盐,此时,m 取正值,导致第一项值变大,即需要更多能量。若 ΔG_{P} 为负,此反应为释能反应,如葡萄糖转化为丙酮酸盐,此时,m 取负值,导致第一项值变小,即需要更少能量。

3)细菌生长基质分配

可以写出两个质量平衡方程,式(1.13)表示电子供体中电子可用于能量产生与合成耗能以电子当量为基础的和等于 1:

$$f_{\text{e}}^0 + f_{\text{s}}^0 = 1 \tag{1.13}$$

合成代谢需要的能量等于分解代谢提供的能量,如式(1.14)。方程(1.14)中的负号解

释了合成代谢消耗能量而非产生能量：

$$-f_s^0 \Delta G_{ana} = f_e^0 \Delta G_{cata} \tag{1.14}$$

此方程改写后可以看出：细菌生长（合成代谢）需要的能量等于分解代谢产生的能量乘以被氧化的电子供体与用于细菌细胞合成的电子供体的比值。

$$-\Delta G_{ana} = \frac{f_e^0}{f_s^0} \Delta G_{cata} \tag{1.15}$$

可进一步改写方程并分离未知数（f_e^0/f_s^0）：

$$\frac{f_e^0}{f_s^0} = -\frac{\Delta G_{ana}}{\Delta G_{cata}} \tag{1.16}$$

由电子供体的质量平衡关系可以解出 f_s^0 和 f_e^0：

$$f_s^0 = \frac{1}{1+\left(\dfrac{f_e^0}{f_s^0}\right)} \tag{1.17}$$

$$f_e^0 = 1 - f_s^0 \tag{1.18}$$

4）细菌细胞实际产率

根据式(1.7)，代入 f_s^0 就能获得细胞实际产率。

下面介绍从微生物能量学角度估算以氨为氮源，好氧氧化葡萄糖的细胞实际产率的例子。通常电子受体、电子供体和细胞合成的半反应及自由能可以在相关生化手册上查得。

(1) 产能反应（分解代谢）。

好氧氧化葡萄糖的化学反应、产能半反应和计算由以下三个公式表示：

$$\frac{1}{24}C_6H_{12}O_6 + \frac{1}{4}O_2 = \frac{1}{4}CO_2 + \frac{1}{4}H_2O \quad (\Delta G^{0'} = -120.10\ \text{kJ/e}^-\text{eq})$$

$$\Delta G_{cata} = \varepsilon \Delta G_R = 0.6 \times (-120.10) = -72.06\ \text{kJ/e}^-\text{eq}$$

$$\frac{1}{24}C_6H_{12}O_6 + \frac{1}{4}H_2O = \frac{1}{4}CO_2 + e^- + H^+$$

(2) 细胞合成所需能量（合成代谢）。

转化 1 电子当量葡萄糖至丙酮酸盐的化学反应及所需的吉布斯自由能。

电子供体：

$$\frac{1}{24}C_6H_{12}O_6 + \frac{1}{4}H_2O = \frac{1}{4}CO_2 + e^- + H^+ \quad (\Delta G^{0'} = -41.96\ \text{kJ/e}^-\text{eq})$$

电子受体：

$$\frac{1}{5}CO_2 + \frac{1}{10}HCO_3^- + H^+ + e^- = \frac{1}{10}CH_3COCOO^- + \frac{2}{5}H_2O \quad (\Delta G^{0'} = +35.78\ \text{kJ/e}^-\text{eq})$$

总反应：

$$\frac{1}{24}C_6H_{12}O_6 + \frac{1}{10}HCO_3^- = \frac{1}{10}CH_3COCOO^- + \frac{1}{20}CO_2 + \frac{3}{20}H_2O \quad (\Delta G^{0'} = -6.18\ \text{kJ/e}^-\text{eq})$$

由于电子供体：葡萄糖转化至 $CO_2(\Delta G^{0'}=-41.96\ kJ/e^-eq)$，电子受体：$CO_2$ 转化至丙酮酸盐 $(\Delta G^{0'}=+35.78\ kJ/e^-eq)$，则 ΔG_P 为 $-6.18\ kJ/e^-eq$；m 为 -1（ΔG_P 为负）；ε 为 0.6；ΔG_C 为 $31.41\ kJ/e^-eq$ 细胞体；以 NH_4^+ 为氮源，ΔG_N 为 $0.00\ kJ/e^-eq$ 细胞体。

因此，

$$\Delta G_{ana}=\left(\frac{\Delta G_P}{\varepsilon^m}\right)+\Delta G_C+\left(\frac{\Delta G_N}{\varepsilon}\right)=\left(-\frac{6.18}{0.6^{-1}}\right)+31.41+0=27.70\ kJ/e^-eq$$

（3）细胞增长总反应（新陈代谢）。

计算 f_e^0/f_s^0 比值：

$$\frac{f_e^0}{f_s^0}=-\left(\frac{\Delta G_{ana}}{\Delta G_{cata}}\right)=-\left(\frac{27.70}{-72.06}\right)=0.38$$

$$f_s^0=\frac{1}{\left[1+\left(\frac{f_e^0}{f_s^0}\right)\right]}=\frac{1}{1+0.38}=\frac{0.72\ g细胞体COD}{g消耗COD}$$

$$f_e^0=1-f_s^0=0.28\ gCOD/g消耗COD$$

（4）实际产率的质量单位。

考虑到微生物化学计量式 $C_5H_7O_2N$，实际产率的质量单位为

$$Y=\frac{f_s^0}{1.42}=0.51\ gVSS/g消耗COD$$

1.3.3   污水处理工艺中的细胞产率

污水处理工艺中主要功能代谢过程的细胞产率，因涉及工艺，所以涉及的产率皆为表观产率。同时以生活污水作为电子供体其化学计量式为 $C_{10}H_{19}O_3N$（本书采用的计量式）。

1）碳氧化的细胞产率

$$\frac{1}{50}C_{10}H_{19}O_3N+\frac{(1-f_s)}{4}O_2===\left(\frac{9}{50}-\frac{f_s}{5}\right)CO_2+\left[\frac{7}{50}-\frac{f_s}{20}\right]H_2O$$
$$+\left(\frac{1}{50}-\frac{f_s}{20}\right)NH_4^++\left(\frac{1}{50}-\frac{f_s}{20}\right)HCO_3^-+\frac{f_s}{20}C_5H_7O_2N \tag{1.19}$$

碳氧化的细胞产率为

$$Y_a=\left[f_s\frac{1}{20}C_5H_7O_2N(g细胞)\right]\bigg/\left[\frac{1}{50}C_{10}H_{19}O_3N（gCOD）\right]$$

$C_{10}H_{19}O_3N$ 被完全氧化的化学反应式如下：

$$C_{10}H_{19}O_3N+12.5O_2===9CO_2+7H_2O+NH_4^++HCO_3^-$$

因此，$C_{10}H_{19}O_3N$的COD $=12.5\times2\times16=400$，得

$$Y_a=f_s\frac{113}{20}\bigg/\frac{400}{50}=0.706f_s\ gVSS/gCOD$$

2) 硝化的细胞产率

$$\left(\frac{1}{8}+\frac{f_s}{20}\right)NH_4^+ +\frac{1-f_s}{4}O_2+\frac{f_s}{20}HCO_3^- +\frac{f_s}{5}CO_2 =\!=\!=\frac{1}{8}NO_3^- +\left(\frac{1}{8}-\frac{f_s}{20}\right)$$
$$H_2O+\frac{1}{4}H^+ +\frac{f_s}{20}C_5H_7O_2N \tag{1.20}$$

硝化的细胞产率为

$$Y_n=\frac{\dfrac{f_s}{20}C_5H_7O_2N}{\left(\dfrac{1}{8}+\dfrac{f_s}{20}\right)NH_4^+}=\frac{\dfrac{f_s}{20}\times113}{\left(\dfrac{1}{8}+\dfrac{f_s}{20}\right)\times14}=\frac{8.07f_s}{2.5+f_s}\ \text{gVSS/gN}$$

然而 8 gO$_2$ 对应 1 电子当量,1mol NH$_4^+$-N 能够提供 8 电子当量,因此,14 gN = 64 gO$_2$,即

$$Y_n=\frac{1.765f_s}{2.5+f_s}\ \text{gVSS/gCOD}$$

3) 反硝化的细胞产率

$$\frac{1}{50}C_{10}H_{19}O_3N+\frac{(1-f_s)}{5}NO_3^- +\frac{(1-f_s)}{5}H^+ =\!=\!=\left(\frac{9}{50}-\frac{f_s}{5}\right)CO_2+\left(\frac{6}{25}-\frac{3}{20}f_s\right)H_2O$$
$$+\frac{(1-f_s)}{10}N_2+\left(\frac{1}{50}-\frac{f_s}{20}\right)HCO_3^- +\frac{f_s}{20}C_5H_7O_2N+\left(\frac{1}{50}-\frac{f_s}{20}\right)NH_4^+ \tag{1.21}$$

反硝化的细胞产率为

$$Y_d=\frac{\dfrac{f_s}{20}C_5H_7O_2N\ \text{gVSS}}{\dfrac{1}{50}C_{10}H_{19}O_3N\ \text{gCOD}}=0.706f_s\ \text{gVSS/gCOD}$$

1.4　生物处理工艺化学计量学

生物处理工艺化学计量学主要用于反映生物处理过程中反应物与产物之间的数量关系。本节重点介绍 Ekama(2009)建立的有机物好氧降解、硝化、反硝化、污泥厌氧消化的元素质量平衡及化学计量方程。首先确定进水的有机物成分和化学计量组成,进水化学成分用 C$_x$H$_y$O$_z$N$_a$P$_b$ 表示。进水主要包含以下五种有机物:①挥发性脂肪酸(volatile fatty acids,VFA;以醋酸计);②可发酵易生物降解的溶解性有机物;③难生物降解溶解性有机物;④生物降解缓慢的有机颗粒;⑤难生物降解有机颗粒。用 f_C、f_H、f_O、f_N、f_P、f_{cv} (g/g 有机物或 g/gVSS)分别表示 C、H、O、N、P 以及 COD 在有机物或污泥生物量中的质量分数。

1.4.1 好氧活性污泥工艺化学计量学

好氧活性污泥工艺主要通过好氧细菌利用氧作为电子受体，有机物作为电子供体进行代谢，从而实现有机物的降解。基于 e^- 和 H^+ 平衡，得到好氧活性污泥工艺的化学计量学方程。依据细胞生长的微生物能量学，其中有机化合物提供的电子(e^-)和质子(H^+)用于合成代谢产生新的生物量和分解代谢产生将有机物转化为生物量所需的能量。

由组成为 $C_xH_yO_zN_aP_b$ 的有机物提供 e^- 和 H^+ 的化学反应式如下：

$$C_xH_yO_zN_aP_b+(2x-z+a+3b)H_2O\longrightarrow (x-a+b)CO_2+aNH_4^++bH_2PO_4^- \\ +(a-b)HCO_3^-+\gamma_S\left[H^++e^-\right] \tag{1.22}$$

由有机物的 e^- 和 H^+、CO_2、NH_4^+ 和 $H_2PO_4^-$ 形成生物质 $C_kH_lO_mN_nP_p$（合成代谢）的化学反应式如下：

$$(k-n+p)CO_2+nNH_4^++pH_2PO_4^-+(n-p)HCO_3^-+\gamma_B\left[H^++e^-\right]\longrightarrow C_kH_lO_mN_nP_p+ \\ (2k-m+n+3p)H_2O \tag{1.23}$$

在好氧条件下，分解代谢产生能量的电子被传递给最终电子受体 O_2，如下所示：

$$4\left[H^++e^-\right]+O_2\longrightarrow 2H_2O \tag{1.24}$$

有机物提供的 e^- 和 H^+[式(1.22)]必须等于生物量捕获[式(1.23)]和传递给电子受体[式(1.24)]的 e^- 和 H^+。如果 E 表示由有机物转化成污泥生物量提供的 e^- 和 H^+ 所占比例，那么

$$式(1.22)+E\frac{\gamma_S}{\gamma_B}\times 式(1.23)+(1-E)\frac{\gamma_S}{4}\times 式(1.24)=0$$

将上述方程迭代，反应物放在左边，生成物放在右边，就获得式(1.25)。因此，式(1.25)是好氧活性污泥工艺的 COD、C、H、O、N、P 和电荷质量(荷质)平衡的化学计量方程式。

$$C_xH_yO_zN_aP_b+\frac{2\gamma_S}{8}(1-E)O_2\longrightarrow \left(E\frac{\gamma_S}{\gamma_B}\right)C_kH_lO_mN_nP_p+\left[x-a+b-E\frac{\gamma_S}{\gamma_B}(k-n+p)\right]CO_2 \\ +\left(a-nE\frac{\gamma_S}{\gamma_B}\right)NH_4^++\left[(1-E)\frac{4\gamma_S}{8}-2x+z-a-3b+E\frac{\gamma_S}{\gamma_B}(2k-m+n+3p)\right]H_2O \\ +\left(b-pE\frac{\gamma_S}{\gamma_B}\right)H_2PO_4^-+\left[a-b-E\frac{\gamma_S}{\gamma_B}(n-p)\right]HCO_3^- \tag{1.25}$$

产物为 CO_2、H_2O 和 NH_4^+ 时，每摩尔可生物降解有机物 $C_xH_yO_zN_aP_b$ 的电子数量为

$$\gamma_S=4x+y-2z-3a+5b \tag{1.26}$$

产物为 CO_2、H_2O 和 NH_4^+ 时，每摩尔生物质 $C_kH_lO_mN_nP_p$ 的电子数量为

$$\gamma_B=4k+l-2m-3n+5p \tag{1.27}$$

$$M_S=有机物摩尔质量，12x+y+16z+14a+31b\ g/mol \tag{1.28}$$

$$M_B=生物质摩尔质量，12k+l+16m+14n+31p\ g/mol \tag{1.29}$$

$$f_C=\frac{12x}{M_S};\ f_H=\frac{y}{M_S};\ f_O=\frac{16z}{M_S};\ f_N=\frac{14a}{M_S};\ f_P=\frac{31b}{M_S};\ f_{cv}=\frac{8\gamma_S}{M_S} \tag{1.30}$$

其中，f_C、f_H、f_O、f_N、f_P 和 f_{cv} 分别为有机物中 C、H、O、N、P 和 COD 的质量分数。

同时根据 E 的定义，在反应器中 E 也等于系统稳态时每天作为活性污泥和内源污泥从反应器排出的 COD 量占反应器中每天利用的 COD 量的比例，即

$$E=\frac{V_r(X_{BH}+X_{EH})}{Q_i(S_{bi}-S_{be})\theta_x}=\frac{Y_H(1+f_{EH}b_H\theta_x)}{(1+b_H\theta_x)} \tag{1.31}$$

式中，X_{BH} 为以 COD 计的活性污泥生物质浓度，mg COD/L；X_{EH} 为以 COD 计的活性污泥微生物内源代谢残留物浓度，mg COD/L；V_r 为活性污泥反应器体积，L；Q_i 为进水流量，L/d；θ_x 为污泥龄，d；S_{bi} 为活性污泥反应器进水中可生物降解 COD 浓度，mg COD/L；S_{be} 为活性污泥反应器出水中可生物降解 COD 浓度，mg COD/L；Y_H 为异养微生物产率，mg COD 生物量/mg COD；b_H 为内源衰减速率，d^{-1}；f_{EH} 为活性污泥生物质中难生物降解部分的比例。

可生物降解有机物和污泥生物质的 γ_S、γ_B、M_S、M_B、f_C、f_H、f_O、f_N、f_P 和 f_{cv} 由式 (1.26)~式 (1.30) 计算得到。根据 γ_S 和 γ_B，可生物降解有机物和污泥生物质的 COD（假定活性生物量和内源代谢残留物的成分相同）分别为 $8\gamma_S$ 和 $8\gamma_B$ g COD/mol。

同样的，如果已知可生物降解有机物和污泥生物质的 COD/VSS (f_{cv})、总有机碳（total organic carbon，TOC）/VSS (f_C)、有机态氮（organically bound nitrogen，Org N）/VSS (f_N) 和有机态磷（organically bound phosphorus，Org P）/VSS (f_P) 比值，可生物降解有机物 (x、y、z、a 和 b) 和生物量 (k、l、m、n 和 p) 的组成可通过式 (1.32)~式 (1.41) 计算得出。

假定：

$$y=7（可选择任意值） \tag{1.32}$$

那么

$$z=\frac{y}{2}\left(\frac{1-\frac{1}{8}f_{cv}-\frac{8}{12}f_C-\frac{17}{14}f_N-\frac{26}{31}f_P}{1+f_{cv}-\frac{44}{12}f_C+\frac{10}{14}f_N-\frac{71}{31}f_P}\right) \tag{1.33}$$

$$x=\frac{f_C}{12}\left(\frac{y+16z}{1-f_C-f_N-f_P}\right) \tag{1.34}$$

$$a=\frac{f_N}{14}\left(\frac{y+16z}{1-f_C-f_N-f_P}\right) \tag{1.35}$$

$$b=\frac{f_P}{31}\left(\frac{y+16z}{1-f_C-f_N-f_P}\right) \tag{1.36}$$

$$z=\frac{y}{16}\frac{f_O}{f_H} \tag{1.37}$$

$$f_O=\frac{16}{18}\left(1-\frac{1}{8}f_{cv}-\frac{8}{12}f_C-\frac{17}{14}f_N-\frac{26}{31}f_P\right) \tag{1.38}$$

$$f_H=\frac{2}{18}\left(1+f_{cv}-\frac{44}{12}f_C+\frac{10}{14}f_N-\frac{71}{31}f_P\right) \tag{1.39}$$

$$f_{cv} = 8\left(\frac{4}{12}f_C + \frac{1}{1}f_H - \frac{2}{16}f_O - \frac{3}{14}f_N + \frac{5}{31}f_P\right) \tag{1.40}$$

$$f_C + f_H + f_O + f_N + f_P = 1 \tag{1.41}$$

式(1.32)～式(1.41)也适用于生物质化学组成的计算，因此如果已知生物量的 f_{cv}、f_C、f_N 和 f_P，同样能够计算出生物质化学式。若 f_{cv}=1.416 g COD/g VSS、f_C=0.515 g C/g VSS，f_N=0.124 g N/g VSS 和 f_P=0.0 g P/g VSS，并且 l=7(假定)，就能获得经典的活性污泥样品组成 $C_5H_7O_2N$。如果选择 C 作为基准，并且假设 C 含量(x)为 1mol，则有机物的摩尔组成为 $CH_{y/x}O_{z/x}N_{a/x}P_{b/x}$，其中($x$, y, z, a, b)由式(1.32)～式(1.41)获得。此外，对于单位摩尔质量(1g)，摩尔组成可以写为 $C_{f_C/12}H_{f_H/1}O_{f_O/16}C_{f_N/14}P_{f_P/31}$，其中 f_C、f_H、f_O、f_N 和 f_P 是组成元素的质量分数。

1.4.2　自养硝化化学计量学

基于自养硝化的电子供体和电子受体，同样按照 e^- 和 H^+ 平衡原理能够推导出自养硝化过程的化学计量方程，即

$$\frac{14pE}{8\gamma_B}H_2PO_4^- + \frac{14kE}{8\gamma_B}CO_2 + NH_4^+ + 14\left[\frac{1}{7} - \frac{E}{4}\left(\frac{n}{\gamma_B} + \frac{1}{8}\right)\right]O_2 \longrightarrow \left(\frac{14E}{8\gamma_B}\right)C_kH_lO_mN_nP_p$$

$$+ 14\left(\frac{1}{14} - \frac{nE}{8\gamma_B}\right)NO_3^- + 14\left[\frac{1}{7} - \frac{E}{8\gamma_B}(n+p)\right]H^+ + 14\left[\frac{1}{14} + \frac{E}{8\gamma_B}(2k-m-n+4p) - \frac{E}{16}\right]H_2O \tag{1.42}$$

式中，E 表示系统稳态时每天作为自养硝化菌生物量和内源残留物形式从反应器排出的 COD 量与反应器中每天被氧化的氨的量之比(自养生物量和内源残留物的净产率)，单位为污泥量 COD/mg 被硝化的 NH_4^+-N 量，即

$$E = \frac{V_r(X_{BA} + X_{EA})}{Q_i(N_{ai} - N_{ae})\theta_x} = \frac{Y_A(1 + f_{EA}b_A\theta_x)}{(1 + b_A\theta_x)} \tag{1.43}$$

式中，X_{BA} 为以 COD 计的自养硝化菌浓度，mg COD/L；X_{EA} 为以 COD 计的自养硝化菌内源残留物浓度，mg COD/L；V_r 为反应器体积，L；Q_i 为进水流量，L/d；θ_x 为污泥龄，d；N_{ai} 为反应器进水中氨浓度，mg N/L；N_{ae} 为反应器出水中氨浓度，mg N/L；Y_A 为自养硝化菌的产率(mg COD 生物量/mg 被利用的 NH_4^+-N)；b_A 为内源衰减速率，d^{-1}；f_{EA} 为自养硝化菌的难生物降解部分的比例。

因为自养硝化菌的产率(Y_A)和内源衰减速率(b_A)都非常低(如 0.15 mg COD/mg N 和 0.04d^{-1})(Henze et al.，1987)，因此可以合理地认为内源代谢产物可以忽略不计(f_{EA}=0)，即

$$E = \frac{Y_A}{1 + b_A\theta_x} \tag{1.44}$$

如果自养硝化菌的难生物降解部分的比例(f_{EA})为 0.20(与异养菌相同)，自养硝化菌的产率 Y_A 和内源衰减速率 b_A 分别为 0.15 mg COD/mg N 和 0.04d^{-1} 时，则根据 10 d 的污

泥龄由方程式 (1.43) 计算，E 为 0.116，而不是 f_{EA}=0.0 时的 0.107，这只高出 8%。污泥龄为 30 d，f_{EA}=0.20 时的 E 为 0.085，而 f_{EA}=0.0 时的 E 为 0.068，即高出 25%，但两者均低于 10 d 污泥龄时的 E。因为在反应器中自养硝化菌占 VSS 的质量比例小于 3%，因此可以认为自养硝化菌产生的内源性残留物可以忽略 (设为零)。

生物量的 γ_B 和 M_B 由式 (1.27) 和式 (1.29) 得出，E 根据 Y_A、b_A、f_{EA} 和 θ_x 计算得到 (Henze et al.，2008)。通过式 (1.42)，可以看出，单位质量氨氮硝化的需氧量 ($mg\ O_2/mg\ NH_4^+ - N$) 如下：

$$单位质量氨氮硝化的需氧量 = 32\left[\frac{1}{7} - \frac{E}{4}\left(\frac{n}{\gamma_B}+\frac{1}{8}\right)\right] \tag{1.45}$$

式中，当 θ_x=0 (最高净产率，$E=Y_A$) 时，这个值为 4.36；当 θ_x 等于无穷 (净产率为零，E=0) 时，这个值为 4.57；当污泥龄为 10~30d 时，结果为 4.42~4.47。

1.4.3　异养反硝化化学计量学

缺氧反硝化的化学计量学是通过选择符合缺氧条件的电子受体和反应产物而得出的，即

$$
\begin{aligned}
&C_xH_yO_zN_aP_b+\frac{\gamma_S}{5}(1-E)NO_3^- \longrightarrow \left(E\frac{\gamma_S}{\gamma_B}\right)C_kH_lO_mN_nP_p \\
&+\left[x-a+b-E\frac{\gamma_S}{\gamma_B}(k-n+p)-\frac{\gamma_S}{5}(1-E)\right]CO_2+\frac{\gamma_S}{10}(1-E)N_2 \\
&+\left[(1-E)\frac{2\gamma_S}{5}-2x+z-a-3b+E\frac{\gamma_S}{\gamma_B}(2k-n+m+3p)\right]H_2O \\
&+\left(a-nE\frac{\gamma_S}{\gamma_B}\right)NH_4^+ +\left(b-pE\frac{\gamma_S}{\gamma_B}\right)H_2PO_4^- +\left[a-b-E\frac{\gamma_S}{\gamma_B}(n-p)+\frac{\gamma_S}{5}(1-E)\right]HCO_3^-
\end{aligned} \tag{1.46}
$$

式中，E 由需氧化学计量式 (1.31) 给出；γ_S、γ_B、M_S、M_B、f_C、f_H、f_O、f_N、f_P 和 f_{cv} 由式 (1.26)~式 (1.30) 计算得到。

1.4.4　厌氧消化化学计量学

同样基于微生物能量学，由组成为 $C_xH_yO_zN_aP_b$ 的有机物提供 e^- 和 H^+，且由有机物的 e^- 和 H^+、CO_2、NH_4^+ 和 $H_2PO_4^-$ 形成生物量 $C_kH_lO_mN_nP_p$。

但在厌氧条件下，分解代谢产生能量的电子被传递给最终电子受体 CO_2，如下所示：

$$8[H^+ + e^-]+CO_2 \longrightarrow CH_4+2H_2O \tag{1.47}$$

有机物提供的 e^- 和 H^+[式 (1.22)] 必须等于生物量捕获 [式 (1.23)] 和传递给电子受体 [式 (1.47)] 的 e^- 和 H^+。如果 E 表示由有机物转化成污泥生物质提供的 e^- 和 H^+ 所占比例，则

$$式(1.22)+\frac{\gamma_S}{\gamma_B}\times式(1.23)+(1-E)\frac{\gamma_S}{8}\times式(1.47)=0$$

将上述方程迭代，反应物放在左边，生成物放在右边，获得式(1.48)。因此，式(1.48)是厌氧消化工艺的 COD、C、H、O、N、P 和荷质平衡的化学计量方程式。

$$C_xH_yO_zN_aP_b+\left[2x-z+a+3b-E\frac{\gamma_S}{\gamma_B}(2k-m+n+3p)-\frac{2\gamma_S}{8}(1-E)\right]H_2O$$

$$\longrightarrow\left[x-a+b-E\frac{\gamma_S}{\gamma_B}(k-n+p)-\frac{(1-E)\gamma_S}{8}\right]CO_2+\left[\frac{\gamma_S}{8}(1-E)\right]CH_4$$

$$+\left(E\frac{\gamma_S}{\gamma_B}\right)C_kH_lO_mN_nP_p+\left(a-nE\frac{\gamma_S}{\gamma_B}\right)NH_4^++\left(b-pE\frac{\gamma_S}{\gamma_B}\right)H_2PO_4^-$$

$$+\left[a-b-E\frac{\gamma_S}{\gamma_B}(n-p)\right]HCO_3^-$$

(1.48)

式中，E 为稳态时每天作为活性污泥和内源污泥从厌氧消化反应器排出的 COD 量占消化池中每天利用的可生物降解有机物(COD)量的比例，即

$$E=\frac{V_d(X_{BAD}+X_{EAD})}{Q_i(S_{bi}-S_{be})\theta_x}=\frac{Y_{AD}(1+f_{AD}b_{AD}\theta_x)}{1+b_{AD}\theta_x[1-Y_{AD}(1-f_{AD})]}$$

(1.49)

式中，X_{BAD} 为以 COD 计的厌氧消化生物量浓度，mg COD/L；X_{EAD} 为以 COD 计的厌氧消化生物量内源残留物浓度，mg COD/L；V_d 为反应器体积，L；Q_i 为进水流量，L/d；θ_x 为污泥龄，d；S_{bi} 为厌氧消化反应器进水中可生物降解 COD 浓度，mg COD/L；S_{be} 为厌氧消化反应器出水中可生物降解 COD 浓度，mg COD/L；Y_{AD} 为厌氧消化生物量产率，mg COD 生物量/mg COD；b_{AD} 为厌氧消化生物量的内源衰减速率，d^{-1}；f_{AD} 为厌氧消化生物质难生物降解的比例。

根据 γ_S 和 γ_B，可生物降解有机物和污泥量(假定生物量和内源代谢残留物组分相同)的 COD 分别为 $8\gamma_S$ g COD/mol 和 $8\gamma_B$ g COD/mol。同样的，如果已知可生物降解有机物的 COD/VSS(f_{cv}，g COD/g VSS)、TOC/VSS(f_C，g C/g VSS)、Org N/VSS(f_N，g N/g VSS)和 Org P/VSS(f_P，g P/g VSS)的比值，那么可生物降解有机物的摩尔组成(x、y、z、a 和 b)也可通过式(1.32)～式(1.41)计算得到。

术 语 表

符号	含义	单位
COD	化学需氧量	g O$_2$/m^3(或 mg O$_2$/L)
e$^-$eq	电子当量	个
thCOD	理论化学需氧量	g O$_2$/m^3(或 mg O$_2$/L)
TOC	总有机碳	g C/m^3(或 mg C/L)
VSS	挥发性悬浮固体	g/L
f_e^0	电子供体参与分解代谢的比例	%
f_s^0	电子供体参与合成代谢的比例	%
Y	微生物产率	g 细胞/g COD
M_c	细胞经验化学计量式的摩尔质量	g 细胞/mol 细胞

符号	含义	单位
n_e	单位摩尔细胞的电子当量数	e^-eq/mol 细胞
f_e	基质(电子供体)参与能量反应的表观部分	—
f_s	基质(电子供体)参与合成反应的表观部分	—
Y_{obs}	表观产率	g 细胞/g COD
f_d	细胞物质可以被生物降解的部分	—
θ_x	反应器的污泥平均停留时间,即污泥龄	d
b	内源衰减系数	d^{-1}
b_{20}	温度为20℃时的内源衰减系数	d^{-1}
b_T	温度为T℃时的内源衰减系数	d^{-1}
ΔG_{cata}	1 电子当量电子供体分解可利用的吉布斯自由能	kJ/e^-eq
ε	能量转移利用系数	—
ΔG_R	1 电子当量电子供体释放的吉布斯自由能	kJ/e^-eq
ΔG_{ana}	1 电子当量电子供体合成代谢所需的吉布斯自由能	kJ/e^-eq
ΔG_P	转化1电子当量电子供体至丙酮酸盐所需的吉布斯自由能	kJ/e^-eq
ΔG_C	转化1电子当量丙酮酸盐至细胞体内所需的吉布斯自由能	kJ/e^-eq
ΔG_N	1 电子当量细胞将氮还原至氨所需的吉布斯自由能	kJ/e^-eq 细胞体
$\Delta G^{0'}$	在 pH=7 条件下的标准吉布斯自由能	kJ/e^-eq
Y_n	硝化的细胞产率	g VSS/g N 或 g VSS/g COD
Y_d	反硝化的细胞产率	g VSS/g COD
VFA	挥发性脂肪酸	—
f_C	有机物中 C 的质量分数	g C/g VSS
f_H	有机物中 H 的质量分数	g H/g VSS
f_O	有机物中 O 的质量分数	g O/g VSS
f_{cv}	有机物中 COD 的质量分数	g COD/g VSS
f_N	有机物中 N 的质量分数	g N/g VSS
f_P	有机物中 P 的质量分数	g P/g VSS
e^-	有机化合物提供的电子	—
H^+	有机化合物提供的质子	—
E	由有机物转化成污泥生物质提供的 e^- 和 H^+ 所占比例	%
γ_S	产物为CO_2、水和氨时,每摩尔可生物降解有机物 $C_xH_yO_zN_aP_b$ 的电子数量	—
γ_B	产物为CO_2、水和氨时,每摩尔可生物降解生物质 $C_kH_lO_mN_nP_p$ 的电子数量	—
M_S	有机物摩尔质量	g/mol
M_B	生物质摩尔质量	g/mol
E	系统稳态时每天作为活性污泥和内源污泥从反应器中排出的 COD 量占反应器中每天利用的可生物降解有机物(COD)量的比例(自养生物量和内源残留物的净产率)	%
X_{BH}	以 COD 计的活性污泥生物质浓度	mg COD/L
X_{EH}	以 COD 计的内源代谢残留浓度	mg COD/L

符号	含义	单位
V_r	活性污泥反应器体积	L
Q_i	进水流量	L/d
S_{bi}	活性污泥反应器进水中的可生物降解 COD 浓度	mg COD/L
S_{be}	活性污泥反应器出水中的可生物降解 COD 浓度	mg COD/L
Y_H	异养微生物产率	mg COD 生物量/mg COD
b_H	内源衰减速率	d^{-1}
f_{EH}	活性污泥生物质中难生物降解部分的比例	%
X_{BA}	以 COD 计的自养硝化菌浓度	mg COD/L
X_{EA}	以 COD 计的自养硝化菌内源残留物浓度	mg COD/L
N_{ai}	自养硝化菌反应器进水中氨浓度	mg N/L
N_{ae}	自养硝化菌反应器出水中氨浓度	mg N/L
Y_A	自养硝化菌的产率	mg COD 生物量/mg 被利用的 NH_4^+-N
b_A	自养硝化菌的内源衰减速率	d^{-1}
f_{EA}	自养硝化菌难生物降解部分的比例	%
ANOs	自养硝化菌	—
OHOs	异养菌	—
X_{BAD}	以 COD 计的厌氧消化反应器生物量浓度	mg COD/L
X_{EAD}	以 COD 计的厌氧消化反应器生物量内源残留物浓度	mg COD/L
V_d	厌氧消化反应器体积	L
Y_{AD}	厌氧消化生物量产率	mg COD 生物量/mg COD
b_{AD}	厌氧消化生物量的内源衰减速率	d^{-1}
f_{AD}	厌氧消化生物质难生物降解的比例	%

第2章 污水生物处理微生物代谢能量学

污水生物处理物质能量转化微观上是通过微生物新陈代谢实现的,涉及生物体与外界环境之间的物质和能量交换,以及细胞内物质能量的转化过程。能量代谢是微生物在与环境进行物质交换过程中,通过对物质所含能量的吸收、固定、积累和消耗使能量形式发生各种转移和转化,如化学能、热能、机械能等之间的转化。污水生物处理反应器中的微生物在利用底物时,表观上发生污染物降解、细胞增殖等现象,而与该过程相伴随的是污染物中化学能向细胞的生物质能的转化。能量是物质变化的根本推动力。因此,污水生物处理微生物代谢的能量转化过程是决定污水生物处理宏观物质、能量迁移与流动的关键。

2.1 微生物代谢能量学基本概念

2.1.1 电子与能量载体

电子载体有两种存在形式,一种自由扩散在整个细胞的细胞质中,另一种附着在细胞质膜上。自由扩散载体包括辅酶烟酰胺腺嘌呤二核苷酸(oxidized nicotinamide adenine dinucleotide,NAD^+)和烟酰胺腺嘌呤二核苷酸磷酸(nicotinamide adenine dinucleotide phosphate,$NADP^+$)。NAD^+参与产能反应(分解代谢),而$NADP^+$参与生物合成反应(合成代谢)。附着在细胞质膜上的电子载体包括还原型烟酰胺腺嘌呤二核苷酸(reduced nicotinamide adenine dinucleotide,NADH)、黄素蛋白、细胞色素和醌。某个特定细胞使用的电子载体的种类,取决于初级电子供体与末端电子受体的相对能级。当能级差异非常大时,需要更多电子载体参与反应。

NAD^+与$NADP^+$的反应如下:

$$NAD^+ + 2H^+ + 2e^- \rightleftharpoons NADH + H^+ \qquad (\Delta G^{0'} = 62 \text{ kJe}^-\text{eq}) \tag{2.1}$$

$$NADP^+ + 2H^+ + 2e^- \rightleftharpoons NADPH + H^+ \qquad (\Delta G^{0'} = 62 \text{ kJe}^-\text{eq}) \tag{2.2}$$

NAD^+(或$NADP^+$)从正在被氧化的分子中获得两个质子和两个电子后,被转化为还原形式 NADH。反应自由能是正的,意味着必须从有机分子中获取能量才能形成 NADH。反过来,当 NADH 向另一个载体提供电子,其本身被氧化为 NAD^+ 时释放化学能,可能被转化为其他有用形式的能量。

如果O_2是末端电子受体,在电子通过一系列电子载体传递给O_2的过程中释放的能量,可以通过 NADH 半反应与O_2半反应的总自由能变化来计算:

$$NADH + H^+ \rightleftharpoons NAD^+ + 2H^+ + 2e^- \qquad (\Delta G^{0'} = -62 \text{ kJe}^-\text{eq}) \tag{2.3}$$

$$\frac{1}{2}O_2 + 2H^+ + 2e^- \Longrightarrow H_2O \qquad (\Delta G^{0'} = -157\ kJ/mol) \qquad (2.4)$$

净反应为

$$NADH + \frac{1}{2}O_2 + H^+ \Longrightarrow NAD^+ + H_2O \qquad (\Delta G^{0'} = -219\ kJ/mol) \qquad (2.5)$$

因此，在有氧呼吸中，电子传递给 O_2 的过程，1 mol NADH 产生 219 kJ 能量供生物利用。

能量从中间电子载体转移到能量载体完成能量捕获。一种主要的能量载体是三磷酸腺苷(adenosine triphosphate，ATP)。电子载体释放能量后，能量被用于将一个磷酸盐基团加入二磷酸腺苷(adenosine diphosphate，ADP)：

$$ADP + H_3PO_4 \longrightarrow ATP + H_2O \qquad (\Delta G^{0'} = 32\ kJ/mol) \qquad (2.6)$$

或者简单表示为

$$ADP + P_i \longrightarrow ATP + H_2O \qquad (\Delta G^{0'} = 32\ kJ/mol) \qquad (2.7)$$

在这个反应中，1 mol ADP 只吸收 32 kJ 能量，而当 O_2 作为末端电子受体时[式(2.5)]，1 mol NADH 释放的能量是 ADP 吸收能量的 6 倍以上。因此，理论上，在有氧条件下，1 mol NADH 可以形成大约 6 mol ATP。不过，实际上只形成 3 mol ATP，因为在实际反应中不能将标准自由能完全捕获。所以，在 NADH 将能量传递给 ATP 的过程中，实际上只有大约 50%的能量被捕获(Rittmann and McCarty，2020)。

根据化学渗透学说(Mitchell，1961)，在 NADH 释放电子被氧化为 NAD^+ 的过程中，同时伴随质子的释放。质子释放到细胞膜外，导致细胞膜两侧电荷不平衡并形成质子梯度，即 pH 梯度。储存在质子梯度中的化学能被细胞用于产生 ATP。电子从 NADH 到末端受体的传递过程与 ATP 分子的形成没有直接联系。电子从一个载体传递到下一个载体将产生跨膜质子。质子动力随着所需电子转移过程的发生而增大，直到满足 ATP 的形成为止。

ATP 中捕获的化学能，被细胞用于细胞合成与维持。ATP 分布在细胞中，当需要 ATP 的能量时，细胞从 ATP 中提取能量，释放磷酸盐分子，将 ATP 转化为 ADP。

2.1.2 微生物代谢的能量特征

新陈代谢是细胞内所有化学过程的总称。它可以分为：①通过基质氧化或利用太阳光获得能量的所有过程——分解代谢；②由碳源合成细胞组分的全部过程——合成代谢。分解代谢提供合成代谢需要的能量。分解代谢还提供运动以及任何其他耗能过程需要的能量。在分解代谢过程中，基质通常被逐步氧化。基质氧化过程释放的化学能通过电子转移储存到电子载体中(如 NADH)，并通过形成富能的 P—P 键储存(如 ATP)。随后，这些能量用于细胞合成、维持或运动。代谢反应受酶催化推动，酶能够降低活化能，增加反应速度，但不改变反应的平衡点。代谢反应仍然受热力学规律所支配。按照热力学原理，若一个反应能自发进行，则其自由能变化为负值，即反应释放能量。反之，反应的自由能变化为正值，必须提供能量才能使反应发生。生物体内通常将热力学非自发反应与热力学自发反应偶联，以驱动其进行。自养微生物以太阳能或氧化无机物取得的化学能为能源；异养微生物以分解有机营养物取得能源。所取得的能量一般储存在能量载体 ATP 中，也可以通过形成还原型电子载体 NADH、还原型烟酰胺腺嘌呤二核苷酸磷酸 (reduced nicotinamide adenine dinucleotide phosphate，NADPH) 以及还原型黄素腺嘌呤二核苷酸 (reduced flavin adenine dinucleotide，$FADH_2$) 的形式储存。还原型电子载体经电子传递和氧化磷酸化产生 ATP，又能以还原力的形式参与生物合成。能够提供能量的除核苷酸 ATP 外，还有三磷酸鸟苷 (guanosine triphosphate，GTP)、三磷酸尿苷 (uridine triphosphate，UTP) 等。以 ATP 形式储存的自由能可以供给以下五个方面的能量需求：生物合成、细胞运动、膜运输、信号传导、遗传信息的传递与表达。

由于许多有机化合物都能够被氧化而产生电子与能量，因此，有机化能营养型生物分解代谢过程是非常复杂的。但这些有机物分解代谢通常可以分为 3 个基本阶段 (图 2.1)。任何可用作基质提供电子与能量的有机物均适合这 3 个基本阶段 (通过无机化合物或光合作用获得电子与能量的分解代谢过程除外)。

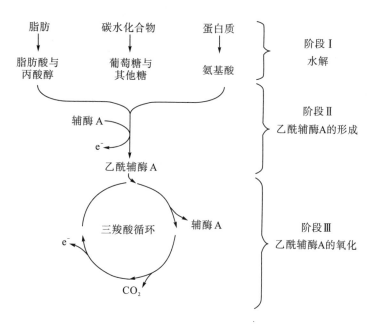

图 2.1 好氧条件下常见有机物分解代谢基本过程

(Rittmann and McCarty，2020)

在有机物分解代谢过程的第 I 阶段，通常是通过水解作用，将大分子或复杂分子降解为基本结构单元，在这个过程中即使产生能量也非常少。在第 II 阶段，这些较小的分子被转化为少量较简单的化合物。大部分脂肪酸以及氨基酸被转化为乙酰辅酶 A，乙酰辅酶 A (乙酰 CoA) 是辅酶 A 的乙酰化形式。己糖、戊糖、丙三醇被转化为三碳化合物-甘油醛-3-磷酸以及丙酮酸，它们同样能被转化为乙酰 CoA。氨基酸也能够被转化为 α-酮戊二酸、琥珀酸、延胡索酸或草酰乙酸等。在第 II 阶段会释放一些能量供细胞使用。最后，在第III阶段，第 II 阶段的产物进入一条共同途径，通过这条途径，这些物质被氧化，最终生成 CO_2 和 H_2O。第III阶段中的这条最终途径被称为柠檬酸循环 (三羧酸循环)，产生数量最大的电子以及能量,供细胞利用。同样,合成代谢过程包括许多不同有机化合物的合成,如蛋白质、碳水化合物、脂类、核酸等,也相当复杂。化能有机自养型生物(如细菌)的合成代谢也可划分为三阶段过程,类似于图 2.1 中描述的步骤,但是从相反方向发生。利用少量化合物,从第Ⅱ阶段末期或第Ⅲ阶段开始,细胞可以反过来合成结构单元。利用这些结构单元,可以构建脂类、多糖、蛋白质以及核酸大分子等细胞的基本组分。

1) 分解代谢

化能无机营养型生物的分解代谢依赖于环境中化学物质的氧化与还原。氧化过程失去电子,还原过程得到电子。被氧化的物质称为电子供体,被还原的物质称为电子受体。因此,对于需要得到能量的化能无机营养型生物,必须由外界提供电子供体与电子受体。在有些情况下,一种单一化合物可以同时发挥这两种功能。通常情况下,认为电子供体是微生物的能量基质或食物。常见电子供体是含有还原态碳的化合物(有机物),或含有其他还原态元素的化合物(还原态无机化合物,如氨、氢或硫化物)。相比之下,电子受体只有相当少的几种,主要包括氧气、硝酸盐、亚硝酸盐、三价铁、硫酸盐以及二氧化碳。然而,能量代谢电子受体的种类一直在增加,包括氯酸盐、高氯酸盐、铬酸盐、硒酸盐以及氯代有机物等。这些化合物在一些特殊微生物的代谢中作为电子受体被利用。

转移一个电子释放出的能量大小取决于电子供体与电子受体的化学特性。偶联反应产生的能量可以通过半反应很好地描述,如下面氧气参与的乙酸氧化过程所示(Rittmann and McCarty,2020)。

电子供体:

$$\frac{1}{8}CH_3COO^- + \frac{3}{8}H_2O === \frac{1}{8}CO_2 + \frac{1}{8}HCO_3^- + H^+ + e^- \qquad (\Delta G^{0'} = -27.40 \text{ kJ/e}^-\text{eq})$$

电子受体:

$$\frac{1}{4}O_2 + H^+ + e^- === \frac{1}{2}H_2O \qquad (\Delta G^{0'} = -78.72 \text{ kJ/e}^-\text{eq})$$

净反应:

$$\frac{1}{8}CH_3COO^- + \frac{1}{4}O_2 === \frac{1}{8}CO_2 + \frac{1}{8}HCO_3^- + \frac{1}{8}H_2O \qquad (\Delta G^{0'} = -106.12 \text{ kJ/e}^-\text{eq})$$

$\Delta G^{0'}$ 代表在 pH=7 的标准吉布斯自由能。以 1 个电子当量(e⁻eq)为基准。例如,$\frac{1}{8}$ mol 乙酸被氧化提供 1 mol 电子(也就是 1 个电子当量),而 $\frac{1}{4}$ mol 氧气接受这 1 个电子当量。与氧气还原过程偶联的乙酸氧化反应释放的能量为-106.12 kJ/e⁻eq,在净的总反应中,释放能量以负号表示。

碳水化合物(纤维素、淀粉以及复杂的糖类)的酶水解一般产生六碳己糖或五碳戊糖。这些单糖每个电子当量的能量含量比乙酸或多数其他简单有机分子更高。由于此,微生物通常能通过厌氧发酵途径从碳水化合物中获得能量。不过,当存在末端电子受体时,碳水化合物也能沿着形成乙酰 CoA 的途径降解,最终进入三羧酸循环。下面以葡萄糖为例,介绍单糖转化为乙酰 CoA 的过程(图 2.2)。

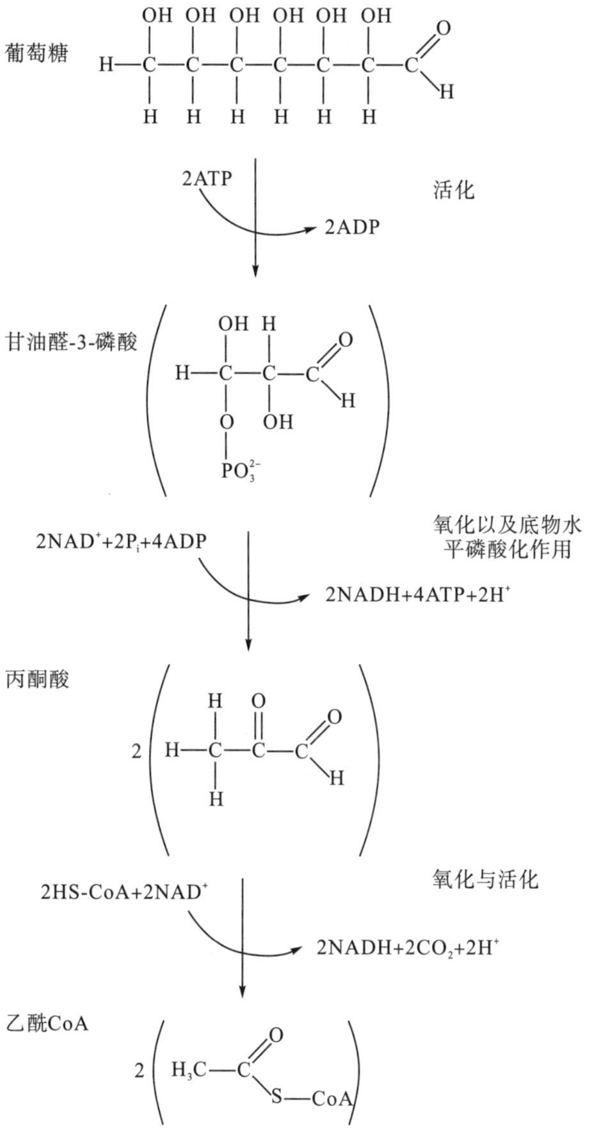

葡萄糖

$$H-\underset{\underset{H}{|}}{\overset{\overset{OH}{|}}{C}}-\underset{\underset{H}{|}}{\overset{\overset{OH}{|}}{C}}-\underset{\underset{H}{|}}{\overset{\overset{OH}{|}}{C}}-\underset{\underset{H}{|}}{\overset{\overset{OH}{|}}{C}}-\underset{\underset{H}{|}}{\overset{\overset{OH}{|}}{C}}-\underset{\underset{H}{|}}{\overset{\overset{OH}{|}}{C}}-\overset{\overset{O}{\parallel}}{C}-H$$

2ATP　　　　　　　　　活化

2ADP

甘油醛-3-磷酸

2NAD$^+$+2P$_i$+4ADP　　　　　　氧化以及底物水
　　　　　　　　　　　　　平磷酸化作用

2NADH+4ATP+2H$^+$

丙酮酸

2HS-CoA+2NAD$^+$　　　　　　氧化与活化

2NADH+2CO$_2$+2H$^+$

乙酰CoA

图 2.2　碳水化合物转化为乙酰 CoA 的过程(以葡萄糖为例)

图 2.2 中简单总结了葡萄糖转化为乙酰 CoA 的几个步骤。通过加入 2mol ATP 的形式引入能量,1mol 六碳葡萄糖被一分为二,生成 2mol 三碳中间产物——甘油醛-3-磷酸。这种化合物经过氧化(电子转移形成 NADH)以及能量转移(形成 ATP)逐步转化为 2mol 丙酮酸(一种比碳水化合物氧化程度更高的三碳化合物)。然后,形成乙酰 CoA,同时释放更多 NADH 与 CO$_2$。形成的乙酰 CoA 随后进入三羧酸循环。

$$C_6H_{12}O_6+2HSCoA+4NAD^++2ADP+2P_i\longrightarrow 2CH_3COSCoA+4NADH+2ATP+2CO_2+4H^+$$

$$(2.8)$$

如果没有末端电子受体(如氧气)存在,许多兼性微生物能够利用葡萄糖或其他单糖为电子供体和电子受体,并从中获得能量。这种发酵过程包括图 2.2 的步骤,但是在生成丙酮酸之后终止，即在形成乙酰 CoA 之前结束：

$$C_6H_{12}O_6+2NAD^++2ADP+2P_i \longrightarrow 2CH_3COCOO^-+2NADH+2ATP+4H^+ \tag{2.9}$$

式(2.9)显示，发酵过程生成了 2 个 ATP。通过电子供体基质氧化直接形成 ATP 被称为底物水平磷酸化作用。

在式(2.9)中还形成了 2 个 NADH。由于没有末端电子受体使 NAD^+ 再生，而生物完成整个反应需要 NAD^+，因此，细胞必须消耗 2mol NADH 中含有的电子。生物通过将电子传递回丙酮酸完成这一步骤，并导致形成各种可能的化合物(如乙醇、乙酸)，或可能是其他简单有机化合物(如丙醇、丁醇、甲酸、丙酸、琥珀酸、丁酸)中的任何一种或几种化合物的混合物，还可能是氢气。由此形成的终端产物混合物，取决于参与反应的生物以及当时的反应条件。

一个众所周知的例子是从糖类到乙醇的总发酵反应：

$$C_6H_{12}O_6 \longrightarrow 2CH_3CH_2OH+2CO_2 \tag{2.10}$$

其中乙醇由丙酮酸与 NADH 经过两个步骤形成。

由丙酮酸形成乙醛：

$$CH_3COCOO^-+H^+ \longrightarrow CH_3CHO+CO_2 \tag{2.11}$$

由乙醛与 NADH 形成乙醇：

$$CH_3CHO+NADH+H^+ \longrightarrow CH_3CH_2OH+NAD^+ \tag{2.12}$$

将式(2.10)、式(2.11)与式(2.12)结合起来，得到的净结果是

$$C_6H_{12}O_6+2ADP+2P_i \longrightarrow 2CH_3CH_2OH+2CO_2+2ATP \tag{2.13}$$

通过乙醇发酵，1mol 葡萄糖发酵形成 2mol ATP，而所有 NADH 通过丙酮酸到乙醇的还原过程再生为 NAD^+。

碳氢化合物等有机化合物被水解，然后被部分氧化产生 NADH 与乙酰 CoA 或某些三羧酸循环中的物质组分。基本上所有的有机化合物均在某种程度上适合这一代谢模式。当存在末端电子受体时，乙酰 CoA 进入三羧酸循环(图 2.3)。

图 2.3 总结了三羧酸循环的步骤，表 2.1 总结了三羧酸循环涉及的化学反应式。为了进入三羧酸循环，乙酰 CoA 首先与草酰乙酸及水分子结合形成柠檬酸。三羧酸循环最重要的特点包括：①乙酸的 8 个电子分四步成对去除，产生 3 个 NADH 与 1 个 $FADH_2$(reduced flavin adenine dinucleotide, 还原型黄素腺嘌呤二核苷酸)；②乙酸中的 2 个碳原子分两步去除，产生 CO_2；③有 1 个底物水平磷酸化步骤，生成 1 个 GTP(三磷酸鸟苷，ATP 的类似物)；④4 个 H_2O 加成步骤，1 个脱 H_2O 步骤；⑤在最后一步中，苹果酸被氧化形成草酰乙酸，草酰乙酸随后与乙酰 CoA 结合，开始重复三羧酸循环。

表 2.1　三羧酸循环涉及的反应

反应式编号	化学方程式	参加催化的酶	辅助因子	吉布斯自由能 /(kJ/e⁻eq)	反应类型
B-2.1	乙酰 CoA+草酰乙酸+H_2O $\longrightarrow$ 柠檬酸 +CoA-SH+H^+	柠檬酸合酶	—	−31.4	缩合反应
B-2.2	柠檬酸 $\rightleftharpoons$ 顺乌头酸	乌头酸酶	Fe-S	+8.4	脱水反应

续表

反应式编号	化学方程式	参加催化的酶	辅助因子	吉布斯自由能/(kJ/e⁻eq)	反应类型
B-2.3	顺乌头酸+H₂O ⇌ 异柠檬酸	乌头酸酶	Fe-S	−2.1	水合反应
B-2.4	异柠檬酸+NAD⁺ ⇌ α-酮戊二酸+CO₂+NADH+H⁺	异柠檬酸脱氢酶	—	−8.4	氧化脱羧反应
B-2.5	α-酮戊二酸+NAD⁺+CoA-SH ⟶ 琥珀酸-CoA+CO₂+NADH	α-酮戊二酸脱氢酶复合体	硫辛酸, FAD, TPP	−30.1	氧化脱羧反应
B-2.6	琥珀酸-CoA+Pᵢ+GDP ⇌ 琥珀酸+GTP+CoA-SH	琥珀酸-CoA 合成酶或称琥珀酸-CoA 硫激酶	—	−3.4	底物水平氧化磷酸化
B-2.7	琥珀酸+FAD(结合在酶上) ⇌ 延胡索酸+FADH₂(结合在酶上)	琥珀酸脱氢酶	FAD, Fe-S	+6.0	氧化反应
B-2.8	延胡索酸+H₂O ⇌ L-苹果酸	延胡索酸酶	—	−3.7	水合反应
B-2.9	L-苹果酸+NAD⁺ ⇌ 草酰乙酸+NADH+H⁺	苹果脱酸氢酶	—	+29.7	氧化反应

资料来源:Garrett and Grisham,2002。

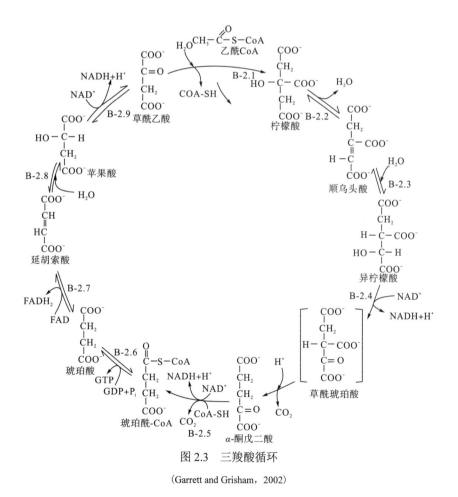

图 2.3 三羧酸循环

(Garrett and Grisham,2002)

在氧化乙酰 CoA 的三羧酸循环中的总反应为

$$CH_3COSCoA+3NAD^++FAD+GDP+P_i+3H_2O \longrightarrow \\ 2CO_2+3NADH+FADH_2+GTP+3H^++HSCoA \tag{2.14}$$

若考虑葡萄糖的分解代谢，并始终沿着三羧酸循环的路径发生，则净反应为

$$C_6H_{12}O_6+10NAD^++2FAD+2ADP+2GDP+4P_i+6H_2O \longrightarrow \\ 6CO_2+10NADH+2FADH_2+2GTP+2ATP+10H^+ \tag{2.15}$$

从葡萄糖碳到二氧化碳的总氧化反应中，产生了 10 个 NADH、2 个 $FADH_2$、2 个 GTP 与 2 个 ATP。底物水平磷酸化作用产生 4 个高能磷酸键 P_i，而来自葡萄糖的能量储存于还原态电子载体 NADH 与 $FADH_2$ 中。为了获得最大能量，用于细胞生长与维持，必须通过一个称为氧化磷酸化的过程来捕获电子载体中的能量。

生物需要大量 ATP 用于合成与维持，因此，需要将储存于 NADH 与 $FADH_2$ 中的大量能量转化给 ATP。NADH 与 $FADH_2$ 上的电子通过一系列电子传递载体传递给最终电子受体，利用所释放的能量使 ADP 磷酸化形成 ATP 的过程被称为氧化磷酸化过程。如果末端电子受体是氧气，那么可以获得的能量相当高，1mol NADH 可形成 3mol ATP。如果电子受体是硫酸盐，那么可能最多只形成 1mol ATP。

通过计算 NADH 与各种可能电子受体之间的自由能差(图 2.4)，能够计算出电子从 NADH 传递到 ATP 能够提供多少能量。

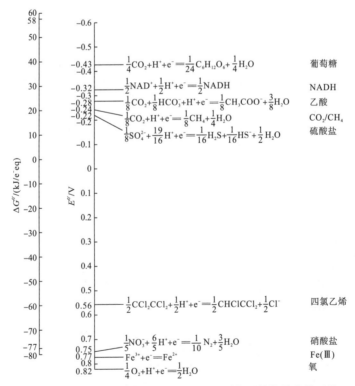

图 2.4　$NAD^+/NADH$ 对与各种潜在电子受体对的能量含量对比

[能量含量以标准自由能(kJ/e⁻eq)或 pH=7 时的标准势能(V)表示]

(Rittmann and McCarty，2020)

$$\text{ATP} \Longrightarrow \text{ADP+P}_i \qquad (\Delta G^{0'} = -32\text{kJ/ mol ATP}) \qquad (2.16)$$

比较这些能差与产生 1mol ATP 需要的能量，就可以知道 1 个 NADH 能产生多少摩尔 ATP。在细胞内实际的 ΔG 值还要高些，大约为 -50kJ/mol ATP（Rittmann and McCarty，2020）。

有氧气参与的 NADH 氧化过程释放的自由能大约为 $-110\text{ kJ/e}^-\text{eq}$ 或者 220 kJ/mol。这些能量足够形成 $3\sim4\text{ mol ATP}$。如果是硝酸盐参与反应，释放自由能少些（大约为 $-105\text{ kJ/e}^-\text{eq}$），仅能够形成 3 mol ATP。硫酸盐作为电子受体时释放的自由能更少，只有 $-9\text{ kJ/e}^-\text{eq}$ 左右；1 mol NADH 只能产生不足 $\frac{1}{3}\text{ mol}$ 的 ATP。

NADH 中的电子经过膜结合蛋白质与细胞色素的级联系统传递到末端电子受体。图 2.5 中介绍了最长的级联系统，出现在氧气为电子受体时。每个蛋白质或细胞色素在能量标尺上的位置均低于给予它电子的上一级物质。在利用其他末端电子受体或生物类型不同的情况下，参与电子传递的特定蛋白质复合物与细胞色素可能与图 2.5 所示的不同，而且可能在数量上要少一些。当实际末端受体的 $\Delta G^{0'}$ 值（正值）比氧气高时，级联系统将在细胞色素 aa_3 之前终止。

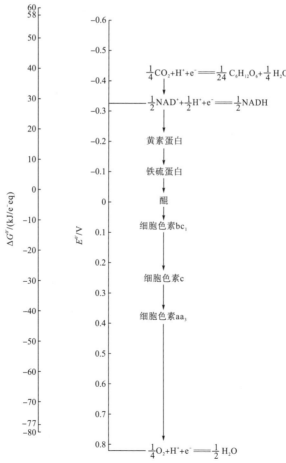

图 2.5 电子供体（葡萄糖）与末端电子受体（氧气）的电子传递热力学

（Rittmann and McCarty，2020）

现在回到葡萄糖的例子，从方程(2.15)可见，1 mol 葡萄糖氧化可以产生 10 mol NADH 与 2 mol FADH$_2$。这些载体中含有的电子通过氧化磷酸化过程传递给末端电子受体。如果末端受体是氧气，由 NADH 和 FADH$_2$ 产生的质子动力形成的 ATP 产率分别为 2.5 mol ATP/mol NADH 和 1.5 mol ATP/mol NADH。生成 ATP 的葡萄糖氧化总化学计量式为

$$C_6H_{12}O_6+6O_2+30ADP+2GDP+32P_i \longrightarrow 6CO_2+6H_2O+30ATP+2GTP \qquad (2.17)$$

通常由基质转化释放的标准自由能大约有 50%被传递给能量载体。当电子载体能量反过来传递给蛋白质、碳氢化合物、脂肪与核酸等的合成过程时，可能获得相同的能量传递效率。那么，传递给细胞合成的能量在总能量中所占比例将是"50%×50%"，即约 25%。

因此，先计算从供体到受体的电子传递过程释放的自由能，然后假定大约有 50%被转化为 ATP。通过这样的能量计算，我们能够估计基质的转化能形成多少摩尔 ATP 分子。但是并非所有生物在从基质氧化获取能量时都有同样的能量传递效率。最高能量传递效率大约为 60%。如果微生物酶或电子载体没有进化出利用释放能量的能力，则能量的净传递效率可能比较低。同样地，如果环境抑制剂将能量传递过程从电子流动中截断，或者当微生物被迫转换电子流方向去给环境解毒，将出现较低的能量捕获效率。

2) 合成代谢

合成代谢是进行细胞合成的一系列新陈代谢过程。简单地说，合成代谢是分解代谢的逆过程。简单化学前体(如乙酸)被转化为一系列比较复杂的结构单元(如葡萄糖)，这些结构单元随后被组装成大分子，包括蛋白质、碳水化合物、脂类、核酸以及其他细胞组分。但在合成代谢过程中发挥作用的酶以及具体代谢途径与分解代谢不同。合成代谢的两种基本类型是异养与自养。在异养中，一种有机化合物，通常是具有两个或两个以上碳原子的物质，作为细胞的主要碳源。在自养中，无机碳可作为基本碳源。有些生物既能以自养方式也能以异养方式生长，这种情况被称为混合营养。

化能有机营养型生物通常是异养生物，化能无机营养型生物一般是自养生物。多数光养型生物一般也是自养生物(光能自养型生物)，但也有少部分是异养生物(光能异养型生物)。由于有机碳合成细胞组分需要的能量比无机碳合成需要的能量少得多，因此，有机碳存在时，异养生物比自养生物更具有生长优势。另一方面，当无机碳作为唯一碳源存在时，自养生物能够占据优势。这揭示了微生物具有强的生命力，能够在不同的环境条件下获得生长需要的能量与碳源。细胞异养合成和自养合成都需要能量，但能量需求差异很大。如将简单有机化合物(如乙酸)或无机物(如二氧化碳)转化为葡萄糖：

$$3CH_3COO^-+3H^+ \longrightarrow C_6H_{12}O_6 \qquad (\Delta G^{0'}=335 \text{ kJ/mol}) \qquad (2.18)$$

$$6CO_2+6H_2O \longrightarrow C_6H_{12}O_6+6O_2 \qquad (\Delta G^{0'}=2880 \text{ kJ/mol}) \qquad (2.19)$$

由二氧化碳合成六碳糖需要的能量比由乙酸合成需要的能量多 8 倍以上。因此，异养微生物生长的优势十分明显。细胞生长需要的能量直接来自分解代谢中合成的 ATP。不过，有时，特别是在自养生长中，NADH 或 NADPH 形式的还原能直接用于将无机碳还原

为有机碳。在合成过程中，NADH 或 NADPH 的消耗是一种能量消耗，原因在于那些还原态载体不能被送给末端电子受体去生成 ATP。

　　自养生物细胞物质合成途径较为复杂，如卡尔文(Calvin)循环，都需要初始利用 CO_2 来合成较为复杂的有机物。异养生物细胞合成就比自养生物简单得多，因为，用于合成的碳原子已经处于还原态。大多数有机物参与分解代谢被转化为乙酰 CoA，而乙酰 CoA 能够直接用于细胞合成。一旦细胞具有基本物质(乙酰 CoA)，就能利用这些基本物质合成更加复杂的有机物。如两个乙酰 CoA 合成草酰乙酸盐，并最终通过葡萄糖发酵或糖酵解途径逆向合成葡萄糖-6-磷酸。各种生物的合成代谢途径是非常相似的，所有途径都需将共同的中间体转化为蛋白质、脂肪、核酸等生命物质。

2.2　微生物代谢的能量反应

　　微生物从氧化还原反应中获取生长和维持其生命的能量。即使是从电磁辐射和太阳光获取能量的光合微生物，也通过氧化还原反应将光能转化成 ATP 和 NADH。氧化还原反应总是包括一个电子供体和一个电子受体。通常，我们认为电子供体是生物的营养基质。所有非光合生物(除某些原核生物以外)最常见的电子供体是有机物。但是，无机化能营养型原核生物利用还原态无机化合物，比如氨和硫化物作为电子供体。因此，原核生物具有多种代谢途径。在好氧条件下，电子受体通常是双原子的或分子氧(O_2)。但在厌氧条件下，一些原核生物在能量代谢中可以利用其他的电子受体，包括硝酸盐、硫酸盐和二氧化碳。在有些情况下，有机物既作为电子受体，也作为电子供体，如发酵。

　　表 2.2 列举了以葡萄糖作为电子供体的不同能量的反应，表明电子受体不同，从 1 mol 葡萄糖获取的能量差距很大。

表 2.2　葡萄糖作为电子供体的不同能量反应

反应类型	吉布斯自由能 /(kJ/mol 葡萄糖)	反应编号
好氧氧化： $C_6H_{12}O_6+6O_2 \longrightarrow 6CO_2+6H_2O$	−2882	B-2.10
反硝化： $5C_6H_{12}O_6+24NO_3^-+24H^+ \longrightarrow 30CO_2+42H_2O+12N_2$	−2725	B-2.11
硫酸盐还原： $2C_6H_{12}O_6+6SO_4^{2-}+9H^+ \longrightarrow 12CO_2+12H_2O+3H_2S+3HS^-$	−492	B-2.12
产甲烷： $C_6H_{12}O_6 \longrightarrow 3CO_2+3CH_4$	−428	B-2.13
乙醇发酵： $C_6H_{12}O_6 \longrightarrow 2CO_2+2CH_3CH_2OH$	−244	B-2.14

显然，在一个反应中，微生物倾向于尽可能获取最多的能量。因此，它们更倾向于以氧作为电子受体，但并非所有的微生物都能够以氧作为电子受体。在有氧条件下，厌氧微生物就无法和好氧微生物竞争。相反，无氧条件下，厌氧微生物占优势。仅仅从能量的角度考虑，优先的电子受体顺序是：氧、硝酸盐、硫酸盐、二氧化碳(产甲烷)，最后还有发酵的有机物(产物)。有些生物比如大肠杆菌，可以利用不同的电子受体包括氧、硝酸盐，或者发酵的有机物。其他的一些生物比如产甲烷菌是严格的厌氧菌，氧对它们是有害的。根据微生物能量学，电子供体只需传递少量电子给氧就能产生合成新生物量的能量。根据我们的分配框架，f_e^0 小、f_s^0 大。由于微生物产率 Y 和 f_s^0 呈比例关系，因此，好氧微生物产率(Y)比厌氧微生物高。

获得能量反应的化学计量方式方法有很多，这里介绍 Rittmann 和 McCarty (2020)建立的方法。这种方法即利用半反应来构建能量反应方程。能量反应涉及电子供体和电子受体，因此，其反应方程式(R_e)由电子供体半反应(R_d)与电子受体半反应(R_a)组成。下面以葡萄糖被硝酸盐氧化举例说明，葡萄糖氧化的半反应(电子供体半反应)可以表示为

$$\frac{1}{24}C_6H_{12}O_6+\frac{1}{4}H_2O \longrightarrow \frac{1}{4}CO_2+H^++e^- \tag{2.20}$$

仍然以一个电子当量为基础，硝酸盐还原的半反应(电子受体半反应)可以表示为

$$\frac{1}{5}NO_3^-+\frac{6}{5}H^++e^- \longrightarrow \frac{1}{10}N_2+\frac{3}{5}H_2O \tag{2.21}$$

将式(2.20)和式(2.21)等式两边相加，得到完整的平衡反应式，等式两边不出现自由电子：

$$\frac{1}{24}C_6H_{12}O_6+\frac{1}{5}NO_3^-+\frac{1}{5}H^+ \longrightarrow \frac{1}{4}CO_2+\frac{7}{20}H_2O+\frac{1}{10}N_2 \tag{2.22}$$

如果在式(2.22)两边分别乘以最小公倍数 120，就可以得到反应式(B-2.11)。

表 2.3 和表 2.4 总结了环境生物工程中常见的一系列氧化还原反应的半反应，以一个电子的还原反应表示。如果将一个半反应写成氧化反应形式，则等式左右两边调换，这样 e^- 就出现在等式右边。自由能的符号需要改变。

表 2.3   无机物半反应及其吉布斯标准自由能(pH=7.0 时)

反应编号	氧化还原化合物	半反应	$\Delta G^{0'}$ /(kJ/e$^-$eq)
B-2.15	铵-硝酸盐	$\frac{1}{8}NO_3^-+\frac{5}{4}H^++e^- \Longrightarrow \frac{1}{8}NH_4^++\frac{3}{8}H_2O$	−35.11
B-2.16	铵-亚硝酸盐	$\frac{1}{6}NO_2^-+\frac{4}{3}H^++e^- \Longrightarrow \frac{1}{6}NH_4^++\frac{1}{3}H_2O$	−32.93
B-2.17	铵-氮	$\frac{1}{6}N_2+\frac{4}{3}H^++e^- \Longrightarrow \frac{1}{3}NH_4^+$	26.7
B-2.18	亚铁-三价铁	$Fe^{3+}+e^- \Longrightarrow Fe^{2+}$	−74.27
B-2.19	氢-H$^+$	$H^++e^- \Longrightarrow \frac{1}{2}H_2$	39.87

续表

反应编号	氧化还原化合物	半反应	$\Delta G^{0'}$ /(kJ/e⁻eq)
B-2.20	亚硝酸盐-硝酸盐	$\frac{1}{2}NO_3^- + H^+ + e^- = \frac{1}{2}NO_2^- + \frac{1}{2}H_2O$	−41.65
B-2.21	氮-硝酸盐	$\frac{1}{5}NO_3^- + \frac{6}{5}H^+ + e^- = \frac{1}{10}N_2 + \frac{3}{5}H_2O$	−72.2
B-2.22	氮-亚硝酸盐	$\frac{1}{3}NO_2^- + \frac{4}{3}H^+ + e^- = \frac{1}{6}N_2 + \frac{2}{3}H_2O$	−92.56
B-2.23	硫化物-硫酸盐	$\frac{1}{8}SO_4^{2-} + \frac{19}{16}H^+ + e^- = \frac{1}{16}H_2S + \frac{1}{16}HS^- + \frac{1}{2}H_2O$	20.85
B-2.24	硫化物-亚硫酸盐	$\frac{1}{6}SO_3^{2-} + \frac{5}{4}H^+ + e^- = \frac{1}{12}H_2S + \frac{1}{12}HS^- + \frac{1}{2}H_2O$	11.03
B-2.25	亚硫酸盐-硫酸盐	$\frac{1}{2}SO_4^{2-} + H^+ + e^- = \frac{1}{2}SO_3^{2-} + \frac{1}{2}H_2O$	50.3
B-2.26	硫-硫酸盐	$\frac{1}{6}SO_4^{2-} + \frac{4}{3}H^+ + e^- = \frac{1}{6}S + \frac{2}{3}H_2O$	19.15
B-2.27	硫代硫酸盐-硫酸盐	$\frac{1}{4}SO_4^{2-} + \frac{5}{4}H^+ + e^- = \frac{1}{8}S_2O_3^{2-} + \frac{5}{8}H_2O$	23.58
B-2.28	水-氧	$\frac{1}{4}O_2 + H^+ + e^- = \frac{1}{2}H_2O$	−78.72

资料来源：Rittmann and McCarty，2020。

表2.4 有机物半反应及其吉布斯标准自由能

反应编号	被还原的物质	半反应	$\Delta G^{0'}$ /(kJ/e⁻eq)
B-2.29	乙酸盐	$\frac{1}{8}CO_2 + \frac{1}{8}HCO_3^- + H^+ + e^- = \frac{1}{8}CH_3COO^- + \frac{3}{8}H_2O$	27.40
B-2.30	丙氨酸	$\frac{1}{6}CO_2 + \frac{1}{12}HCO_3^- + \frac{1}{12}NH_4^+ + \frac{11}{12}H^+ + e^- = \frac{1}{12}CH_3CHNH_2COO^- + \frac{5}{12}H_2O$	31.37
B-2.31	安息香酸盐	$\frac{1}{5}CO_2 + \frac{1}{30}HCO_3^- + H^+ + e^- = \frac{1}{30}C_6H_5COO^- + \frac{13}{30}H_2O$	27.34
B-2.32	柠檬酸盐	$\frac{1}{6}CO_2 + \frac{1}{6}HCO_3^- + H^+ + e^- = \frac{1}{18}(COO^-)CH_2COH(COO^-)CH_2COO^- + \frac{4}{9}H_2O$	33.08
B-2.33	乙醇	$\frac{1}{6}CO_2 + H^+ + e^- = \frac{1}{12}CH_3CH_2OH + \frac{1}{4}H_2O$	31.18
B-2.34	甲酸盐	$\frac{1}{2}HCO_3^- + H^+ + e^- = \frac{1}{2}HCOO^- + \frac{1}{2}H_2O$	39.19
B-2.35	葡萄糖	$\frac{1}{4}CO_2 + H^+ + e^- = \frac{1}{24}C_6H_{12}O_6 + \frac{1}{4}H_2O$	41.35
B-2.36	谷氨酸盐	$\frac{1}{6}CO_2 + \frac{1}{9}HCO_3^- + \frac{1}{18}NH_4^+ + H^+ + e^- = \frac{1}{18}COOHCH_2CH_2CHNH_2COO^- + \frac{4}{9}H_2O$	30.93

续表

反应编号	被还原的物质	半反应	$\Delta G^{0'}$ /(kJ/e⁻eq)
B-2.37	甘油	$\dfrac{3}{14}CO_2+H^++e^-=\dfrac{1}{14}CH_2OHCHOHCH_2OH+\dfrac{3}{14}H_2O$	38.88
B-2.38	甘氨酸	$\dfrac{1}{6}CO_2+\dfrac{1}{6}HCO_3^-+\dfrac{1}{6}NH_4^++H^++e^-=\dfrac{1}{6}CH_2NH_2COOH+\dfrac{1}{2}H_2O$	39.80
B-2.39	乳酸	$\dfrac{1}{6}CO_2+\dfrac{1}{12}HCO_3^-+H^++e^-=\dfrac{1}{12}CH_3CHOHCOO^-+\dfrac{1}{3}H_2O$	32.29
B-2.40	甲烷	$\dfrac{1}{8}CO_2+H^++e^-=\dfrac{1}{8}CH_4+\dfrac{1}{4}H_2O$	23.53
B-2.41	甲醇	$\dfrac{1}{6}CO_2+H^++e^-=\dfrac{1}{6}CH_3OH+\dfrac{1}{6}H_2O$	36.84
B-2.42	棕榈酸盐	$\dfrac{15}{92}CO_2+\dfrac{1}{92}HCO_3^-+H^++e^-=\dfrac{1}{92}CH_3(CH_2)_{14}COO^-+\dfrac{31}{92}H_2O$	27.26
B-2.43	丙酸盐	$\dfrac{1}{7}CO_2+\dfrac{1}{14}HCO_3^-+H^++e^-=\dfrac{1}{14}CH_3CH_2COO^-+\dfrac{5}{14}H_2O$	27.63
B-2.44	丙酮酸盐	$\dfrac{1}{5}CO_2+\dfrac{1}{10}HCO_3^-+H^++e^-=\dfrac{1}{10}CH_3COCOO^-+\dfrac{2}{5}H_2O$	35.09
B-2.45	琥珀酸盐	$\dfrac{1}{7}CO_2+\dfrac{1}{7}HCO_3^-+H^++e^-=\dfrac{1}{14}(CH_2)_2(COO^-)_2+\dfrac{3}{7}H_2O$	29.09
B-2.46	生活污水	$\dfrac{9}{50}CO_2+\dfrac{1}{50}NH_4^++\dfrac{1}{50}HCO_3^-+H^++e^-=\dfrac{1}{50}C_{10}H_{19}O_3N_1+\dfrac{9}{25}H_2O$	31.80
B-2.47	常规有机化合物 半反应	$\dfrac{(n-c)}{d}CO_2+\dfrac{c}{d}NH_4^++\dfrac{c}{d}HCO_3^-+H^++e^-=\dfrac{1}{d}C_nH_aO_bN_c+\dfrac{2n-b+c}{d}H_2O$ 其中，$d=4n+a-2b-3c$	—
B-2.48	细胞合成	$\dfrac{1}{5}CO_2+\dfrac{1}{20}NH_4^++\dfrac{1}{20}HCO_3^-+H^++e^-=\dfrac{1}{20}C_5H_7O_2N+\dfrac{9}{20}H_2O$	—

资料来源：Rittmann and McCarty，2020。

2.3 微生物代谢的总反应

细菌的生长包括 2 个基本反应，一个是产生能量的反应，另一个是细胞合成反应。因此，生长总反应或代谢总反应方程实际就是能量反应方程和细胞合成反应方程的组合，只要知道基质的电子分配就能通过能量反应方程和细胞合成反应方程获得代谢总反应方程 (Rittmann and McCarty，2020)。与能量反应相似，细胞合成反应 (R_s) 由细胞合成半反应 (R_c) 和电子供体半反应 (R_d) 组成。表 2.5 列出重要的细胞合成半反应。表 2.6 还包括 5 种最常见的电子受体：O_2、NO_3^-、SO_4^{2-}、CO_2 和 Fe^{3+} 的半反应 (R_a)。

表 2.5　重要的细胞合成半反应(R_c)

反应编号	细胞合成半反应(R_c)	$\Delta G^{0\prime}/(\mathrm{kJ/e^-eq})$
氨为氮源 B-2.49	$\frac{1}{5}CO_2+\frac{1}{20}NH_4^++\frac{1}{20}HCO_3^-+H^++e^- \Longrightarrow \frac{1}{20}C_5H_7O_2N+\frac{9}{20}H_2O$	—
硝酸盐为氮源 B-2.50	$\frac{1}{28}NO_3^-+\frac{5}{28}CO_2+\frac{29}{28}H^++e^- \Longrightarrow \frac{1}{28}C_5H_7O_2N+\frac{11}{28}H_2O$	—
亚硝酸盐为氮源 B-2.51	$\frac{5}{26}CO_2+\frac{1}{26}NO_2^-+\frac{27}{26}H^++e^- \Longrightarrow \frac{1}{26}C_5H_7O_2N+\frac{10}{26}H_2O$	—
氮气为氮源 B-2.52	$H^++\frac{5}{23}CO_2+\frac{1}{46}H_2+e^- \Longrightarrow \frac{1}{23}C_5H_7O_2N+\frac{8}{23}H_2O$	—

资料来源：Rittmann and McCarty，2020。

表 2.6　一般的电子受体半反应(R_a)

反应编号	电子受体半反应(R_a)	$\Delta G^{0\prime}/(\mathrm{kJ/e^-eq})$
B-2.53	$\frac{1}{4}O_2+H^++e^- \Longrightarrow \frac{1}{2}H_2O$	-78.72
B-2.54	$\frac{1}{5}NO_3^-+\frac{6}{5}H^++e^- \Longrightarrow \frac{1}{10}N_2+\frac{3}{5}H_2O$	-72.20
B-2.55	$\frac{1}{8}SO_4^{2-}+\frac{19}{16}H^++e^- \Longrightarrow \frac{1}{16}H_2S+\frac{1}{16}HS^-+\frac{1}{2}H_2O$	20.85
B-2.56	$\frac{1}{8}CO_2+H^++e^- \Longrightarrow \frac{1}{8}CH_4+\frac{1}{4}H_2O$	23.53
B-2.57	$Fe^{3+}+e^- \Longrightarrow Fe^{2+}$	-74.27

资料来源：Rittmann and McCarty，2020。

首先，写出完整的能量与合成的反应式。电子供体半反应以 R_d 表示，电子受体半反应以 R_a 表示，细胞合成半反应以 R_c 表示，能量半反应以 R_e 表示，则有

$$R_e=R_a-R_d \tag{2.23}$$

合成反应式 R_s：

$$R_s=R_c-R_d \tag{2.24}$$

有必要指出 R_d 带负号，因为供体被氧化了。

以 f_e 和 f_s 分别表示参与能量反应和合成反应的电子比例，根据化学方程的加和性，因此，代谢总反应方程为

$$R_t=f_e(R_a-R_d)+f_s(R_c-R_d) \tag{2.25}$$

因为用于能量反应和合成反应的电子分数之和必须等于 1，即电子平衡

$$f_s+f_e=1.0$$

将式(2.25)整理为

$$R_t=f_eR_a+f_sR_c-R_d \tag{2.26}$$

式 (2.26) 是一个通用的方程式，可以用来建立微生物生长的化学计量式。

假设安息香酸盐为电子供体，硝酸盐为电子受体，氨为氮源；安息香酸盐电子当量中 40%用于合成 (f_s=0.40)，另外的 60%用于产生能量 (f_e=0.60)。

将实际反应式代入式 (2.23) 和式 (2.24)。首先是能量反应：

$$R_a: \quad \frac{1}{5}NO_3^- + \frac{6}{5}H^+ + e^- \longrightarrow \frac{1}{10}N_2 + \frac{3}{5}H_2O \tag{2.27}$$

$$-R_d: \quad \frac{1}{30}C_6H_5COO^- + \frac{13}{30}H_2O \longrightarrow \frac{1}{5}CO_2 + \frac{1}{30}HCO_3^- + H^+ + e^- \tag{2.28}$$

$$R_e: \quad \frac{1}{30}C_6H_5COO^- + \frac{1}{5}NO_3^- + \frac{1}{5}H^+ \longrightarrow \frac{1}{5}CO_2 + \frac{1}{10}N_2 + \frac{1}{30}HCO_3^- + \frac{1}{6}H_2O \tag{2.29}$$

相似地，合成反应为

$$R_c: \quad \frac{1}{5}CO_2 + \frac{1}{20}NH_4^+ + \frac{1}{20}HCO_3^- + H^+ + e^- \longrightarrow \frac{1}{20}C_5H_7O_2N + \frac{9}{20}H_2O \tag{2.30}$$

$$-R_d: \quad \frac{1}{30}C_6H_5COO^- + \frac{13}{30}H_2O \longrightarrow \frac{1}{5}CO_2 + \frac{1}{30}HCO_3^- + H^+ + e^- \tag{2.31}$$

$$R_s: \quad \frac{1}{30}C_6H_5COO^- + \frac{1}{20}NH_4^+ + \frac{1}{60}HCO_3^- \longrightarrow \frac{1}{20}C_5H_7O_2N + \frac{1}{60}H_2O \tag{2.32}$$

其次，为了得到包括能量生成反应和合成反应的总反应式，给式 (2.29) 乘以 f_e，给式 (2.32) 乘以 f_s，以及它们的和为 R_t。

$$f_eR_e: \quad 0.02C_6H_5COO^- + 0.12NO_3^- + 0.12H^+ \longrightarrow 0.12CO_2 + 0.06N_2 + 0.02HCO_3^- + 0.1H_2O \tag{2.33}$$

$$f_sR_s: \quad 0.0133C_6H_5COO^- + 0.02NH_4^+ + 0.0067HCO_3^- \longrightarrow 0.02C_5H_7O_2N + 0.0067H_2O \tag{2.34}$$

$$R_t: \quad 0.0333C_6H_5COO^- + 0.12NO_3^- + 0.02NH_4^+ + 0.12H^+ \longrightarrow$$
$$0.02C_5H_7O_2N + 0.06N_2 + 0.12CO_2 + 0.0133HCO_3^- + 0.1067H_2O \tag{2.35}$$

式 (2.35) 就是以安息香酸盐为电子供体、硝酸盐为电子受体时，细菌净合成的总反应式。即细菌以氨为氮源，利用安息香酸盐进行细胞合成的反应。有些情况下没有氨，可以以 NO_3^-、NO_2^- 和 N_2 为氮源，其中 NO_3^- 为最常见的氮源。

前文大多都是有关有机物氧化的例子。但是，化能无机营养型微生物是另一类重要的微生物，它们通过还原无机化合物获得能量，并且常常利用无机碳（如 CO_2）为碳源，进行生物的有机合成。表 2.3 中列出的无机半反应，同样根据类似方法获得自养型微生物的细胞合成代谢总方程。如硝化细菌生长反应，假设 f_s 为 0.10，无机碳用于细胞合成。

在反应中，氨作为电子供体被氧化为硝酸盐，因为是好氧反应，所以氧是电子受体，氮同时也作为细胞合成的氮源。此外，f_e=1-f_s=0.90，从表 2.3、表 2.5 和表 2.6 中选择适当的半反应，采用式 (2.26)，得出下面总的生物反应式：

$$f_eR_a: \quad 0.225O_2 + 0.9H^+ + 0.9e^- \longrightarrow 0.45H_2O$$

$$f_sR_c: \quad 0.02CO_2 + 0.005NH_4^+ + 0.005HCO_3^- + 0.1H^+ + 0.1e^- \longrightarrow 0.005C_5H_7O_2N + 0.045H_2O$$

$$-R_d: \quad 0.125NH_4^+ + 0.375H_2O \longrightarrow 0.125NO_3^- + 1.25H^+ + e^-$$

$$R_t: \quad 0.13NH_4^+ + 0.225O_2 + 0.02CO_2 + 0.005HCO_3^- \longrightarrow$$
$$0.005C_5H_7O_2N + 0.125NO_3^- + 0.25H_2 + 0.12H_2O$$

在发酵反应中，有机物作为电子供体和电子受体。简单发酵只有一种还原产物，比如葡萄糖发酵产乙醇。所有来自葡萄糖的电子必然被乙醇接受。首先选择一个电子供体半反应式用于式(2.26)。葡萄糖显然是电子供体，选用表 2.4 中 CO_2 转化为葡萄糖的半反应式[式(B-2.35)]。其次，确定电子受体反应式。它也非常简单：表 2.4 中 CO_2 转化为乙醇的半反应式[式(B-2.33)]，对于能量反应：

$$R_a: \quad \frac{1}{6}CO_2+H^++e^- \longrightarrow \frac{1}{12}CH_3CH_2OH+\frac{1}{4}H_2O$$

$$-R_d: \quad \frac{1}{24}C_6H_{12}O_6+\frac{1}{4}H_2O \longrightarrow \frac{1}{4}CO_2+H^++e^-$$

$$R_e: \quad \frac{1}{24}C_6H_{12}O_6 \longrightarrow \frac{1}{12}CH_3CH_2OH+\frac{1}{12}CO_2$$

R_e 乘以 24，得到如式(B-2.14)的摩尔反应式。选择电子供体和电子受体半反应式，应用式(2.26)建立一个总的反应式。假设 f_s 等于 0.22，应用前面的乙醇和葡萄糖半反应式和表 2.4 中的细胞合成反应式，并且 $f_e=1-f_s=0.78$，得

$$0.78R_a: \quad 0.13CO_2+0.78H^++0.78e^- \longrightarrow 0.065CH_3CH_2OH+0.195H_2O$$

$$0.22R_c: \quad 0.044CO_2+0.011NH_4^++0.011HCO_3^-+0.22H^++0.22e^- \longrightarrow 0.011C_5H_7O_2N+0.099H_2O$$

$$-R_d: \quad 0.0417C_6H_{12}O_6+0.25H_2O \longrightarrow 0.25CO_2+H^++e^-$$

$$R_t: 0.0417C_6H_{12}O_6+0.011NH_4^++0.011HCO_3^- \longrightarrow$$
$$0.011C_5H_7O_2N+0.065CH_3CH_2OH+0.076CO_2+0.044H_2O$$

这个反应式表明，一个电子当量的葡萄糖发酵，产生 0.065 mol 乙醇。每形成 0.011 mol 经验分子式的微生物细胞，需要 0.011 mol 氨。

许多发酵反应形成的产物不止一种。例如，大肠杆菌发酵葡萄糖，通常产生乙酸、乙醇、甲酸和氢气的混合物。在甲烷发酵中，细菌和古细菌的混合体将有机物质转化为甲烷和不完全发酵产物，通常为乙酸盐、丙酸盐和丁酸盐。只要已知还原终产物的相对比例，就可以建立能量反应方程式。因此，关键步骤是确定各种还原终产物中电子当量的相对比例。计算各种产物的电子当量之后，求得总和，然后可以计算出各个终产物在总量中所占的比例。这个比例作为还原产物半反应式的乘数，将得到的等式加起来，即可得到电子受体的半反应式 R_a。这个过程的数学表达式为

$$R_a = \sum_{i=1}^n e_{a_i}R_{a_i} \tag{2.36}$$

其中，

$$e_{a_i} = \frac{equiv_{a_i}}{\sum_{j=1}^n equiv_{a_j}}, \quad \sum_{i=1}^n e_{a_i}=1$$

式中，e_{a_i} 是产物 a_i 在形成的 n 种还原终产物中所占的比例；$equiv_{a_i}$ 代表产物 a_i 的当量数。所有还原终产物的比例之和等于 1。

有些情况下可能有混合电子供体。这种情况当然会在城市和工业废水处理中出现。这里，和电子受体反应式类似，写出电子供体的反应式 R_d：

$$R_{\mathrm{d}} = \sum_{i=1}^{n} e_{\mathrm{d}_i} R_{\mathrm{d}_i} \tag{2.37}$$

其中，

$$e_{\mathrm{d}_i} = \frac{\mathrm{equiv}_{\mathrm{d}_i}}{\sum_{j=1}^{n} \mathrm{equiv}_{\mathrm{d}_j}}, \quad \sum_{i=1}^{n} e_{\mathrm{d}_i} = 1$$

2.4　微生物代谢反应的自由能

微生物进行氧化还原反应以获得细胞生长和维持的能量。表 2.3 和表 2.4 总结了各种无机和有机半反应在 pH=7 条件下的标准吉布斯自由能（$\Delta G^{0'}$）。通过相关生化手册能快速确定反应物和生成物的标准自由能。只要知道反应的化学方程，就能利用吉布斯自由能可加和的特点，计算反应的吉布斯自由能。例如，生成 2-氯代安息香酸的平衡半反应式为

$$\frac{1}{28}\mathrm{HCO}_{3(aq)}^- + \frac{3}{14}\mathrm{CO}_{2(g)} + \frac{1}{28}\mathrm{Cl}_{(aq)}^- + \frac{29}{28}\mathrm{H}_{(aq,10^{-7})}^+ + \mathrm{e}^- \longrightarrow \frac{1}{28}\mathrm{CC_6H_4ClCOO}^- + \frac{13}{28}\mathrm{H_2O}_{(l)}$$

各种物质的生成自由能（单位 kJ/e⁻eq）是 $\frac{1}{28}$（−586.85）、$\frac{3}{14}$（−394.36）、$\frac{1}{28}$（−31.35）、$\frac{29}{28}$（−39.87）、0、$\frac{1}{28}$（−237.9）、$\frac{13}{28}$（−237.18）。产物自由能之和减去反应物自由能之和的计算结果，即为半反应的自由能，$\Delta G^{0'}$=29.26kJ/e⁻eq。

为了得到全部能量反应的自由能（ΔG_r），要将电子供体半反应的自由能和电子受体半反应的自由能加起来。这个简单的过程与前面的举例中从半反应建立总能量反应式的方法类似。表 2.7 中列出了电子供体半反应的自由能，其数值为负。例如，由表中的标准自由能的半反应，可以建立乙醇的好氧氧化反应式。

表 2.7　乙醇好氧氧化反应式的建立

反应编号	反应式	$\Delta G^{0'} / (\mathrm{kJ/e^- eq})$
B-2.53	$\frac{1}{4}\mathrm{O_2} + \mathrm{H}^+ + \mathrm{e}^- = \frac{1}{2}\mathrm{H_2O}$	−78.72
B-2.33	$\frac{1}{12}\mathrm{CH_3CH_2OH} + \frac{1}{4}\mathrm{H_2O} = \frac{1}{6}\mathrm{CO_2} + \mathrm{H}^+ + \mathrm{e}^-$	−31.18
结果	$\frac{1}{12}\mathrm{CH_3CH_2OH} + \frac{1}{4}\mathrm{O_2} = \frac{1}{6}\mathrm{CO_2} + \frac{1}{4}\mathrm{H_2O}$	−109.90

表中的 $\Delta G^{0'}$ 为−109.90kJ/e⁻eq，只适用于标准条件下（1 mol/L 乙醇液体浓度、101.325kPa 氧气和二氧化碳分压、液态水），pH 固定为 7.0，因为在总的乙醇氧化反应式中 H⁺并不出现，这时固定的 pH 并不重要。但是，在其他条件下，pH 的影响非常显著。

图 2.6 表示各种电子供体和电子受体以及最终的反应自由能之间的关系，假设所有的成分都处于单位活度(除了 pH=7.0)状态。该图表明，在从甲烷到葡萄糖的有机物范围内，好氧氧化作用(氧作为电子受体)和反硝化作用(硝酸盐作为电子受体)的 $\Delta G^{0'}$ 变化相对较小，变化范围为 $-120 \sim -96$ kJ/e⁻eq。相反，对于无机物电子受体，其变化范围则很大，从铁的氧化反应大约 -5 kJ/e⁻eq，到氢在有氧条件下氧化作用的 -119 kJ/e⁻eq。厌氧条件下的有机电子供体，无论是二氧化碳还是硫酸盐作为电子受体，$\Delta G^{0'}$ 的相对范围都非常大。例如，二氧化碳作为电子受体(产甲烷作用)，对于乙酸氧化作用，其 $\Delta G^{0'}$ 是 -3.87 kJ/e⁻eq，葡萄糖氧化作用，其 $\Delta G^{0'}$ 是 -17.82 kJ/e⁻eq，后者是前者的 4.6 倍。好氧反应和厌氧反应之间、有机物反应和无机物反应之间，其反应自由能的巨大差别对微生物产率的影响很大。

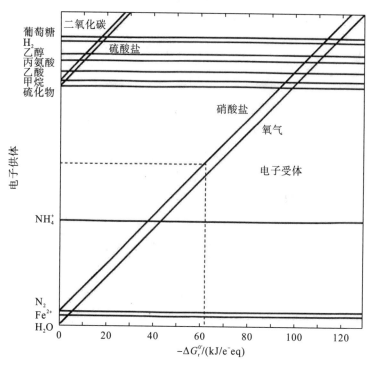

图 2.6 不同电子供体与电子受体之间的反应自由能关系

(Rittmann and McCarty，2020)

对反应物和产物的非标准自由能需要通过标准自由能来进行修正。首先考虑包含 n 种不同成分的普通反应式：

$$v_1 A_1 + v_2 A_2 + \cdots \longrightarrow v_m A_m + v_{m+1} A_{m+1} + \cdots + v_n A_n \tag{2.38}$$

可以写成更简单的通式：

$$\sum_{i=1}^{n} v_i A_i = 0 \tag{2.39}$$

式中，如果 A_i 在式(2.38)左边，则 v_i 的值为负数；如果在右边，则为正数。

则反应的非标准自由能变化根据式(2.40)确定：

$$\Delta G = \Delta G^0 + RT\sum_{i=1}^{n} v_i \ln a_i \tag{2.40}$$

式中，v_i 代表反应式 r 中组分 A_i 的化学计量系数；a_i 代表组分 A_i 的活度；T 是热力学温度，K。

如果 pH 与 7.0 差别较大，则必须校准 H^+ 浓度的影响。如果反应式中没有 H^+，就不需要校核 pH。

$$\Delta G^0 = \Delta G^{0'} - RTv_H + \ln(10^{-7}) \tag{2.41}$$

以乙醇为例写出反应式：

$$\frac{1}{12}CH_3CH_2OH + \frac{1}{4}O_2 = \frac{1}{6}CO_2 + \frac{1}{4}H_2O$$

对于这个能量反应式，因为 H^+ 不是方程式中的成分，所以 ΔG_r^0 等于 $\Delta G_r^{0'}$；对于乙醇、氧、二氧化碳和水，v_i 分别等于 $-1/12$、$-1/4$、$1/6$ 和 $1/4$，将这些值代入式(2.40)，可得

$$\Delta G_r = \Delta G_r^0 + RT\ln \frac{\left(p_{CO_2}\right)^{\frac{1}{6}}\left(c_{H_2O}\right)^{\frac{1}{4}}}{\left(c_{CH_3CH_2OH}\right)^{\frac{1}{12}}\left(p_{O_2}\right)^{\frac{1}{4}}} \tag{2.42}$$

假设，溶液中乙醇的浓度为 0.002 mol/L，氧分压为 0.2 1atm(1atm=101.325kPa)，二氧化碳的分压为 0.0003 atm，温度为 20℃。这 3 种组分的活度等于其浓度或分压(如果已知各组分的活度系数，就要校正这些数值。在该条件下，活度系数近似等于 1.0)。以水为主要溶剂的溶液中，水的活度系数等于 1.0，则

$$\Delta G_r = -109900 + 8.314 \times (273+20)\ln \frac{0.0003^{\frac{1}{6}} \times 1^{\frac{1}{4}}}{0.002^{\frac{1}{12}} \times 0.2^{\frac{1}{4}}} = -111000J/e^-eq(或 -111kJ/e^-eq)$$

在典型生物系统中，经过浓度校正的反应自由能的取值范围在标准自由能 $-109.9 \text{ kJ/e}^-\text{eq}$ 的 1% 之内变化。但当电子供体或者电子受体的浓度非常低，或者反应自由能 ΔG_r^0 的数量级不大于 $-10 \text{ kJ/e}^-\text{eq}$ 时，结果差异会很大，因此需要进行浓度校正。

2.5 微生物代谢的热力学描述

2.5.1 基于电子当量的热力学描述

McCarty(1965)建立了一个基于氧当量的热力学模型来预测自养或异养细菌在厌氧或好氧条件下的最大产率。McCarty(1971)用电子当量代替氧当量，使构建微生物生长与基质利用的化学计量方程更有效。Rittmann 和 McCarty(2020)进一步完善了该模型，并称为热力学电子当量模型 1(TEEM1)。TEEM1 基于电子受体、电子供体以及细胞的半反应发展而来，能够有效地将细胞生长与吉布斯自由能变化相耦合。在能量反应中，基质(电子供体)中一部分电子(f_e^0)传递给电子受体产生能量，剩余的电子(f_s^0)直接用于细胞合成。电子分配(基质分配)遵循电子平衡定律，因此可得

$$f_e^0 + f_s^0 = 1 \tag{2.43}$$

式中，f_e^0 是电子供体参与分解代谢的比例；f_s^0 是电子供体参与合成代谢的比例。细菌生长包括能量反应和合成反应。电子供体和电子受体的半反应可以结合起来得到能量反应，反应吉布斯自由能变化为 ΔG_r。电子供体和细胞的半反应结合在一起得到合成反应，并由此得到细胞合成的吉布斯自由能变化为 ΔG_s。

将能量反应与合成反应按照电子分配的比例结合，就得到细胞生长的总反应。这个比例用 A 表示，即

$$A = \frac{f_e^0}{f_s^0}, \ f_s^0 = \frac{1}{1+A}, \ f_e^0 = \frac{A}{1+A} \tag{2.44}$$

假设 ΔG_r 是每个当量电子供体为产生能量而释放的自由能，需要氧化 A 个当量的电子供体来提供合成一个当量细胞的能量(ΔG_s)；因此，氧化反应释放的能量是 $A\Delta G_r$。这部分能量在传递过程中有损失，其能量传递效率为 ε。因此，在稳定条件下，通过能量平衡可以得到：

$$A\varepsilon\Delta G_r + \Delta G_s = 0 \tag{2.45}$$

A 取决于能量传递效率 ε：

$$A = -\frac{\Delta G_s}{\varepsilon\Delta G_r} \tag{2.46}$$

A 本质上是表示与能量产生相关的电子供体同细胞合成相关的电子供体的比例。在最佳条件下，典型的能量传递效率 ε 为 55%～70%，通常为 60%。微生物在混合培养环境中的能量传递效率更低。

ΔG_r 可以由以下公式计算：

$$\Delta G_r = \Delta G_r^0 + RT \sum_{i=1}^{n} v_i \ln a_i \tag{2.47}$$

$$\Delta G_r^0 = \Delta G_a^0 - \Delta G_d^0 \tag{2.48}$$

式中，R 是理想气体常数；T 是绝对温度；ΔG_a^0、ΔG_d^0、ΔG_r^0 分别为电子受体半反应、电子供体半反应以及能量反应在标准浓度条件下的吉布斯自由能变化；a_i 和 v_i 分别为反应物与产物的活度以及它们各自的化学计量系数。

通常情况下在典型的生物系统中，ΔG_r 与 ΔG_r^0 相差不大，因此不必修正组分浓度。但是在电子供体或电子受体浓度非常低或者反应自由能 ΔG_r^0 的数量级不大于 -10 kJ/e$^-$eq 时，浓度修正非常必要。

大多数微生物反应发生在 pH 为 7.0 的条件下，如果 pH 与 7.0 差别较大，则需要用式(2.41)修正 H^+ 浓度。$\Delta G_r^{0'}$ 为标准条件下的吉布斯自由能变化(pH=7.0)。此外，如果 H^+ 不是方程中的组分，则 ΔG_r^0 等于 $\Delta G_r^{0'}$。

TEEM1 中 ΔG_s 包含两个能量项，分别为电子供体向中间化合物转化所需能量(ΔG_{ic})和中间化合物向细胞转化所需能量(ΔG_{pc})：

$$\Delta G_s = \frac{\Delta G_{ic}}{\varepsilon^n} + \frac{\Delta G_{pc}}{\varepsilon} \tag{2.49}$$

若细胞碳源转化为中间化合物需要能量（$\Delta G_{ic} > 0$），则 $n = 1$。或者它可以从自身转化中获得能量（$\Delta G_{ic} < 0$），这时 $n = -1$。因此：

$$\Delta G_{ic} = \Delta G_{in} - \Delta G_d \tag{2.50}$$

式中，ΔG_{in} 为中间化合物半反应的自由能；ΔG_d 为电子供体半反应的自由能。在 TEEM1 中，中间化合物为丙酮酸，该化合物的反应自由能为 35.09 kJ/e⁻eq。但乙酰 CoA 是生物合成的主要中间化合物，因此，中间化合物若使用乙酰 CoA，则反应自由能为 30.9 kJ/e⁻eq。

$$\Delta G_{ic} = 30.9 - \Delta G_d \tag{2.51}$$

虽然用乙酰 CoA 代替丙酮酸，通过 TEEM1 计算出的产量没有太大差异，但从现有研究成果的路径准确性来看，在理论上更加准确。

根据细胞合成所需的 ATP 量估算 ΔG_{pc}，假定细胞相对组成为 $C_5H_7O_2N$，并且当氨作为细胞合成的氮源时，ΔG_{pc} 等于 18.8 kJ/e⁻eq。当其他形式的氮用于合成时，该值以及细胞合成半反应则不同。

基于上述公式能够求解 A。由于上述过程并没有包括维持细胞生存的能量，因此通过 A 只能确定真实或最大细胞产率。大多数情况下，使用单位质量 COD 来表示细胞产率；同样也可以用基质物质的量来表示细胞产率，如异养细菌产率可用碳的量表示为 $Y_{C/C}$，即每摩尔底物基质形成细胞的量(摩尔，以碳形式计量)。对于自养反应，用 $Y_{C/M}$ 每摩尔电子供体形成细胞碳的量(摩尔)来表示产率。当使用电子当量时，f_s^0 既可用于异养也可用于自养。f_s^0 也可用于构建细胞生长和基质利用的总化学计量方程。通过将 f_s^0 乘以供体碳还原度（γ_d）与细胞碳还原度（γ_x）之比，得

$$Y_{C/C} = \left(\frac{\gamma_d}{\gamma_x}\right) f_s^0 \tag{2.52}$$

在这里，有机化合物中碳的还原程度（γ）等于由半反应方程确定的 1 摩尔化合物中的电子当量数（p）除以化合物中的碳原子数（c）。结合方程式(2.44)、式(2.46)、式(2.52)，异养生长的碳产率为

$$Y_{C/C} = \left(\frac{\gamma_d}{\gamma_x}\right) \frac{\Delta G_r}{\Delta G_r - \Delta G_s / \varepsilon} \tag{2.53}$$

例如，在能量传递效率 ε 为 0.37 下，用 TEEM1 模型计算标准条件下醋酸盐好氧氧化的产率。

电子供体半反应方程式：

$$\frac{1}{8}CO_2 + \frac{1}{8}HCO_3^- + H^+ + e^- \longrightarrow \frac{1}{8}CH_3COO^- + \frac{3}{8}H_2O \quad (\Delta G_d^{0'} = 27.4 \text{ kJ/e}^-\text{eq})$$

电子受体半反应方程式：

$$\frac{1}{4}O_2 + H^+ + e^- \longrightarrow \frac{1}{2}H_2O \quad (\Delta G_a^{0'} = -78.72 \text{ kJ/e}^-\text{eq})$$

以氨为氮源的细胞合成反应：

$$\frac{1}{5}CO_2 + \frac{1}{20}NH_4^+ + \frac{1}{20}HCO_3^- + H^+ + e^- \longrightarrow \frac{1}{20}C_5H_7O_2N + \frac{9}{20}H_2O$$

$$\gamma_d = \frac{P_{电子供体}}{C_{电子供体}} = \frac{8}{2} = 4 \qquad \gamma_x = \frac{P_{细胞}}{C_{细胞}} = \frac{20}{5} = 4$$

f_s^0 和 Y 的计算：

$$A = -\frac{\Delta G_s}{\varepsilon \Delta G_r}$$

式中 ΔG_s 由公式 (2.49) 计算得到，而公式 (2.49) 中的 ΔG_{ic} 通过公式 (2.50) 计算得到；其中，$\Delta G_{in} = 30.9 \text{ kJ/e}^-\text{eq}$；$\Delta G_{pc} = 18.8 \text{ kJ/e}^-\text{eq}$；能量利用效率 $\varepsilon = 0.37$，因为反应在标准条件下进行，则 $\Delta G_{in} - \Delta G_d = 30.9 - 27.4 > 0$，所以公式 (2.49) 中的 n 取 +1。

$$A = -\frac{\Delta G_s}{\varepsilon \Delta G_r} = -\frac{\dfrac{30.9-27.4}{0.37} + \dfrac{18.8}{0.37}}{0.37(-78.72-27.4)} = 1.535$$

$$f_s^0 = \frac{1}{1+A} = \frac{1}{1+1.535} = 0.39$$

$$Y_{C/C} = \frac{\gamma_d}{\gamma_x} f_s^0 = \frac{4}{4} 0.39 = 0.39 \text{ molC}_{细胞}/\text{molC}_{醋酸盐}$$

$$Y_{C/mol} = \frac{p}{\gamma_x} f_s^0 = \frac{8}{4} 0.39 = 0.78 \text{ molC}_{细胞}/\text{mol 醋酸盐}$$

$f_e^0 = 1 - f_s^0 = 0.61$，总反应 $R_t = f_s^0 R_c + f_e^0 R_a - R_d$；因此也可获得总反应方程：

$0.125CH_3COO^- + 0.152O_2 + 0.0195NH_4^+ \longrightarrow$

$0.0195C_5H_7O_2N + 0.047CO_2 + 0.1055HCO_3^- + 0.1055H_2O$ 或标准化为 1mol 醋酸根，得

$CH_3COO^- + 1.22O_2 + 0.156NH_4^+ \longrightarrow 0.156C_5H_7O_2N + 0.376CO_2 + 0.844HCO_3^- + 0.844H_2O$

McCarty (2007) 对 TEEM1 进行了以下修正：①修正涉及加氧酶的好氧异养反应，②修正涉及单碳有机物的好氧异养氧化。修正后的模型被称为 TEEM2。

1) 涉及加氧酶的好氧异养反应的修正

通常加氧酶被好氧微生物用于碳氢化合物、芳香族化合物和氨的最初氧化。加氧酶反应通常需要以 NADH 的形式输入能量和还原力。在 TEEM2 模型中，假设涉及加氧酶的每一步反应的能量损失等于 NADH 氧化的标准能量，即等于氧的还原方程 ($-78.72 \text{ kJ/e}^-\text{eq}$) 和 NADH/NAD$^+$ 的还原方程 (30.88 kJ/e$^-$eq) 的能量差值 $-109.6 \text{ kJ/e}^-\text{eq}$ 或 $-219.2 \text{ kJ/mol NADH}$。因此，供体的能量损失为 $q\Delta G_{xy} \text{ kJ/mol}$，其中 q 是加氧酶用于化合物完全氧化的次数，ΔG_{xy} 等于 -219.2 kJ/mol。所以可用于合成的能量就变为

$$\Delta G_r = \Delta G_a - \Delta G_d - \left(\frac{q}{p}\right)\Delta G_{xy} \qquad (2.54)$$

式中，p 为半反应还原方程中每摩尔基质的电子当量数。

2) 涉及单碳有机物好氧异氧化的修正

用 TEEM1 估算某些低还原度化合物的产率并不准确。McCarty 假设误差是因单碳化合物 (如甲酸盐和甲醇) 的不同合成途径导致的。这些化合物的有氧合成途径通常是先转化

为甲醛，然后通过核酮糖单磷酸途径或丝氨酸途径转化为细胞物质。在转化为甲醛的过程中需要考虑能量损失。此外，由于需要 NADH 的输入，通过丝氨酸途径后的化合物会损失额外的能量。因此，对于使用单碳化合物经丝氨酸途径进行生物合成，其产量更低。例如，通过丝氨酸途径利用甲烷合成细胞物质的 II 型甲烷氧化菌其产量远低于通过磷酸乙酯途径合成细胞的 I 型甲烷氧化菌。

转化为甲醛所损失的能量（ΔG_{fa}）包含在 ΔG_s 表达式中：

$$\Delta G_s = \frac{\Delta G_{fa} - \Delta G_d}{\varepsilon^m} + \frac{\Delta G_{in} - \Delta G_{fa}}{\varepsilon^n} + \frac{\Delta G_{pc}}{\varepsilon} \tag{2.55}$$

对于单碳化合物，ΔG_{fa} 等于甲醛半反应的吉布斯自由能（46.53 kJ/e⁻eq），而对于其他化合物，ΔG_{fa} 为零。反应的吉布斯自由能可以乘以或除以能量转移效率，这取决于反应是向生物体提供能量还是消耗能量。单碳化合物的 $m=1$，其他化合物的 $m=n$；指数 n 与前面类似，如果 $m=n$ 且 $\Delta G_{in} - \Delta G_{fa} > 0$ 时，$n=1$，否则 $n=-1$。

对 TEEM2 方程的总结为

$$f_s^0 + f_e^0 = 1$$

$$f_s^0 = \frac{\Delta G_r}{\Delta G_r - \Delta G_s / \varepsilon}$$

$$\Delta G_r = \Delta G_a - \Delta G_d - \frac{q}{p} \Delta G_{xy}$$

$$\Delta G_s = \frac{\Delta G_{fa} - \Delta G_d}{\varepsilon^m} + \frac{\Delta G_{in} - \Delta G_{fa}}{\varepsilon^n} + \frac{\Delta G_{pc}}{\varepsilon}$$

式中，f_e^0 是电子供体中参与能量代谢及转化为产物的电子比例，e⁻eq 产物/e⁻eq 电子供体；f_s^0 是电子供体中参与细胞合成的电子比例，e⁻eq 细胞/e⁻eq 电子供体；ΔG_r 是能量反应的吉布斯自由能，kJ/e⁻eq；ΔG_s 是细胞合成反应的吉布斯自由能，kJ/e⁻eq；ΔG_a 是电子受体半反应的吉布斯自由能，kJ/e⁻eq；ΔG_d 是电子供体半反应的吉布斯自由能，kJ/e⁻eq；ΔG_{xy} 是 NADH 氧化释放的自由能，−219.2 kJ/mol；ΔG_{in} 是乙酰 CoA 半反应释放的吉布斯自由能，30.9 kJ/e⁻eq；ΔG_{fa} 是甲醛半反应释放的吉布斯自由能（单碳化合物是 46.53 kJ/e⁻eq，其余为 0 kJ/e⁻eq）；ΔG_{in} 是中间化合物半反应的自由能 kJ/e⁻eq；ΔG_{pc} 是中间化合物转化为细胞物质的吉布斯自由能（细胞化学式为 $C_5H_7O_2N$ 时，氨、硝酸盐、亚硝酸盐和 N_2 作为氮源，分别为 18.8 kJ/e⁻eq、28 kJ/e⁻eq、26 kJ/e⁻eq 和 23 kJ/e⁻eq）；ε 是能量传递效率，如果 $\Delta G_{fa} > 0$ 则 $m=+1$，否则 $m=n$，如果 $\Delta G_{in} - \Delta G_d > 0$ 和 $m=n$ 则 $n=+1$；p 为半反应还原方程中每摩尔基质的电子当量数；q 为每摩尔底物涉及加氧酶反应的次数。

2.5.2　基于生物体碳元素物质的量的热力学描述

荷兰学者 Heijnen 和 van Dijken（1992）定义每消耗单位数量的电子供体（为有机物时以碳的物质的量表示，为无机物时以供体的物质的量表示）所产生的生物体的碳元素物质的量为产率 Y_{DX}。这样 Y_{DX} 的单位就为 C-mol 生物体/C-mol 电子供体。在此基础上，提出了每产生单位 C-mol 生物体所耗散的吉布斯自由能的概念。实际上，Roels（1983）

在 20 世纪 80 年代推测每产生单位生物体，吉布斯自由能的耗散可能对许多碳源都是常数，而且可能独立于参加反应的电子受体的类型。这里所谓的吉布斯自由能的耗散在数值上等于宏观上化学反应的吉布斯自由能变化，且符号相反。宏观上，生物氧化学反应沿能量梯度下降的方向进行时，能量被释放出来。底物的能级在平衡中是降低的，即意味着能量被释放。微生物的合成只能利用所释放能量的一部分，即底物中的能量总有部分不能转移给新能量载体(微生物)，故用"耗散"命名。可见，这一命名与电子当量模型的能量损失(energy loss)概念是相通的。例如，以草酸盐为底物的增殖反应，以 $CH_{1.8}O_{0.5}N_{0.2}$ 表示生物体，方程可写为

$$5.815C_2O_4^{2-}+0.2NH_4^++1.857O_2+0.8H^++5.415H_2O \Longrightarrow 1.0CH_{1.8}O_{0.5}N_{0.2}+10.63HCO_3^- \quad (2.56)$$

可以用反应物和生产物的标准生成自由能 ΔG_f^0 来计算反应的自由能变化 ΔG^0：

$\Delta G^0 = 10.63 \times (-588) + 1 \times (-67) - 5.42 \times (-238) - 0.8 \times (-40) - 0.2 \times (-80) - 5.815 \times (-676) = -1048.54$ kJ 即意味着生成 1C-mol 生物体反应的吉布斯自由能变化为 -1048.54 kJ，则耗散的自由能为 1048.54 kJ。

Heijnen 和 van Dijken(1992)认为，如指定 D_s^0 为耗散的自由能[kJ/($m^3 \cdot h$)]，并用 r_{Ax} 表示生物体产量[C-mol/($m^3 \cdot h$)]，则 D_s^0/r_{Ax} 代表微生物系统产生出 1 C-mol 的生物体所需耗散的自由能。他们研究了污水生物处理领域可能涉及的大部分生物增殖的化学反应，发现 D_s^0/r_{Ax} 的值与产率 Y_{DX} 有确定的关系，而且 D_s^0/r_{Ax} 主要由碳源本身的特征[其中有机底物(电子供体)还原程度(0~8)和碳链的长度是主要影响因素]决定。D_s^0/r_{Ax} 的值在 150~3500 kJ/(C-mol 生物体)的范围内变化。电子受体(O_2、NO_3^-、发酵)对 D_s^0/r_{Ax} 的值没有明显的影响。他们给出 D_s^0/r_{Ax} 数值与电子供体的函数关系：

$$D_s^0/r_{Ax}=200 + 18(6-c)^{1.8} + \exp\{[(3.8-\gamma_c)^2]^{0.16} \times (3.6+0.4c)\} \quad (2.57)$$

式中，c 是底物分子中 C 原子的数量；γ_c 是底物碳源的还原程度(即将 1 C-mol 有机物质氧化为 CO_2 或 1 mol 无机物为其氧化形式所释放电子的数量)。

利用该式计算产率 Y_{DX}，当 Y_{DX} 的值在 0.01~0.8 C-mol 生物体/C-mol 电子供体之间时，估算值与测定值的误差为 13%~19%(Heijnen and van Dijken，1992)。

由于碳源和反应条件的差别，微生物对吉布斯自由能的利用效率存在差别。前面已经提到，生物合成必须在特定的氧化还原电位水平和特定细胞结构的中间物质(如聚糖、氨基酸、脂类及核酸等)存在的条件下发生。由于受可利用碳源的限制，为了达到该氧化还原水平和细胞结构中间物质特定的碳链长度，微生物系统所要完成的生化反应的数量就会存在差别。例如，利用 CO_2 作碳源的微生物系统就比利用葡萄糖作碳源的系统要进行更多的还原反应和碳-碳耦合反应。显然，葡萄糖分子更接近于生物体的氧化还原电位水平，而典型的细胞结构中间物都含有 4~5 个碳原子，葡萄糖的碳链比 CO_2 更接近。因而，利用 CO_2 的同化作用要比利用葡萄糖经历更多的反应步骤，所耗散的吉布斯自由能也更多。类似地，利用甲醛和甲醇作底物的异养增长也可按此推论。

同样，存在电子传递链(O_2、NO_3^-)生物氧化体系，也比不需电子传递体系(发酵)时每C-mol 生物体多一些耗散。这是由于电子传递额外的磷酸化作用机制需要进行更多的化学反应，使得吉布斯自由能的耗散多增加了 50~150 kJ/C-mol 生物体。

对比上述研究,可得出以下几点认识。

(1)电子当量模型不是严格意义上的黑箱模型。模型必须分解为异化作用和同化作用两个部分,异化作用分解有机底物得到的能量用于下一步的合成,所以理论上需要列出两类反应式,最后合并为反应底物输入与微生物产出的总化学方程式。必须在透彻了解微生物增殖的具体历程的情况下,才能列出上述两类过程的反应式。

(2)电子当量的"能量损失"概念与 Heijnen 和 van Dijken(1992)的"能量耗散"概念是一致的,都反映了有机底物中包含的化学能经异化作用能级降低和微生物同化作用利用能量的总结果。污水处理过程主要目的就是通过人工手段促使这种耗散或降低过程加速发生,因而从理论上看,自由能耗散高、产率低的微生物种类是最合适的。例如,厌氧微生物利用单位电子供体的产率就明显低于好氧微生物,硝化菌类增殖过程的耗能较多。

(3)由 Heijnen 和 van Dijken(1992)的模型计算 ΔG^0:

$$\Delta G_0 = \frac{Y_{DX} \times D_s^0 / r_{Ax}}{\gamma_c} \tag{2.58}$$

通过对比电子当量模型可以发现,两类模型的结果很接近。异养增长的微生物,由于碳源和能源都来自同一物质,故基于电子当量和基于生物体的碳元素的物质的量来考察热力学函数的变化本质上是统一的,与所采用的生物体的化学表达式的形式无关。化能自养菌由于能源由氧化无机物获得,碳源是无机的 CO_2,电子是由无机物经氧化过程进入电子传递链的,与产生的生物体碳元素的物质的量无确定的关系,因此必须深入了解其同化过程和异化过程,才能对每部分的自由能耗散情况作出正确的评价。

2.6 污水处理生物体系的能量迁移

生物氧化的功能是为生物体的生命活动提供能量。生物体所能吸收利用的能量仅限于化学能和光能。化学能是化合物的属性,化学能主要以键能的形式储存在化合物原子间的化学键上,化学键靠电子以一定的轨道绕核运行来维持。电子的轨道不同,其具有的电子势能就不同。当电子自一较高能级的轨道转移到一较低能级的轨道时,就会释放能量,反之,则要吸收能量。

氧化还原的本质是电子的迁移,即电子从一个化合物迁移到另一个化合物(从一个能级到另一个能级)。生物氧化过程,由于被氧化的底物上的电子势能发生了跃降而释放能量。电子总是从还原电位低的体系向还原电位高的体系流动。由反应的总氧化还原电位可判定反应进行的方向,并可建立氧化还原电位与热力学状态函数的联系。

如前所述,生物氧化反应近似在常温常压下进行,反应所提供的最大可利用的能量可用自由能变化 ΔG 表示。ΔG 的符号决定了反应自发进行的方向,ΔG 的数值表示自由能变化的大小。

反应的自由能变化与反应的氧化还原电位的关系如下(许保玖和龙腾锐,2000):

$$\Delta G = -n_r F \Delta U_p \tag{2.59}$$

式中,ΔG 为反应的自由能变化,J/mol;n_r 为反应中传递的电子数;F 为法拉第常数,取

96560.168 J/V；ΔU_p 为发生反应的两个氧化还原体系的电位差。可以看出，ΔG 的反应发生方向的判别标准与 ΔU 是一致的。

2.6.1　热力学平衡与自由能

设反应物为 A 和 B，产物为 C 和 D，则一般意义上的生物化学反应表达为

$$A + B \longrightarrow C + D$$

假定在反应物 A 和 B 及产物 C 和 D 之间，或快或慢地要达到一种平衡状态，即不再有浓度比例的净变化，这一生物化学反应中的热力学平衡状态可表示为

$$K = \frac{[C][D]}{[A][B]} \tag{2.60}$$

式中，K 为热力学平衡常数。

K 与 ΔG 有着密切的关系：

$$\Delta G = \Delta G^0 + RT\ln\frac{[C][D]}{[A][B]} \tag{2.61}$$

式中，R 为气体常数；T 为绝对温度；ΔG^0 为标准自由能变化。式 (2.61) 即是一般生物化学反应中的能量代谢通式。

当反应沿能量自然下降的梯度方向 (即由较高能量水平到较低能量水平) 进行时，能量被释放出来。在这种放能反应中，ΔG 带负号，因为自由能的下降在平衡中被看作一种损失。在这样的情况下，K 值较高，且意味着反应可以自发地进行并能趋于完成。最后，当达到平衡时，在反应混合物中有大量的 C+D 和极少量的 A+B，平衡显著地"右移"。

当 $\Delta G = 0$ 时，反应系统不再释放自由能，因此，

$$\Delta G^0 = -RT\ln\frac{[C][D]}{[A][B]} \tag{2.62}$$

在标准状况下，平衡常数 K' 为

$$K' = \frac{[C][D]}{[A][B]} \tag{2.63}$$

代入式 (2.62)，得

$$\Delta G^0 = -RT \ln K' \tag{2.64}$$

因此，标准自由能变化可由平衡常数 K' 计算得出。

将式 (2.64) 进一步代入式 (2.61)，得

$$\Delta G = -RT \ln K' + RT \ln K \tag{2.65}$$

即

$$\Delta G = -RT\ln\frac{K}{K'} \tag{2.66}$$

K 大于 K'，说明反应很少有自发进行或接近完成的趋势。在这种情况下，需要输入能量以使反应逆能量梯度 (即由低能量水平到高能量水平) 进行。在这样一种吸能反应中，

因为有外界的能量补给这一反应系统，自由能变化为正。在废水生物处理领域，虽然存在较多的自发过程使得 ΔG 的值为负，但自然条件下发生的有机物降解过程十分缓慢，因此外界输入的能量主要是用于强化和加速这一过程，以促使平衡更快"右移"。

2.6.2 能量代谢的动态平衡

在微生物体内，能量代谢反应的状况经常是不断地接近热力学平衡但又从不达到这种平衡，这样就为微生物的能量代谢活动提供了连续不断的能量供应。尽管在能量代谢中的生物化学反应浓度似乎是不变的，但通常达不到真正的热力学平衡，而是处于一种"稳定状态"，即反应起始物进入反应系统的速度与最终产物出去的速度相等。其间有一系列中间反应，前一个反应的产物都成为下一个反应的底物(祖元刚，1990)。

图 2.7 以图解方式说明了能量代谢反应中的动态稳定状况。

在动态平衡中，各个亚系统及其成分以一盛物容器表示，所盛物体从容器口流出，流出物以不同的符号(圆圈、方块、三角)表示。这些容器排成逐渐下行的顺序，每个容器都处于动态平衡之中，因为进入的起始物质恰如出去的终产物一样多(质量平衡)。起始物流入最上层容器的速度与终产物流出该系统最末端容器的速度相等(通量平衡)。

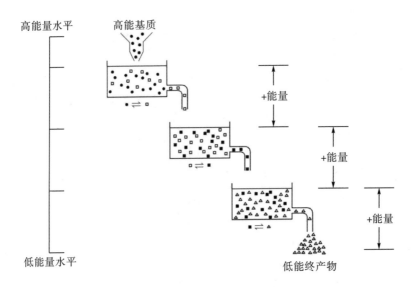

图 2.7 能量代谢反应中"动态稳定平衡"的模型

(许保玖和龙腾锐，2000)

图 2.7 中，第一个容器放在最高处，表示在微生物系统中起始物以较高内能进入，逐步降解为低能的最终产物，这相当于一个总的放能反应。从较高能量水平向较低能量水平迁移，以液流自然地从一个容器流到下一个较低水平的容器来表示的。虽然能量代谢反应自发地趋向热力学平衡的方向进行，但这一平衡实际上是达不到的。这样一来，便不断产生可利用的能量。当停止向最高处容器输入时，出现平衡状态。这时，其余容器迅速流

空。对于生命体来说，这样的"流空"意味着产能终结，随即发生死亡。要避免这种灾变，微生物必须以自养或异养方式制造可利用的含能物质——高能化合物，以便有效地维持这种既定的非平衡状态，这是生命有机体的基本功能之一。微生物这一类开放的系统，其能量代谢反应始终处于动态平衡之中。

2.6.3 物质代谢过程中的能量迁移

从物质和能量平衡角度看，微生物分解污水中的有机物既是一种生物氧化过程，又是一种同化作用（assimilation）过程。

Guiot 和 Nyns（1986）认为物质和能量形式上可用一个共同的指标来表示：COD 或氧当量。从物质形态看，污水中被微生物代谢转化（同化和异化作用）的溶解性有机物量等于

$$S_M = S_O + S_a \qquad (2.67)$$

式中，S_M 代表微生物代谢掉的溶解性底物量；S_O 表示微生物消耗的分子氧量，根据定义，该值等于以 COD 为基础测定的底物中被氧化的部分；S_a 为底物中被同化的物质量，即以 COD 形式转化为新的细胞物质的部分的量。另外，S_a 还可表示为

$$S_a = \omega \cdot \Delta X \qquad (2.68)$$

式中，ΔX 为合成的新细胞体的量（以 VSS 表示）；ω 是以挥发性悬浮固体 VSS 计的生物细胞质转换为 COD 的系数。一般，该转换系数等于 1.42 g COD/g VSS。

生物氧化过程释放的自由能与所氧化的底物量（以 COD 表示）成正比，即按照定义，与好氧呼吸所消耗的分子氧的量成正比。释放的自由能由 ATP 的高能键蓄积。因而所生成的 ATP 的量与释放的自由能成正比，也即与消耗的分子氧的量成正比：

$$N_{ATP} = a_O S_O \qquad (2.69)$$

式中，N_{ATP} 为 ATP 的物质的量 mol；a_O 为每消耗单位 O_2 所产生的 ATP 的物质的量，mol。

Pirt（1975）认为 ATP 中蓄积的能量将用于细胞的生物合成和生命维持（maintenance）两类功能。细胞维持功能包括细胞物质的更新、提供细胞内外浓度梯度的渗透功以及维持细胞活动能力（motility）等（Low and Chase，1999）。维持所需能量来自细胞内储存的 ATP 的量，即维持并不是直接由氧化外部底物获得的，而是来自细胞自身储存能量的释放，但是理论上这部分能量仍然可以看作底物的一部分。可把单位时间单位活性微生物用于维持的 ATP 量要求视为独立于基质条件的常数，即

$$N_{ATP,m} = m_{ATP} Xt \qquad (2.70)$$

式中，$N_{ATP,m}$ 为满足维持要求的 ATP 的物质的量，mol；m_{ATP} 为用于维持的 ATP 的水解比速率，mol/(gVSS·h)；t 为所经历的时间，h；X 为细胞质量，gVSS。

基于以上认识，从能量的转化和迁移看，可得出下式：

$$S_M = (Y_{oa}^0 + 1)(S_O - m_o Xt) + m_o Xt \qquad (2.71)$$

式中，Y_{oa}^0 是以 COD 表示的用于同化的生物氧化作用的产率；系数 m_o 是形式上用于维持功能的 O_2 的比消耗速率。Y_{oa}^0 在给定的条件下是生化常数。式（2.71）中右边第一项表示用于同化或增殖的底物需求（既包含了能量也包含了物质），可视为合成代谢所需能；第二项

m_oXt 代表在给定的时间 t 内用于维持功能所消耗的 O_2 的浓度，可视为维持所需能。

底物中氧化并转化为能量的部分为 S_{ox}，在与分子氧结合的过程中释放的能量一部分用于维持，另一部分用于提供微生物同化作用的耗能。这一部分能量还包括了反应中所释放的热。微生物怎样在生物合成和生命维持两过程中分配有机底物和能量的问题，引起了很多研究者的兴趣。一方面在于考虑通过增加用于维持功能的底物的量，导致细菌用于合成或同化的物质和能量减少，从而降低表观产率。Low 等(2000)就曾利用对-硝基苯酚作氧化磷酸化质子载体(protonophore)的解偶联剂(uncoupler)，这种物质的加入使能量在细胞中分散，减少了吸能过程可用的能量。在这种情况下，细胞要优先满足其维持功能的要求，其次才满足合成作用可得到的能量，从而导致其表观产率降低。另一方面，则关注将更多的能量和基质用于细胞合成，强化污染物化学能更多地转化为污泥生物质能，从而减少以热的形式耗散。但无论是强化维持代谢减小细菌合成产率，还是使污染物高效定向转化为细胞生物质能，都需细化污染物能流的主要形式和转化途径，这有利于建立污水处理过程能量平衡模型。

术　语　表

符号	含义	单位
NAD$^+$	辅酶烟酰胺腺嘌呤二核苷酸	mol
NADH	NAD$^+$(或 NADP$^+$)的还原形式	mol
NADP$^+$	辅酶烟酰胺腺嘌呤二核苷酸磷酸	mol
ATP	三磷酸腺苷	mol
ADP	二磷酸腺苷	mol
TPP	硫胺素焦磷酸	mol
FAD	黄素腺嘌呤二核苷酸	mol
FADH$_2$	还原型黄素腺嘌呤二核苷酸	mol
克雷布斯 (Krebs)循环	三羧酸循环(柠檬酸循环)	—
$\Delta G^{0'}$	标准状态以及 pH=7 的情况下释放的自由能	kJ/e$^-$eq
e$^-$eq	电子当量	个
GTP	三磷酸鸟苷	mol
UTP	三磷酸尿苷	mol
R_e	能量半反应	—
R_d	电子供体半反应	—
R_a	电子受体半反应	—
R_s	细胞合成反应	—
R_c	细胞合成半反应	—
R_t	代谢总反应	—
f_s	参与能量反应的电子比例	—
f_e	参与合成反应的电子比例	—

符号	含义	单位
e_{a_i}	产物 a_i 在形成的 n 种还原终产物中所占的比例	%
a_{a_i}	产物 a_i 的当量数	—
e_{d_i}	产物 d_i 在形成的 n 种氧化终产物中所占的比例	%
equiv_{d_i}	产物 d_i 的当量数	—
ΔG_r	全部能量反应的自由能	kJ/e⁻eq
v_i	反应式 r 中组分 A_i 的化学计量系数	—
a_i	组分 A_i 的活度	—
T	热力学温度(绝对温度)	K
TEEM1	热力学电子当量模型 1	—
f_e^0	电子供体参与分解代谢的比例	e⁻eq 产量/ e⁻eq 电子供体
f_s^0	电子供体参与合成代谢的比例	e⁻eq 细胞/e⁻eq 电子供体
ΔG_r	反应吉布斯自由能变化	kJ/e⁻eq
ΔG_s	细胞合成的吉布斯自由能变化	kJ/e⁻eq
A	能量反应与合成反应按照电子分配的比例	—
ΔG_r	每个当量电子供体为产生能量而释放的吉布斯自由能	kJ/e⁻eq
ε	能量传递效率	%
A	与能量产生相关的电子供体与细胞合成相关的电子供体的比例	—
R	理想气体常数	—
ΔG_a^0	电子受体半反应在标准浓度条件下的吉布斯自由能变化	kJ/e⁻eq
ΔG_d^0	电子供体半反应在标准浓度条件下的吉布斯自由能变化	kJ/e⁻eq
ΔG_r^0	能量反应在标准浓度条件下的吉布斯自由能变化	kJ/e⁻eq
ΔG_{ic}	电子供体向中间化合物转化所需能量	kJ/e⁻eq
ΔG_{pc}	中间化合物向细胞转化所需能量	kJ/e⁻eq
ΔG_{in}	中间化合物半反应的吉布斯自由能	kJ/e⁻eq
ΔG_d	电子供体半反应的吉布斯自由能	kJ/e⁻eq
ΔG_a	电子受体半反应的吉布斯自由能	kJ/e⁻eq
$Y_{C/C}$	异养细胞产率用碳计量的当量	mol
$Y_{C/M}$	每摩尔电子供体形成细胞碳的量	mol
γ_d	电子供体碳还原度	—
γ_x	细胞碳还原度	—
γ	有机化合物中碳的还原程度	—
p	半反应还原方程中每摩尔基质的电子当量数	—
q	每摩尔底物涉及加氧酶反应的次数	—

续表

符号	含义	单位
c	化合物中的碳原子数	—
ΔG_{fa}	甲醛半反应释放的吉布斯自由能	kJ/e^-eq
m, n	能量传递效率 ε 的指数	如果 $m=n$ 且 $\Delta G_{in}-\Delta G_{fa}>0$ 时，$n=1$，否则 $n=-1$
ΔG_{xy}	NADH 氧化释放的自由能	kJ/mol
Y_{DX}	每消耗单位数量的电子供体所产生的生物体的碳元素物质的量	C-mol 生物体/C-mol/电子供体
energy loss	能量损失	—
ΔG^0	反应的自由能变化	kJ
D_s^0	耗散的自由能	$kJ/(m^3 \cdot h)$
r_{Ax}	生物体产量	$C\text{-}mol/(m^3 \cdot h)$
γ_c	底物碳源的还原程度	—
ΔG^0_f	反应物和生产物的标准生成自由能	kJ
ΔG	反应的自由能变化	J/mol
n_r	反应中传递的电子数	—
F	法拉第常数	J/V
ΔU_p	发生反应的两个氧化还原体系的电位差	V
K	热力学平衡常数	—
assimilation	同化作用	—
S_M	微生物代谢掉的溶解性底物量	g
S_O	微生物消耗的分子氧量	g
S_a	底物中被同化的物质量	g
ΔX	合成的新细胞体的量	以 VSS 表示
ω	以挥发性悬浮固体 VSS 计的生物细胞转换为 COD 的系数	gCOD/gVSS
N_{ATP}	ATP 的物质的量	mol
a_O	每消耗单位 O_2 所产生的 ATP 的物质的量	mol
$N_{ATP,m}$	满足维持要求的 ATP 的物质的量	mol
m_{ATP}	用于维持的 ATP 的水解比速率	$mol/(gVSS \cdot h)$
t	所经历的时间	h
X	细胞质量	gVSS
x	细胞在全反应中的物质的量	—
Y_{oa}^0	以 COD 表示的用于同化的生物氧化作用的产率	—
m_o	形式上用于维持功能的 O_2 的比消耗速率	$g\ O_2/(gVSS \cdot h)$
S_{ox}	底物中氧化并转化为能量的部分	—

第 3 章　污染物化学能及其定向转化

　　建立与污染物物质指标相类似的能量学指标是描述污水处理过程能量迁移转化的重要步骤。它能从宏观上反映污水生物处理系统各单元中污染物与生物质的含能水平,以及整个系统能量的构成。污水好氧生物处理中微生物可以利用的底物(电子供体)主要来自处理单元进水中的有机污染物。部分底物在与电子受体(氧)发生反应时释放出能量,这些能量将用于微生物细胞合成并维持细胞活动所需的耗能,也包括反应中所释放的热。底物的另一部分同化为微生物体,而生物体死亡后部分水解成为新的底物。输出系统或单元过程的物质包括剩余未利用的底物、CO_2 和 H_2O 以及产生的生物体。厌氧(缺氧)处理过程以有机底物作电子供体,以 SO_4^{2-}、NO_3^-、CO_2 等无机物质作电子受体,但微生物生物合成利用的仍是有机物,这是该过程的主要能量来源,因而与好氧处理合成代谢途径基本相同,其差别仅在于氧化反应中产生的电子的最终去向和氧化磷酸化作用形成的 ATP 的数量。污水处理微生物降解污染物实质是底物中蕴藏的化学能被定向转化为生物质能(生物体)、热等能量形式,而电子传递过程(电子受体及传递路径)则决定污染物化学能定向转化的效率。

3.1　污水生物处理工艺的热力学基础

　　污水生物处理过程是一个包含物质转化和能量转化两个方面的综合过程,存在大量的化学动力学、生物化学和热力学现象,具有热力学研究对象的基本特点。从广义上讲,热力学(thermodynamics)是研究各种类型的能量从一种形式转化为另一种形式的规律性的学科,热力学第一定律和第二定律是所有这样的转化必须遵从的一般规律。污水生物处理过程既是有机污染物的降解过程,又是微生物增殖的过程。有机污染物中所包含的化学能的利用和转化是两个过程的连接纽带。污水生物处理同其他化学过程相似,符合热力学的基本定律。对该过程的研究既需要借助热化学、相平衡和化学反应平衡等领域的知识,又需要了解底物中的能量在生物体内的转化、消耗和再生的热力学过程。也就是说,污水生物处理过程既具备化工热力学研究对象的基本特点(一切处理过程都可用化学反应方程式来概括,所有生物反应器都可视为化工反应设备),又必须受生物热力学相关规律(微生物体系能量变迁和增殖特性随环境条件、微生物种类而变化)的制约。因此,二者的结合可以为建立污水处理工艺能量平衡分析模型提供基本思路和理论支撑。

3.1.1　污水生物处理过程热力学基本概念

1) 体系与环境

在热力学中，作为研究对象的物质及其发生变化的区域的集合称为体系，而在体系以外与体系密切相关且影响所及的部分称为环境。分隔体系与环境的界面即为体系边界。根据体系与环境间的相互联系，热力学体系可分为：

(1) 孤立体系：体系和环境之间既无物质交换又无能量交换。

(2) 封闭体系(闭系)：体系和环境之间只有能量交换而无物质交换。

(3) 开放体系(开系)：体系和环境之间既有能量交换又有物质交换。

尽管特定的微生物对可进入其体内的物质有选择性，但微生物体仍是典型的开放体系。如将污水生化反应装置和设施当作一个体系来研究的话，体系边界可以定义为反应器和反应混合液的物理界面，由于热和功、物质都可以通过体系的边界流动，故它们也是开放体系。

2) 热力学状态函数

状态是体系通过物理参数集进行表征而确定的特定存在的某一状况。为了论述(或指定)体系的状态，可使用的量即为状态函数。

任意时刻状态下的热力学体系都具备特定的性质。体系的性质由温度、压力、体积、焓、熵等热力学量来描述，这些量是状态的单值函数；性质的数值依赖于体系当前的状态而不是体系的历史。而热和功的变化则与途径有关，不是状态函数。

3) 平衡态与稳态

平衡态是一种特殊的热力学状态，是指在不受外界影响的条件下，体系的宏观性质不随时间而变化。达到热力学平衡(即热平衡、力平衡、相平衡和化学平衡)的必要条件是，引起体系状态变化的所有势差(如温度差、压力差、化学位差等)均为零(陈文威等，1999)。由此可见，平衡状态就是没有状态变化的体系。平衡态热力学一般处理孤立和封闭体系的行为。由于实际体系永远达不到平衡，平衡的概念只是一个抽象的概念。即使在最简单的单细胞原核生物(unicellular prokaryote)甚至是亚细胞器(subcellular organelle)这样的系统中，由于它们具备一定的功能，所以也不可能出现平衡态。对细胞而言，平衡意味着死亡。

在污水处理领域，经常需要研究的是稳态现象。进出某体系(如反应器)的物质流和能量流如果在时间上基本保持不变，即体系内组分的浓度随时间的变化为零($dC/dt=0$)，这时称体系处于稳定状态。例如连续培养的恒化器(chemostat)，进入恒化器的灭菌培养液和限制营养物的量是固定的，细菌增殖使得其密度不断增大，限制培养物浓度降低。就整个体系而言，当达到每秒钟增加的细菌个数与每秒钟排掉的细菌个数相等时，恒化器即处于稳定状态。这时恒化器保持一个恒定的细菌量，同时增殖率也是恒定的(许保玖和龙腾锐，2000)。很显然，恒化器中进行着连续的化学反应，远未达到化学平衡或者热平衡状态。

由于这个原因，其中物质的浓度不能由平衡态热力学来计算确定，而要由非平衡态热力学来处理这类不可逆过程和传输过程。

4) 热力学过程

热力学体系由某一平衡状态经历一系列中间状态达到另一平衡状态,这种变化称为过程。其中可逆过程和不可逆过程是热力学中极为重要的概念。当某一过程完成后,不论用什么方法使体系恢复到原来的状态时,均不在环境中留下任何变化,此过程称为可逆过程。它是一种只能趋近而不能达到的理想过程,一切实际过程都是不可逆过程。故可逆过程是实际过程的理想化,代表实际过程可能进行的极限情况,它体现了能量利用可能达到的最高效率。因此,如何创造条件使实际过程趋近于可逆过程,是改进生产、提高技术和经济效果的重要考虑因素。

不可逆过程是不能满足可逆过程条件的单向过程。过程的不可逆性产生于过程中的各种消耗因素，如机械摩擦阻力、流动摩擦阻力等。

5) 热、功和能

能(energy)是物质做功的本领,是物质所固有的属性,也是物质运动的量度。为了方便起见,将体系所具有的总能量分为两部分:与体系之外的位置相关的参数所描述的能量(位能和动能)和与物质的分子排列构型及微观运动方式有关的能量(内能)。内能是体系中除动能和位能外所有形式的能量,用符号 U 表示。它表示微观层次的能量形式,包括原子核的自旋、分子键、磁偶极矩、分子的运动等形式的能量。各种形式的能量在一定条件下可以相互转化,并且在转化过程中保持一定的转化率。

在各种热力学过程中,体系和环境以热(heat)和功(work)两种形式发生能量传递。热是体系与体系(或体系与环境)由于有温度差存在而传递的能量。习惯上用符号 Q 表示热,并规定体系吸热为正值,放热为负值。功是除了热以外通过体系边界所传递的能量。习惯上功用符号 W 表示,并规定体系对环境做功为正值,环境对体系做功为负值。功和热都是能量传递过程中的能量形式,因而功和热都不是状态函数。

3.1.2 热力学第一定律与焓

能量既不能消灭,也不能创生。这一能量守恒的原理构成了热力学第一定律。对于任何体系,热力学第一定律可以简单描述如下:

流入体系的能量–流出体系的能量=体系中能量的变化
$$\Delta E = E_{流入} - E_{流出} \tag{3.1}$$

1) 封闭体系的能量平衡

向一定能量状态的封闭体系给予热量 Q,同时体系向环境做功 W,则体系的内能 U 变化如图 3.1 所示,有以下定律:
$$\Delta U = Q - W \tag{3.2}$$

或

$$dU = \delta Q - \delta W \tag{3.3}$$

此式为封闭体系的能量平衡式，亦称封闭体系的热力学第一定律的数学式。

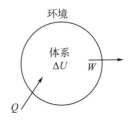

图 3.1　体系与环境的能量交换

式(3.2)中，若功(W)为体积功(机械功)，即由于体系体积(V)变化，反抗外力而与环境交换的功：

$$W = \int_{V_1}^{V_2} P dV \tag{3.4}$$

其中，P 为压力。则对可逆过程，只有体积功的封闭体系，热力学第一定律的表达式为

$$dU = \delta Q - P dV \tag{3.5}$$

这里导入一个新的状态函数——焓(enthalpy)H。焓的完整形式定义为

$$H = U + PV \tag{3.6}$$

微分形式为

$$dH = dU + P dV + V dP \tag{3.7}$$

对比式(3.5)和式(3.7)有

$$dU = dH - P dV - V dP \tag{3.8}$$

或将式(3.8)代入式(3.5)有

$$\delta Q = dH - V dP \tag{3.9}$$

通常，废水生物处理的生化反应都是在恒压下(即 $dP = 0$)且不产生体积变化(即 $dV = 0$)，因而式(3.8)成为

$$\delta Q = dH \tag{3.10}$$

即恒压反应热等于焓的变化。

焓具有能的单位，而且是仅仅依赖体系的状态所决定的量，故也是状态函数。因此，定压反应的焓变化可由热量测定法直接求得。将 1 mol 某化合物与分子状态存在的氧完全燃烧时，所给予环境的热量称为燃烧热。将反应物放进弹式热量计(bomb calorimeter)内绝热燃烧，测得的燃烧热即为反应热。根据这一测定方法，可确定有机物的焓值。这个值不外乎完全氧化反应的ΔH(山道茂，1987)。通常，物质在某种状态下的绝对焓值并不知道，只是作为两种状态之间的差(ΔH)来处理的。为了确定各种化合物的绝对焓，把标准气压、298K(25℃)时物理状态最稳定的单质的焓规定为零。从最稳定的单质合成标准状态下 1 mol 化合物的焓的变化称为标准生成焓变，用 ΔH_f^0 表示。对于不能直接测定 ΔH_f^0 的化合物，可以组合相应的反应热或燃烧热的数据来计算。

2) 开放体系的能量平衡

如图 3.2 所示的开放体系,不仅热和功可以通过体系边界(控制表面)进行传递,而且有质量流通过体系边界。在截面 1-1,物质流入体系时的状态用下角标 1 表示。在此截面上任一点,物质离开任意基准面具有高度 Z_1、质量 m_1、速度 u_1、比容 v_1、压力 P_1 及内能 U_1 等。同样,在截面 2-2 处,物质流出体系时所具有的状态用下角标 2 表示。根据式(3.1),可得出该开放体系的热力学第一定律表达式:

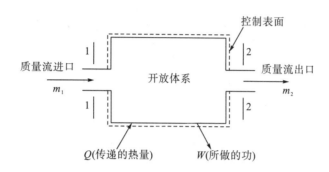

图 3.2 开放体系

$$\sum m_1\left(U_1 + \frac{u_1^2}{2} + gZ_1\right) - \sum m_2\left(U_2 + \frac{u_2^2}{2} + gZ_2\right) + Q - W = \Delta E \tag{3.11}$$

单位质量物质流入和离开体系必须做功,用流动功(Pv)表示,故式(3.11)可写为

$$\sum m_1\left(U_1 + \frac{u_1^2}{2} + gZ_1\right) + \sum m_1\left(P_1 v_1\right) - \sum m_2\left(U_2 + \frac{u_2^2}{2} + gZ_2\right) - \sum m_2\left(P_2 v_2\right) + Q - W_s = \Delta E \tag{3.12}$$

式中,

$$W_s = W - \left[\sum m_1\left(P_1 v_1\right) - \sum m_2\left(P_2 v_2\right)\right] \tag{3.13}$$

其中,W_s 为轴功,由总功减去流动功而得,它代表推动此体系中的过程所需的净功,或从此过程得到的净功。

焓的定义可由式(3.14)描述:

$$H = U + Pv \tag{3.14}$$

根据式(3.14),式(3.12)可改写为

$$\sum m_1\left(H_1 + \frac{u_1^2}{2} + gZ_1\right) - \sum m_2\left(H_2 + \frac{u_2^2}{2} + gZ_2\right) + Q - W_s = \Delta E \tag{3.15}$$

在污水处理的生化过程中,经常碰到的是体系处于连续、稳定的流动状态。这种连续、稳定流动的体系可视为稳流体系。其特点是:①在所考察的时间内,沿着流体流动的沿程所有点的质量流量都相等;②体系中,各点的状态不随时间而变化;③无质量和能量的积累,即质量和能量的流率不变。$\Delta E=0$,$\sum m_1 = \sum m_2 = \sum m$,式(3.15)变为

$$\sum m\left(H_1 + \frac{u_1^2}{2} + gZ_1\right) - \sum m\left(H_2 + \frac{u_2^2}{2} + gZ_2\right) + Q - W_s = 0 \tag{3.16}$$

将式(3.16)同除以 $\sum m$，用 $(Q-W_s)$ 表达 $\dfrac{1}{\sum m}(Q-W_s)$，则得到公式(3.17a)，式中各项分别为单位质量流体的焓变、动能变化、位能变化、与环境交换的热和轴功。

$$\Delta H + \frac{1}{2}\Delta u^2 + g\Delta Z = Q - W_s \tag{3.17a}$$

式(3.17a)为稳流开放体系的总能量平衡式，亦称为稳流开放体系的热力学第一定律表达式。将其表达为空间微元中的过程，则式(3.17a)可改写为式(3.17b)。

$$dH + udu + gdZ = \delta Q - \delta W_s \tag{3.17b}$$

从以上推导可看出以下几点。

(1)流动功 Pv 是开放体系与外界进行质量交换时发生的能量交换。

(2)体系在设备或装置进出口之间的动能、位能变化与其他能量项相比，其值很小，可忽略不计。

此时式(3.17a)简化为

$$\Delta H = Q - W_s \tag{3.18}$$

这是稳流开放体系能量衡算的常用形式。可以看出，对于忽略动能、位能变化的稳流开放体系，焓可以看成是进出体系的物质流的总能量。

(1)当流体流经管道、阀门、混合器、反应器等设备，其流体流动本身与外界无轴功交换，即 $W_s=0$，而且进出口动能与位能变化可忽略不计，由式(3.18)得

$$\Delta H = Q \text{ 或 } Q = H_2 - H_1 \tag{3.19}$$

式(3.19)表明，体系与环境交换的热量等于体系的焓变。此式为本书用于污水处理各单元过程和单元操作的稳流开放体系能量衡算的基本关系式。

(2)流体经过散热很小的压缩机、透平、泵、鼓风机等设备，进出口的动能、位能变化忽略不计，由式(3.17)得

$$\Delta H = -W_s \text{ 或 } W_s = H_2 - H_1 \tag{3.20}$$

即体系与环境交换的轴功等于体系的焓变，由此可求出轴功。

3.1.3　热力学第二定律与熵

1)热功不等价原理和热力学第二定律

热力学第二定律可表述为：热不能完全转变为功，热和功不等价。热力学第二定律说明了能量转换方程的非对称性，该定律涉及的是自然界中能流的方向问题，其阐述体现了自然过程普遍的不可逆性。一方面，机械能和电能可以不受限制地转化为内能和热；另一方面，内能和热不能以任意数量转换为机械能(如功)，而不引起环境任何变化。这一点已为人类的生产实践所证实。一般来说，任何自然过程(反应)在一定程度上都是不可逆的，为描述这种不可逆性，必须引入新的状态函数——熵(entropy)。

2) 熵增原理

内能是与体系内部微观粒子运动的能量相联系的热力学性质,而熵则是与体系内部分子运动混乱程度相联系的热力学性质。熵是具有能量/温度因次的状态函数,用符号 S 表示。对某一体系从状态 1 向状态 2 变化时,该体系的熵变 $\Delta S_{体系}$ 可定义如下:

$$\Delta S_{体系} = S_2 - S_1 = \int_1^2 \frac{\delta Q_{可逆}}{T} \tag{3.21a}$$

或

$$\mathrm{d}S_{体系} = \frac{\delta Q_{可逆}}{T} \tag{3.21b}$$

式中,$\delta Q_{可逆}$ 为可逆过程中体系和环境交换的热量;T 为热量交换时的绝对温度。对于等温过程,式(3.21a)可简化为

$$\Delta S_{体系} = \frac{\delta Q_{可逆}}{T} \text{ 或 } Q_{可逆} = T\Delta S_{体系} \tag{3.22}$$

当体系从状态 1 变化为状态 2 时,环境随之发生了变化,此时若环境所吸收的热量为 Q',那么环境的熵变可表示为 $\Delta S_{环境}$,即

$$\Delta S_{环境} = \int_1^2 \frac{\delta Q'}{T} \tag{3.23}$$

若按热力学第二定律,将体系和环境合并为孤立体系,则

$$\Delta S_{体系} + \Delta S_{环境} = \Delta S_{孤立体系} \tag{3.24}$$

当 $\Delta S_{孤立体系} > 0$ 时,此过程(反应)自然发生,为不可逆过程。

$$\Delta S_{体系} + \Delta S_{环境} = \Delta S_{孤立体系} = 0 \tag{3.25}$$

当 $\Delta S_{孤立体系} = 0$ 时,此过程可逆,体系处于平衡状态。

式(3.24)、式(3.25)表明,在孤立体系中,过程只能向着体系总熵增大的方向自发进行,直至熵增大到它的最大值,体系就达到了平衡态,此即为熵增原理。它提供了根据熵值的变化判别过程进行的方向和限度准则。

熵判据给出了能量传递和转换中的限制,同时也说明各种能量具有不同的效能(价值)。在实际过程中能量的效能(价值)不仅有差异,而且是不断贬值的。过程的不可逆性引起了能量的耗损,此事实也称为能量耗散原理。

3) 自由能和化学平衡

如前所述,在孤立体系中是否达到平衡状态,要看此体系之熵是否为最大来判断。可是与生物现象有关的更为复杂的化学变化,多数是在非孤立体系中进行的,所以必须求出 $\Delta S_{环境}$。这样,在处理实际问题时往往比较麻烦,为此需导入吉布斯自由能(Gibbs free energy,用符号 G 表示),用以构成便于判断平衡的标准。

G 为根据式(3.26)来定义的状态函数:

$$G = H - TS \tag{3.26}$$

在等温过程中 $\Delta G = \Delta H - T\Delta S$,这里将焓的定义式 $\Delta H = Q + \int V\mathrm{d}P$ 代入时,得

$$\Delta G = Q + \int V dP - T\Delta S \tag{3.27}$$

一般化学反应多在压力恒定条件下进行，所以 $dP = 0$，则

$$\Delta G = Q - T\Delta S \tag{3.28}$$

将可逆过程的熵定义式(3.22)代入，可得

$$\Delta G = Q - Q_{可逆} \tag{3.29}$$

若反应可逆，则

$$\Delta G = 0 \tag{3.30}$$

若反应不可逆，则

$$\Delta G < 0 (Q < Q_{可逆}) \tag{3.31}$$

归纳以上所述得到如下结论：凡自发过程(反应)均为不可逆。在等温等压时进行的自发过程，ΔG 值必为负，即体系的自由能减少。当体系的自由能一直减少到最小值时，体系达到平衡。这样的过程是放热(exothermic)过程，体系焓的变化 ΔH 为负。对于吸热(endergonic)过程，ΔG 增加，在自然界中不会发生，除非它伴随着放热过程使体系的吉布斯自由能充分降低，从而使整个过程的 ΔG 小于零。这两类过程的耦合(coupling)情况在生物系统内是较普遍的。例如 ATP 的水解是放热过程，通过适当的耦合可以驱动许多本身不能单独发生的反应。这样的过程将在下文中详细讨论。

ΔG 标准成了判断过程(反应)自发性最简单的判据。相对于 ΔU、ΔH 和 ΔS，ΔG 能正确指示反应的方向。例如，在-10℃、0℃和 10℃几种情况下，水的相变与 ΔU、ΔH、ΔS 无法建立数学联系，而 ΔG 与过程的自发性相关：在 0℃时 ΔG 为零，水与冰呈平衡状态，在-10℃时 ΔG 为负，水自发凝结为冰，而在 10℃时 ΔG 为正，显示水不能结成冰。

ΔG 值随反应条件如反应物浓度变化而显著变化，故规定当与反应有关的各种物质均在标准状态(若为溶液则为 1mol/L)时，ΔG 的值为标准自由能，用 ΔG^0 表示。在热力学第一定律中已规定了各化合物的绝对焓，且作了适当的阐述，同样也可以适当地规定绝对自由能，即定义所有的元素(单质)在标准状态时的自由能为零。以此作为基准，则由各种单质在标准状态下生成化合物时的自由能变化称为标准生成自由能 ΔG_f^0。

3.2 污水中污染物化学能(焓)

3.2.1 热力学"死态"与化学能

热力学第二定律说明了反应过程进行的方向和限度，根据该定律，处于一定热力学状态的体系，只要其温度、压力、组成等与环境有差别，便会发生传热、膨胀、扩散、化学反应等自发过程，于是该体系也就有了做功的能力。环境污染可理解为因污染物的温度、压力及组成与环境不同，在达到与环境介质平衡的状态前，向环境做功(污染)造成原有平衡的破坏。这里的环境专指自然环境，它有别于经典热力学中广义的环境(外界)。自然环境包括大气、天然水、土壤等环境介质，其热力学参数在一定时间内保持恒定；构成环境

的物质相互间不发生化学反应,处于热力学平衡状态。为了表达体系处于某状态下的做功能力,先要确定一个基准态(基态,reference state),并规定在基态时体系的做功能力为零。由于体系总是处在周围的自然环境(大气、天然水、岩石圈)中,一切变化都是在环境中进行的,所以要确定基态就必须首先确定环境状态。构成环境物质(称基准物)的做功能力根据以上特性规定为零。如果带有污染物的某体系达到环境介质的温度 T_0、压力 P_0 和组成时,此体系就与环境介质之间处于热平衡、力平衡和化学平衡。此时,体系就不能对环境做功。这种与环境介质达到平衡的状态,即热力学"死态"(dead state),或称非约束性平衡态(state of unrestricted equilibrium)。若体系和环境仅有热平衡和力平衡,而未达到化学平衡,则这种平衡态为约束性平衡态(state of restricted equilibrium),此时体系的温度和压力与环境介质的温度 T_0 和压力 P_0 相等(蒋楚生等,1990)。

热化学规定标准状态下稳定相态的单质焓为零,按照焓的这种常规定义,可能出现焓值为负的物质。这说明热化学中的基准与以上提到的热力学死态规定不一致,造成了评价物质能量价值的不便,而且难以系统地评价体系内部能量变化与外部能量利用的关系和效率。

对于污水处理单元这类开放稳定流动体系的多组分物流,如忽略反应器体系的动能和势能变化,且不做轴功,可将热力学第一定律的表达式(3.16)改写为

$$\sum (\dot{n}_i \bar{h}_i)_1 - \sum (\dot{n}_i \bar{h}_i)_2 + \dot{Q} = 0 \tag{3.32}$$

式中,$\dot{n}_i$ 为 i 组分的物质的量流率;$\bar{h}_i$ 为 i 组分的偏摩尔焓。

在化学死态条件下,有

$$\sum (\dot{n}_i \bar{h}_i)_1 = \sum (\dot{n}_i \bar{h}_{i0})_1, \quad \sum (\dot{n}_i \bar{h}_i)_2 = \sum (\dot{n}_i \bar{h}_{i0})_2$$

从式(3.32)中减去或加上这两项,得

$$\sum \left[\dot{n}_i (\bar{h}_i - \bar{h}_{i0}) \right]_1 - \sum \left[\dot{n}_i (\bar{h}_i - \bar{h}_{i0}) \right]_2 + \dot{Q} + \Delta H_0 = 0 \tag{3.33}$$

$$\Delta H_0 = \sum (\dot{n}_i \bar{h}_{i0})_1 - \sum (\dot{n}_i \bar{h}_{i0})_2 \tag{3.34}$$

在化学死态条件下,$\Delta H_0 = 0$,这样,式(3.33)变为

$$\sum \left[\dot{n}_i (\bar{h}_i - \bar{h}_{i0}) \right]_1 - \sum \left[\dot{n}_i (\bar{h}_i - \bar{h}_{i0}) \right]_2 + \dot{Q} = 0 \tag{3.35}$$

式中,$(\bar{h}_i - \bar{h}_{i0})$ 是给定状态下的组分 i 相对于化学死态的偏摩尔焓,它可以写为

$$\bar{h}_i - \bar{h}_{i0} = (\bar{h}_i - \bar{h}_i^0) + (\bar{h}_i^0 - \bar{h}_{i0}) \tag{3.36}$$

式中,上标"0"表示物理死态(约束性平衡态);下标"0"表示化学死态(非约束性平衡态)。式(3.36)等号右边的第一项表示给定状态下的组分因温度、压力与物理死态不同而引起的焓差,第二项则表示在温度 T_0 和压力 P_0 的条件下,物理死态的组成与化学死态不同而引起的焓差。将后者定义为偏摩尔化学焓:

$$\bar{h}_{i\text{ch}} = \bar{h}_i^0 - \bar{h}_{i0} \tag{3.37}$$

设不做轴功的稳态流反应体系处在物理死态条件下,并且进出体系的每一物流都只含一种物质,则体系的入口和出口有

$$T = T^0 = T_0 = 298.15\text{K}$$

$$P = P^0 = P_0 = 101.3\text{kPa}$$

$$x_i=x_i^0=1$$

故

$$\bar{h}_i - \bar{h}_{i0} = \bar{h}_i^{\,0} - \bar{h}_{i0} = \bar{h}_{i\text{ch}} = \hat{h}_{i\text{ch}}^0$$

式中，$\hat{h}_{i\text{ch}}^0$ 为组分 i 的摩尔化学焓，它表示物质在上述条件下从物理死态到化学死态的焓变；x_i 为组分 i 在物流中的摩尔分数。此时，若忽略体系的动能和势能变化，式(3.35)变为

$$\sum (\dot{n}_i \hat{h}_{i\text{ch}}^0)_2 - \sum (\dot{n}_i \hat{h}_{i\text{ch}}^0)_1 = \dot{Q} \tag{3.38}$$

式中，

$$\dot{Q} = \Delta H_r^0 \tag{3.39}$$

是总的标准反应热。合并式(3.38)和式(3.39)，有

$$\sum (\dot{n}_i \hat{h}_{i\text{ch}}^0)_1 + \Delta H_r^0 = \sum (\dot{n}_i \hat{h}_{i\text{ch}}^0)_2 \tag{3.40}$$

通过式(3.40)可以确定物质的化学焓。

在确定物质的化学能(焓)时需要确定平衡环境温度和压力。但环境温度和压力随时间、地点变化，考虑到大量的热力学数据(如标准生成焓 ΔH_f^0 和标准生成自由能 ΔG_f^0 等)都是在 25℃(298.15K) 和 1.013×10^5 Pa 下给出的，因而选取

$$T_0=T^0=298.15\text{K}, \quad P_0=P^0=101.3\text{kPa}$$

作为热力学死态的温度和压力。

基于以上分析，可得到以下几点认识。

(1) 对于热力学死态物质(基准物)，一般指环境中大量存在的、最为稳定的物质，它是化学变化的最终化合物。将 CO_2、H_2O 和 O_2 看成是一切含 C、H 和 O 的物质与过量氧完全燃烧的最终产物。T_0、P_0 下基准物的化学焓为零。这与热化学中的规定不同。在热化学中，通常取 T_0、P_0 下最稳定的单质为基准物，如对碳元素，以 298.15K、1.013×10^5 Pa 下最稳定的单质石墨为基准物，令其生成焓为零。此时，燃烧产物 CO_2 的标准生成焓 $\Delta H_{f,298.15}^0$ $=-393.8$ kJ/mol，这在能量衡算中是可行的，但很显然，它不能恰当而准确地表示出碳元素的能量价值。现以大气中的 CO_2 为基准物，则碳的化学焓为 393.8 kJ/mol，这样，无论对碳、CO_2，还是一切含碳的物质，均能计算出符合实际能量价值(㶲)的化学能。

(2) 含有 C、H、O 和 N 的可燃物质的化学焓实质上等于高热值(HHV)的负值，即与评价燃料能量价值的方法是一致的。一是因为两者采用相同的基准物，即对 C、H、O 和 N 元素分别以 $CO_2(\text{g})$、$H_2O(\text{l})$、$O_2(\text{g})$ 和 $N_2(\text{g})$ 为基准物；二是虽然在确定热力学死态时，在确定基准物的同时还需确定死态浓度，从而确定它在基准物系中的分压，但在 298.15K 和 1 标准大气压条件附近，压力对化学焓的影响很小，可以忽略(蒋楚生等，1990)。

但可燃物质中如含有硫等其他元素，则其化学焓与燃烧热数值可能不同。例如，含有硫的物质在计算燃烧热时，以 SO_2 作为硫的基准物，但它是自然界中不存在的，并且也不是硫元素最稳定的化合物。最稳定的化合物是 $CaSO_4 \cdot 2H_2O$，故由于基准物不同，因而造成化学焓与燃烧热数值不同。在污水污染物中部分蛋白质含有硫元素，但对总的焓平衡的影响较小。

另外，燃烧热或高热值只能对可燃物质定义和计算。化学焓对所有物质均可定义并可计量，它是物质化学能的统一量度。

按照式(3.40)可以写出求取任一纯化合物摩尔化学焓的通式(将单质作为入口物流,生成的化合物作为出口物流):

$$\hat{h}_{i\,ch}^0 = \Delta H_{f,i}^0 + \sum n_j \hat{h}_{ch,j}^0 \tag{3.41}$$

式中,$\Delta H_{f,i}^0$ 为 i 化合物的标准生成焓;n_j 为 i 化合物中 j 元素的物质的量;$\hat{h}_{ch,j}^0$ 为 j 元素的摩尔化学焓。

显然,若已知物质的生成焓和元素的化学焓,即可求得任何纯物质的化学焓。生成焓数值可从化工手册中查得,故最后的问题在于选择各种元素的基准物,从而确定元素的化学焓。

3.2.2　基准物和元素的化学焓

根据以上的分析,某元素化学焓为零的基准物应该是在 T_0、P_0 下含有该元素的最稳定物质,基准物之间无论通过什么样的化学反应都不能再释放出能量。按照这一定义,除了基准物外,一切物质的化学焓均为正值,化学焓为负的物质是不存在的。

Szargut(1980)、山内繁(1980)和范良政(1981)等都进行过化学焓的研究。其中,山内繁(1980)按照美国国家标准局技术说明 270 中所给的元素顺序表和 ΔH_f^0 值,确定了各种元素的基准物和化学焓。他首先确定了 O、N、C、H 四种元素的基准物和化学焓,其他元素基准物通过与已知化学焓的元素形成的各种化合物的比较得出,焓值最低者作基准物。表 3.1 列出了常用元素的基准物,正是通过这种比较选择出来的。当然,这种选择仅根据现有化合物的生成焓数值,如果有新的可靠的化合物热力学数据,则基准物可能变更。实际上许多物质,尤其是有机化合物,缺少生成焓数据;在许多情况下,物质的结构很复杂,如污水中的有机污染物、微生物体等。为此,范良政提出了未知生成焓时估算化学焓的基团贡献法和结构复杂物质化学焓的估算法。

表 3.1　某些元素的化学焓和基准物

元素	基准物		化学焓/(kJ/mol)	
	范良政	山内繁	范良政	山内繁
C	$CO_2(g)$	$CO_2(g)$	398.3	398.3
H	$H_2O(l)$	$H_2O(l)$	143.0	143.0
O	$O_2(g)$	$O_2(g)$	0	0
N	$N_2(g)$	$N_2(g)$	0	0
S	$CaSO_4 \cdot 2H_2O(s)$	$CaSO_4 \cdot 2H_2O(s)$	513.0	638.0
F	$FrF(s)$	$Ca_{10}(PO_4)_6 \cdot F_2(s)$	353.8	254.4
Cl	$FrCl(s)$	$Cl_2(g)$	265.9	0
Br	$FrBr(s)$	$PtBr_2(s)$	228.2	24.4
I	$FrI(s)$	$KIO_3(s)$	178.0	674.0

注:g—气;l—液;s—固。后同。

3.2.3 有机物质化学焓的估算法

1) 基团贡献法

估算化学焓的基团贡献法的基本前提是：物质的许多性质至少可以粗略地认为由物质分子中各原子或化学键的加和性贡献而形成的。假定分子中原子团的性质具有加和性，并且不同物质中基团贡献值保持不变。范良政确定了气态和液态有机化合物中 127 个基团，并按此方法计算了 200 种气态和 200 种液态有机化合物的化学焓。这种方法与式 (3.41) 的计算结果是一致的。

2) 结构复杂物质化学焓估算法

污水处理中涉及的有机物种类多、结构复杂，因此希望能提出统一的物质化学焓估算法。假设复杂物质 $C_mH_nN_pO_qX_rS_t$ 含有碳 (C)、氢 (H)、氮 (N)、氧 (O)、卤素 (X) 和硫 (S)，其完全燃烧反应式：

$$C_mH_nN_pO_qX_rS_t + \left[\frac{2(m+t)-q+\left(\frac{n-r}{2}\right)}{2}\right]O_2 \longrightarrow mCO_2 + \left(\frac{n-r}{2}\right)H_2O(l) + \frac{p}{2}N_2 + rHX + tSO_2$$

$$(3.42)$$

式中，下标 m、n、p、q、r 和 t 分别表示 1mol 物质中 C、H、N、O、X 和 S 元素的物质的量。在该反应方程中，氮元素的完全燃烧产物为 N_2，其原因有二：一是 N_2 是 N 元素在标准状态下最稳定的、自然界中存在的物质，是 N 的基准物；二是虽然 N 元素可氧化为 NO_3^- 等形式，但部分反硝化细菌可利用 NO_3^- 还原为 N_2 的过程得到能量，说明 NO_3^- 还含有可利用的能量，它不是 N 元素最稳定的存在形式。这一选择说明，以热力学"死态"为基准来规定物质的化学能 (焓)，是与自然环境的实际状况相适应的。若该反应体系是 $T=T_0=298.15K$ 和 $P=P_0=101.3kPa$ 的稳流体系，动能和势能可忽略不计，体系与外界无热、功交换，则由式 (3.43) 得标准反应热 (燃烧热，高热值)。

$$\Delta H_r^0 = m\hat{h}_{CO_2}^0 + \left(\frac{n-r}{2}\right)\hat{h}_{H_2O(l)}^0 + \frac{p}{2}\hat{h}_{N_2}^0 + r\hat{h}_{HX}^0 + t\hat{h}_{SO_2}^0 - \left[\frac{2(m+t)-q+\left(\frac{n-r}{2}\right)}{2}\right]\hat{h}_{O_2}^0 - \hat{h}_{ch}^0 \quad (3.43)$$

由文献 (范良政，1981) 得：$\hat{h}_{N_2}^0 = 0$，$\hat{h}_{O_2}^0 = 0$，$\hat{h}_{H_2O(l)}^0 = 0$，$\hat{h}_{CO_2}^0 = 0$，$\hat{h}_{SO_2}^0 = 215.888\ kJ/mol$，$\hat{h}_{HF}^0 = 112.703\ kJ/mol$，$\hat{h}_{HCl}^0 = 158.187\ kJ/mol$，$\hat{h}_{HBr}^0 = 167.320\ kJ/mol$，$\hat{h}_{HI}^0 = 173.594\ kJ/mol$，代入式 (3.43) 并以 kJ/mol 表示，得

$$h_{ch}^0 = 215.888t + (112.703,158.187,167.320,173.594)r - \Delta H_r^0 \quad (3.44)$$

只要已知反应热 (燃烧热)，则可求得含有这些元素的复杂物质的化学焓。但是，有机物燃烧的反应热数据并不完备，而且生物体内的有机物分解反应与燃烧的热量释放方式是有差别的。据此，根据复杂物质中各组分以单质状态存在并且其性质具有加和性的假定，得到这类物质化学焓的估算公式为

$$h_{ch} = h_C m + h_{H_2}(n-2q) + h_{N_2} p + h_S t + \left(h_{F_2}, h_{Cl_2}, h_{Br_2}, h_{I_2}\right) r \text{ kJ/mol} \tag{3.45}$$

将表 3.1 中的元素化学焓数值代入，并为使误差最小，引入修正因子

$$\left(1 + 0.15\frac{16q}{12m + 1.008n + 14p + 16q + W_X r + 32t}\right) (W_X \text{为卤素的原子量})(\text{范良政，1981})，得$$

$$h_{ch}^0 = \left(1 + 0.15\frac{16q}{12m + 1.008n + 14p + 16q + W_X r + 32t}\right)$$
$$\times \left[393.8m + 143n - 283.68q + 513t + (353.8, 176.7, 228.2, 178)r\right]\text{kJ/mol} \tag{3.46}$$

在污水处理能量分析的研究中，引入化学能概念，统一和确定化学焓计算的基准，其主要意义有三点：①统一和简化化学能的计算，使各种过程能量分析的结果以及不同形式的能量之间具有可比性；②界定污水污泥有机污染物所含能量的概念，不仅是进行能量平衡分析的需要，也是能源开发、节能和综合利用的需要，例如，可据此有效评价剩余污泥所具有的能量，便于合理利用；③化学过程本质上可看作能量的转化过程，这是能量分析的认识基础，化学焓所反映的仍然是能量的量变过程，未超出热力学第一定律的范畴。

3.3　理想功与损耗功的概念

体系从某一个状态变化到另一个状态时，可以通过各种过程来实现。过程不同，其所能产生的或消耗的功是不一样的。理想功指体系的状态变化以完全可逆过程实现时，理论上所能产生的最大功或必须消耗的最小功。实际过程为不可逆过程，因而不可能得到理想功。理想功作为实际功的比较标准，是一个理论的极限值。

实际生产中经常碰到的是稳流过程，以下讨论的是稳流过程的理想功。按照图 3.2 所示的稳流开放体系与式 (3.17a)，如过程可逆，且体系在环境温度 T_0 下与环境可逆交换的热量为 Q_0 (不是原体系的 Q)，则得到稳流体系的热力学第一定律的表达式 (城冢正和须藤雅夫，1987)：

$$\Delta H = Q - W_{max} - \frac{1}{2}\Delta u^2 - g\Delta Z \tag{3.47}$$

式中，W_{max} 是体系对外所做的理想功，也即最大功。对于完全可逆的过程，有 $\Delta S_{体系} + \Delta S_{环境} = 0$，而 $\Delta S_{环境} = -\dfrac{Q_0}{T_0}$，因此，$\Delta S_{体系} = \dfrac{Q_0}{T_0}$ 或 $Q_0 = T_0 \Delta S_{体系}$。

代入式 (3.47)，得

$$W_{max} = T_0 \Delta S_{体系} - \Delta H - \frac{1}{2}\Delta u^2 - g\Delta Z$$

在污水处理单元过程中，动能、位能变化往往可以略而不计，式 (3.47) 简化为

$$W_{max} = T_0(S_2 - S_1) - (H_2 - H_1) \tag{3.48}$$

式 (3.48) 为稳流过程理想功的计算式。由此可见，稳流过程的理想功仅决定于体系的初态和终态及环境温度 T_0，而与状态变化的具体途径无关。

由于只有完全可逆过程才能获得理想功，而一切实际过程都是不可逆过程，因此只能

得到实际功,即存在损耗功。对同一体系、相同的状态变化,理想功与实际功的差值,即为损耗功。损耗功本质上来自过程的不可逆性。各种传递过程和化学反应过程,都存在流体阻力、热阻、扩散阻力、化学反应阻力等。为了使上述过程得以进行,必须保持一定的推动力,如流体流动的压差、传热的温差、扩散的浓度差、化学反应的化学位差等。这样,就使得体系内部产生内摩擦、混合、涡流等扰动现象,如同摩擦生热一样,使一部分体系分子有序的机械运动转变为无序的热运动,导致体系内混乱度增大,总熵增加,因而实际过程不可避免地有损耗功。这里的损耗功代表了本来可以用来做功的能量,但由于实际过程的不可逆性,必然伴随着能量损失。按照热力学第二定律,功与热之间的转化是不可逆的,功可以全部转化为热,而热通过热机只能部分转化为功。因此,就做功的能力而言,功的价值高于热的价值。由高价值的能量转化为低价值的能量称为能量的降级(陈文威等,1999)。理论上机械能和电能等可完全转化为功,不存在能量的贬质;但热能、内能和焓等不能全部转化为功,这时就存在贬质的问题。能量的贬质在污水处理过程中普遍存在。因而问题的重点在于贬质的情况如何,怎样度量这种贬质以及怎样尽可能地减少能量贬质和避免不必要的贬质,从而提高能量的有效利用率。节能工作的任务,就是要设法减少能量的这种贬质,即减少损耗功。

3.4　污染物化学㶲与分析模型

3.4.1　㶲的概念与组成

理想功反映了体系在环境状态下的最大做功能力。但式(3.48)不便于实际应用,这时需要确定一个衡量能量价值(做功能力)的指标。另一方面,从相反方向入手,在污水处理单元过程,特别是生物处理过程这样的复杂系统里,物流和作用力相当多,需要通过可测量的参数(如温度、压力、浓度、流量等)来表达所有的物流和作用力极为困难,且要计算这类不可逆过程的熵以反映损耗功是多少,同样困难。每种力和每种物流间都有相互作用,故生物处理工艺的热力学分析及其不可逆性,必须引进㶲(exergy)的概念。

Rant(1956)最早提出用㶲来描述基于热力学第二定律的过程热力学效率。体系在一定状态下的㶲,就是体系从该状态变至基态,即达到与自然环境处于完全平衡状态时的最大做功能力。据此,㶲也可称为"有效能(available energy)""可用能(energie utilisable)"。有两点需要强调:最大做功能力(maximum available work)即理想功,表明变化过程按完全可逆方式进行;所谓基态,即完全平衡态(非约束性平衡态)。

在一定环境下,能量中可转变为最大有用功的部分称为㶲;余下的不能转变为有用功的部分称为㶲(anergy),即体系的总能量 E 由㶲 E_x 和㶲 A_n 两部分组成。显然,对于某种形态的能量,其㶲或㶲可能为零。例如,机械能、电能以及有用功都是㶲,即㶲为零。这些能可无限地转换,其能量级别(品位)高,称之为高品位能量;而热能中含有㶲,它相对于环境具有的最大做功能力是有限的,其能量级别较低,称之为低品位能量;自然环境下(大气、天然水、大地)具有的热量全为㶲,即不可能从其中得到有用功,可视㶲为零。

引入㶲和㶲后，关于能量的概念发生了根本性变化。热力学第一定律可表述为"在任何能量转换过程中㶲和㶲的总和保持不变"。按照第二定律，不可逆过程都有损耗功，功损耗就是㶲的损失，因此不可逆过程的㶲值减小。由于总能量守恒，㶲减少的量必定等于㶲增加的量，故第二定律对用能过程可表述为"一切不可逆过程的㶲皆转化为㶲"。

对于没有核、磁、电与表面张力效应的过程，稳定流动流体(体系)的㶲E_x可由下列四个主要部分组成。

1) 动能㶲E_{xk}

体系所具有的宏观动能属于机械能，可以全部转化为功，因此当确定了体系的基准态，即与环境相平衡状态下的动能为零时，则体系的动能全部为㶲。

2) 位能㶲E_p

体系所具有的宏观位能也属于机械能，同样也可以全部转化为功，当取定体系基准态即与环境相平衡状态下的位能为零时，体系的位能全部为㶲。例如在污水泵站，污水因提升具有位能㶲；污泥回流用泵抽升也是如此。

3) 物理㶲E_{ph}

体系由所处的状态变化到与环境呈约束性平衡态时所提供的最大有用功，为该体系的物理㶲。也即体系因温度和压力与环境的温度和压力不同时所具有的㶲称为物理㶲。对气体，影响㶲的主要因素包含压力和温度；对流体而言，主要影响物理㶲的因素是温度。

理想气体混合物的摩尔物理㶲由下式计算：

$$\hat{E}_{xph} = \bar{C}_p + \left[(T - T_0) - T_0 \ln \frac{T}{T_0} \right] + RT_0 \ln \frac{P}{P_0} \tag{3.49}$$

式中，$\hat{E}_{xph}$为理想气体混合物的摩尔物理㶲，J/mol；$\bar{C}_p$为理想气体混合物的定压热容，J/(mol·K)，$\bar{C}_p = \sum_{i=1}^{k} x_i C_{pi}$，$x_i$为理想气体混合物中组分$i$的摩尔分数，$C_{pi}$为理想气体混合物中组分$i$的定压热容，J/(mol·K)。

对于不可压缩流体(如水或溶液等)，其比容不随温度、压力而变化。例如，纯水的比容$\bar{C}_p = 4.1868$ kJ/(kg·K)，则其在温度为T、压力为P时的物理㶲为

$$E_{xph} = 4.1868 \left[(T - T_0) - T_0 \ln \frac{T}{T_0} \right] + (P - P_0) \times 10^{-6} \tag{3.50}$$

式中，E_{xph}为纯水的物理㶲，kJ/kg。

4) 化学㶲E_{xc}

体系由约束性平衡态到达非约束性平衡态(死态)时所提供的最大有用功，为该体系的化学㶲，即体系由于组成与环境不同时所具有的㶲(标准化学㶲)。通常体系由约束性平衡态到达非约束性平衡态，要经过化学反应和物理扩散两个过程。化学反应是先将原体系的

物质转化为环境物质(基准物);物理扩散,将原体系或经化学反应后生成物的浓度"调节"(扩散)到规定的环境中基准物的浓度。故化学㶲又可细分为扩散㶲和化学反应㶲。

污水处理工艺,特别是生活污水处理,主要功能在于对进入污水处理这一体系的有机污染物进行转化,将其降解为 CO_2、H_2O 等环境基准物,这一过程物质转化的反应㶲是最重要的,是研究的重点;而工业废水处理就要复杂得多,因其涉及部分生成物(例如某些盐类)的扩散问题。扩散㶲主要用于界定与环境不发生化学反应的基准物(如 N_2、O_2、CO_2 等)的化学㶲值,对这些物质,其化学㶲就是扩散㶲。

3.4.2　㶲与理想功

根据自由能的定义 $G=H-TS$,在等温过程中,$T=T_0$ 时,$\Delta G=\Delta H-T\Delta S$,将其代入式(3.48)得

$$W_{\max}=T_0\Delta S - \Delta H = -\Delta G \tag{3.51}$$

即在等温过程中,可获得的最大功等于体系自由能的变化。

㶲是状态函数,它取决于给定的状态和基准态。理想功对状态变化而言,是过程函数,故计算㶲必须确定基准态,而计算理想功只需确定环境温度 T_0。㶲实际上是理想功的特例。对于理想功,初态和终态是任意的,而㶲的终态必须是基准态。根据定义,㶲的数学表达式为

$$E_{\mathrm{x}} =(H-H_0)-T_0\left(S-S_0\right) \tag{3.52}$$

当体系从状态 1 变化到状态 2 时,㶲的变化量为

$$\Delta E_{\mathrm{x}} = E_{\mathrm{x},2} - E_{\mathrm{x},1} = H_2 - H_1 - T_0\left(S_2-S_1\right) = -W_{\max}\ 或\ W_{\max} = -\Delta E_{\mathrm{x}} = E_{\mathrm{x},1} - E_{\mathrm{x},2} \tag{3.53}$$

式(3.53)说明,当体系状态变化时,㶲的变化值就是状态变化时所做的理想功。当体系对外做功时,体系的㶲值减小;而当外界对体系做功时,体系的㶲值增大。

3.4.3　热量㶲与有机物质化学㶲

热量相对于环境所具有的最大做功能力,称为热量㶲 $E_{\mathrm{x},Q}$。

以污水温度高于环境温度的情况为例,这时污水就具有热量㶲 $E_{\mathrm{x},Q}$(朱明善,1988),可用下式求出:

$$E_{\mathrm{x},Q} = Q\left(1-\frac{T_0}{T}\right) \tag{3.54}$$

即热量㶲 $E_{\mathrm{x},Q}$ 与来自热源的热量 Q 以及环境温度 T_0 和热源温度 T 有关。可以看出,热量㶲小于热量。热源或污水温度越高,单位热量㶲就越大,其利用价值就越高。污水温度在冬夏两季与环境温度的差别都较为明显,但这部分㶲的利用未受到充分重视。

按照㶲的定义,有必要给定基准态和基准物体系,以便计算物质的化学㶲。虽然从理论上说,热力学死态是唯一的、共同的,它应使反应体系基准物的熵变(ΔS_0)为零,但实际操作中仍存在一些难度。实际上各国学者提出的基准物体系都有一定的人为因素或现实考虑(朱明善,1988;蒋楚生等,1990)。例如,波兰学者 Szargut(1980)以自然界

中存在的天然物质为基准物，以它们在环境中的平均摩尔分数(组成)为基准物的摩尔分数。Sussman(1977)对一切元素均以最稳定的纯物质为基准物。龟山秀雄和吉田邦夫(1979)以死态物质作为基准物，死态条件为 25℃、1.013×10^5 Pa，以此条件下的饱和湿空气、$H_2O(l)$、NaCl、$CaCO_3$ 等物质为基准物。例如对于 H 元素，是以液态水为其基准物。由于空气各纯组分在死态条件下具有的化学㶲为其扩散㶲，而实际固态物质的扩散㶲难以利用，故规定死态下各纯固态基准物的㶲值为零。这一体系目前已作为日本计算物质化学㶲的国家标准。

本书拟采用龟山-吉田模型来计算有机物的化学㶲。有机物标准化学㶲的计算步骤如下。

(1)以环境温度 T_0=298.15K(25℃)、压力 P_0=101.3 kPa 下饱和湿空气为基准物，其组成见表 3.2。

(2)O_2、N_2 和 CO_2 的标准化学㶲按表 3.2 中的分压计算。

(3)取 25℃、101.3 kPa 下的液态水为 H 的基准物。

(4)N_2、O_2、C 和 H_2 的标准化学㶲按步骤(1)~(3)和 CO_2 与 H_2O 的生成自由能计算。

(5)25℃、101.3 kPa 时，基准物 $NaNO_3$、NaCl、$CaCO_3$ 和 $CaSO_4 \cdot 2H_2O$ 的化学㶲为零。

(6)Na、Ca、Cl_2 和 S 的标准化学㶲可以用 N_2、O_2、C 和 H_2 的标准化学㶲与 $NaNO_3$、NaCl、$CaCO_3$ 和 $CaSO_4 \cdot 2H_2O$ 的标准生成自由能的关系进行计算。

表 3.2　死态条件下饱和湿空气的组成

组分	N_2	O_2	CO_2	H_2O	Ne	He	Ar	其余气体	总计
分压/大气压	0.7560	0.2034	0.0003	0.0312	0.000018	0.000005	0.0091	0.009077	1

任一化合物 $X_xY_yZ_z$ 的标准化学㶲可用下式计算(其推导方法可参见附录 A)：

$$E^0_{\mathrm{xc},X_xY_yZ_z} = \Delta G^0_{\mathrm{f},X_xY_yZ_z} + xE^0_{\mathrm{xc,X}} + yE^0_{\mathrm{xc,Y}} + zE^0_{\mathrm{xc,Z}} \tag{3.55}$$

计算含 C、H、O、Cl、N 和 S 等元素的有机物质的标准化学㶲时，将各元素的标准化学㶲及有机物的标准生成自由能代入式(3.55)即可。表 3.3 通过计算列出了 142 种有机物的标准化学焓、标准化学㶲、TOC 及理论 COD 值等。有机物标准生成自由能数据摘自相关文献(迪安，1991；Perry，1992)。

表 3.3　有机物的标准生成自由能、标准化学焓、标准化学㶲、TOC 和 COD

有机物	化学式	ΔG^0_{f} /(kJ/mol)	h_{ch}/(kJ/mol)	E^0_{xc} /(kJ/mol)	TOC/(g/mol)	COD/(g/mol)
丙烯酸(g)	$C_3H_4O_2$	−286.06	1265.07	1419.92	36	96
丙烯腈(g)	C_3H_3N	195.31	1610.40	1780.08	36	120
氮丙啶(g)	C_2H_5N	177.99	1502.60	1387.45	24	104
L-天冬酰胺(c)	$C_4H_8O_3N_2$	−530.24	1970.01	2059.36	48	144
乙炔(g)	C_2H_2	209.20	1073.60	1265.49	24	80
乙醛(l)	C_2H_4O	−128.20	1134.56	1165.28	24	80

续表

有机物	化学式	ΔG_f^0 /(kJ/mol)	h_{ch}/(kJ/mol)	E_{xc}^0 /(kJ/mol)	TOC/(g/mol)	COD/(g/mol)
乙腈	C_2H_3N	99.20	1216.60	1273.56	24	88
苯乙酮(l)	C_8H_8O	−16.99	4090.89	4210.15	96	304
丙酮(l)	C_3H_6O	−155.39	1828.31	1783.85	36	128
苯胺(l)	C_6H_7N	149.08	3363.80	3435.90	72	248
L-丙氨酸(c)	$C_3H_7O_2N$	−370.20	1702.09	1688.96	36	120
烯丙醇(g)	C_3H_6O	−71.25	1828.31	1876.99	36	128
D-精氨酸(c)	$C_6H_{14}N_4O_2$	−240.27	3902.13	2874.76	72	272
丙二烯(g)	C_3H_4	203.38	1753.40	1904.43	36	128
蒽(c)	$C_{14}H_{10}$	285.77	6943.20	7209.29	168	528
乙酸(l)	$C_2H_4O_2$	−389.95	855.59	903.58	24	64
乙酸酐(l)	$C_4H_6O_3$	−488.82	1693.79	1864.89	48	128
苯甲酸(l)	$C_7H_6O_2$	−245.27	3167.08	3338.08	84	240
苯	C_6H_6	124.35	3220.80	3293.18	72	240
苯甲醇	C_7H_8O	−27.49	3697.25	3789.11	84	272
苯醌(c)	$C_6H_4O_2$	−85.65	2472.63	2581.94	72	192
丁二烯(l)	C_4H_6	200.00	2433.20	2547.81	48	176
丁醇(l)	$C_4H_{10}O$	−161.09	2809.69	2659.10	48	192
丁烷(l)	C_4H_{10}	−15.06	3005.20	2803.20	48	208
1-丁烯(g)	C_4H_8	72.07	2719.20	2654.29	48	192
丁醛(l)	C_4H_8O	−119.24	2516.63	2465.76	48	176
丁酸(l)	$C_4H_8O_2$	−377.69	2269.13	2209.28	48	160
一氯甲烷(g)	CH_3Cl	−58.41	999.50	723.96	12	48
氯苯(l)	C_6H_5Cl	89.20	3254.50	3163.81	72	224
氯仿(l)	$CHCl_3$	−73.72	1066.90	524.47	12	16
异丙苯(l)	C_9H_{12}	124.26	5260.20	5230.35	108	384
环辛四烯(l)	C_8H_8	358.57	4294.40	4583.74	96	320
环辛烷	C_8H_{16}	77.82	5438.40	5243.89	96	384
环己烷(l)	C_6H_{12}	26.65	4078.80	3901.06	72	288
环己醇	$C_6H_{12}O$	−133.34	3886.12	3743.18	72	272
环戊烷(l)	C_5H_{10}	38.63	3399.00	3265.11	60	240
L-胱氨酸(c)	$C_6H_{12}N_2O_4S_2$	−936.33	4128.82	4395.34	72	288
L-半胱氨酸(c)	$C_3H_7NO_2S$	−343.97	2212.42	2317.97	36	152
癸烷(l)	$C_{10}H_{22}$	17.24	7084.00	6710.05	120	496
L-二氯乙烷(l)	$C_2H_4Cl_2$	−75.73	1713.00	1262.48	24	80
二异丙醚(l)	$C_6H_{14}O$	−125.77	4406.40	3985.97	72	288
N,N-二乙基苯胺(l)	$C_{10}H_{15}N$	242.00	6083.00	6111.86	120	440
乙二胺(g)	$C_4H_{11}N$	72.09	3148.20	3008.3	48	216

续表

有机物	化学式	ΔG_f^0 /(kJ/mol)	h_{ch}/(kJ/mol)	E_{xc}^0 /(kJ/mol)	TOC/(g/mol)	COD/(g/mol)
二乙醚(l)	C₄H₁₀O	−122.90	2809.69	2697.26	48	192
1,4-二氧杂环己烷(l)	C₄H₈O₂	−188.11	2269.13	2398.86	48	160
二苯醚(c)	C₁₂H₁₀O	144.18	5954.78	6248.68	144	448
二丁醚(l)	C₈H₁₈O	−88.53	5541.05	5314.73	96	384
N,N-二甲基苯胺(l)	C₈H₁₁N	214.22	4723.40	4792.56	96	344
二甲胺(l)	C₂H₇N	−205.39	1788.60	1439.30	24	120
二甲醚(g)	C₂H₆O	−112.68	1432.90	1415.78	24	96
1,1-二甲基环己烷(l)	C₈H₁₆	26.53	5438.40	5192.53	96	384
二甲基砜(l)	C₂H₆SO₂	−302.29	1672.45	1831.17	24	112
二甲基丁烷(l)	C₆H₁₄	−117.76	4364.80	3991.96	72	304
乙烷(g)	C₂H₆	−32.89	1645.60	1493.77	24	112
乙烯(g)	C₂H₄	68.12	1359.60	1359.63	24	96
乙醇(l)	C₂H₆O	−168.57	1432.90	1354.57	24	96
乙硫醇(l)	C₂H₆S	−5.65	2158.60	2123.88	24	144
氮-乙苯胺(l)	C₇H₁₁N	188.70	4329.60	4356.51	84	312
乙胺(g)	C₂H₇N	37.28	1788.60	1681.97	24	120
乙基苯(l)	C₈H₁₀	119.70	4580.40	4580.10	96	336
甲乙醚(g)	C₃H₈O	−117.65	2123.30	2056.82	36	144
乙酸乙酯(l)	C₄H₈O₂	−332.71	2269.13	2254.26	48	160
甲乙酮(l)	C₄H₈O	−151.38	2516.63	2433.62	48	176
甲乙硫(l)	C₃H₈S	7.49	2838.40	2782.78	36	192
环氧乙烷(l)	C₂H₄O	−11.84	1134.56	1281.64	24	80
乙二醇(l)	C₂H₆O₂	−323.38	1161.65	1207.29	24	80
赤藻糖醇(c)	C₄H₁₀O₄	−635.50	2017.57	2189.62	48	144
甲酸(l)	CH₂O₂	−361.41	124.17	288.24	12	16
甲酰胺(g)	CH₃ON	−149.41	567.86	616.26	12	40
甲醛(g)	CH₂O	−122.97	427.79	537.81	12	32
呋喃(l)	C₄H₄O	0.21	1929.26	2114.76	48	144
糖醛(l)	C₅H₄O₂	−112.47	2072.29	2414.58	60	160
α,D-半乳糖(c)	C₆H₁₂O₆	−919.43	2566.76	2966.92	72	192
D-葡萄糖(c)	C₆H₁₂O₆	−910.50	2566.76	2975.85	72	192
L-谷氨酸(c)	C₅H₉NO₄	−731.28	2259.74	2388.10	60	168
氨基乙酸(c)	C₂H₅NO₂	−377.70	995.06	1035.70	24	72
丙三醇(l)	C₃H₈O₃	−477.06	1589.66	1701.34	36	112
鸟嘌呤(c)	C₅H₅N₅O	47.40	2438.46	2691.77	60	184
庚烷(l)	C₇H₁₆	1.00	5044.60	4756.45	84	352
己醛(g)	C₆H₁₂O	−100.12	3886.12	3776.40	72	272

有机物	化学式	ΔG_f^0 /(kJ/mol)	h_{ch}/(kJ/mol)	E_{xc}^0/(kJ/mol)	TOC/(g/mol)	COD/(g/mol)
己醇(l)	$C_6H_{14}O$	−151.63	4406.40	3690.11	72	288
(正)己烷(l)	C_6H_{14}	−4.35	4364.80	4105.38	72	304
己烯(l)	C_6H_{12}	83.39	4078.80	3957.89	72	288
庚醇(l)	$C_7H_{16}O$	−142.05	4859.31	4615.45	84	336
1-庚炔(g)	C_7H_{12}	26.94	4472.60	4311.97	84	320
1-庚烯(l)	C_7H_{14}	88.78	4758.60	4609.03	84	336
甲酰氨基乙酸(c)	$C_9H_9O_3N$	−369.57	4140.19	4389.98	108	312
1,2-二氢化茚(l)	C_9H_{10}	150.79	4974.20	5021.66	108	368
茚(l)	C_9H_8	217.57	4688.20	4853.27	108	352
乙烯酮(g)	C_2H_2O	−61.92	835.04	1120.18	24	64
β-乳糖(c)	$C_{12}H_{22}O_{11}$	−1566.99	5117.68	5968.52	144	384
β-乳酸(c)	$C_3H_6O_3$	−522.92	1283.38	1420.26	36	96
DL-亮氨酸(c)	$C_6H_{13}NO_2$	−349.53	3788.24	3646.90	72	264
甲醇(l)	CH_4O	−166.36	733.23	716.72	12	48
甲烷(l)	CH_4	−50.75	965.80	830.19	12	64
甲硫醇(l)	CH_4S	−9.92	1478.80	1437.85	12	96
甲基苯胺(l)	C_7H_9N	181.00	4043.60	4113.58	84	296
盐酸甲胺(l)	CH_6NCl	−158.95	1428.50	980.94	12	72
甲胺(g)	CH_5N	35.56	1108.80	1034.49	12	72
甲酸甲酯(g)	$C_2H_4O_2$	−297.20	855.59	998.26	24	64
三聚氰胺(c)	$C_3H_6N_6$	184.51	2039.40	2123.79	36	144
萘(c)	$C_{10}H_8$	78.07	5082.00	5124.31	120	384
辛烷(l)	C_8H_{18}	6.49	5724.40	5407.78	96	400
1-辛烯(l)	C_8H_{16}	94.10	5438.40	5260.10	96	384
L-辛醇(l)	$C_8H_{18}O$	−117.36	5541.05	5285.90	96	384
壬烷(l)	C_9H_{20}	11.76	6404.20	6058.81	108	448
(正)十八烷(c)	$C_{18}H_{38}$	53.56	12522.40	11912.28	216	880
环氧丙烷(g)	C_3H_6O	−11.84	1828.31	1927.40	36	128
异戊烷(l)	C_5H_{12}	−15.23	3685.00	3454.52	60	256
软脂酸(c)	$C_{16}H_{32}O_2$	−316.06	10309.44	10020.00	192	736
菲(c)	$C_{14}H_{10}$	271.42	6943.20	7194.94	168	528
L-苯丙氨酸(c)	$C_9H_{11}NO_2$	−211.54	4682.13	4781.27	108	344
苯酚(c)	C_6H_6O	−50.42	3012.07	3120.43	72	224
氮杂戊环(l)	C_4H_9N	108.53	2862.20	2809.51	48	200
丙烷(g)	C_3H_8	−23.47	2325.40	2148.99	36	160
丙烯(g)	C_3H_6	62.74	2039.40	1999.95	36	144
丙炔(g)	C_3H_4	193.83	1753.40	1896.48	36	128

续表

有机物	化学式	ΔG_f^0 /(kJ/mol)	h_{ch}/(kJ/mol)	E_{xc}^0/(kJ/mol)	TOC/(g/mol)	COD/(g/mol)
丙醇	C_3H_8O	−170.67	2123.30	2003.76	36	144
1-丙硫醇(l)	C_3H_8S	−5.15	2838.40	2770.14	36	192
丙醛(g)	C_3H_6O	−130.46	1828.31	1808.78	36	128
戊醇(l)	$C_5H_{12}O$	−161.25	3493.98	3304.69	60	240
戊酮(l)	$C_5H_{10}O$	−147.49	3202.18	3083.27	60	224
二萘嵌苯(c)	$C_{20}H_{12}$	371.37	9592.00	9993.29	240	736
邻苯二甲酸酐(c)	$C_8H_4O_3$	−331.04	3011.02	3429.58	96	240
2-氯丙烷(g)	C_3H_7Cl	−260.23	2359.10	1872.00	36	144
喹啉(l)	C_9H_7N	−264.72	4545.20	4783.15	108	344
L-山梨糖(c)	$C_6H_{12}O_6$	−909.27	2566.76	2977.08	72	192
蔗糖(c)	$C_{12}H_{22}O_{11}$	−1544.60	5117.68	5969.28	144	384
水杨酸(c)	$C_7H_6O_3$	−418.10	2907.70	3167.21	84	224
琥珀酸(c)	$C_4H_6O_4$	−747.43	1404.08	1608.25	48	112
1,1,2,2-四氯乙烷	$C_2H_2Cl_4$	−82.01	1780.40	1067.67	24	48
硫代乙酸(c)	C_2H_4OS	−154.01	1639.08	1742.26	24	112
甲苯(l)	C_7H_8	113.76	3900.60	3928.36	84	288
L-酪氨酸(c)	$C_9H_{11}NO_3$	−385.68	4435.78	4609.10	108	328
十一烷(l)	$C_{11}H_{24}$	22.76	7763.80	7361.33	132	544
尿素(c)	CH_4N_2O	−196.82	709.39	686.47	12	48
戊醛(g)	$C_5H_{10}O$	−108.28	3202.18	3122.48	60	224
L-缬氨酸(c)	$C_5H_{11}O_2N$	−358.99	3096.58	2991.68	60	216
氯乙烯(g)	C_2H_3Cl	51.51	1233.30	1284.76	24	80
戊酸(l)	$C_5H_{10}O_2$	−372.17	2964.79	2860.56	60	208
黄嘌呤(c)	$C_5H_7O_2N_4$	−165.85	2477.02	2715.38	60	184
邻二甲苯(l)	C_8H_{10}	110.46	4580.40	4570.80	96	336

3.4.4 㶲分析模型

1)㶲分析法

㶲分析法是以热力学第一、第二定律结合为指导，以㶲平衡方程式为依据，从能量转换的品位及㶲的利用程度来评价过程和装置的能量利用率的第二类热力学分析法(朱明善和陈宏芳，1992)。在对装置或过程进行物料衡算和能量衡算的基础上，计算各物流和能流的㶲值，通过㶲平衡，确定㶲损失及其分布，找出损失或损耗的原因，从而为污水处理工艺节能降耗、提高能量利用率指明正确方向。

分析法的主要内容有：①进行物料、能量衡算，确定输入、输出体系的各种物流量、能流量、功流量以及各物流的状态参数（如温度、压力和组成等）；②计算物流㶲和热流㶲；③由㶲平衡方程确定过程的㶲损失；④确定㶲的利用效率。

2）㶲平衡方程

对开放体系稳流过程可参照图 3.3 的模型建立㶲平衡方程。

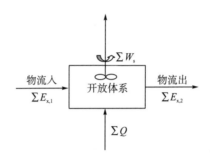

图 3.3　稳流过程㶲平衡模型

图 3.3 为具有多股物流进出，与环境存在热、功交换的稳流过程。进入体系的物流㶲为 $\sum E_{x,1}$；离开体系的物流㶲为 $\sum E_{x,2}$；进入体系的热流（热量㶲）为 $\sum E_{x,Q}$（Q 可正也可负）；离开体系的功流为 $\sum W_s$（W_s 可正也可负）。对污水中发生的不可逆的生化反应，按不可逆稳流过程处理，体系存在损耗功，㶲损失大于零，$E_{x,D} > 0$，㶲不守恒，㶲平衡方程为

$$\sum E_{x,1} + \sum E_{x,Q} = \sum E_{x,2} + \sum W_s + \sum E_{x,D} \tag{3.56}$$

$$\sum E_{x,D} = \sum E_{x,1} - \sum E_{x,2} - \sum W_s + \sum E_{x,Q} \tag{3.57}$$

根据式（3.57）算出体系（设备或装置）内部㶲损失 $\sum E_{x,D}$。式（3.57）右边各项㶲值可以根据参数（如温度、压力、流量、组成等）按一定的㶲值计算方法求得。

对于有动能、位能和组成变化的稳流过程，物流㶲应包括动能㶲、位能㶲、物理㶲和化学㶲。

（1）对于污水处理涉及的大多数化学反应过程，流体的流速和位高变化不大，可以忽略。式（3.57）变为

$$\sum E_{x,D} = \sum E_{x,Q} - \sum \Delta E_x - \sum W_s \tag{3.58}$$

式中，ΔE_x 为物质㶲值的变化，$\Delta E_x = E_{x,2} - E_{x,1}$。

有功交换的绝热过程，如绝热压缩、绝热膨胀过程，这类过程涉及的设备有鼓风机、泵和压缩机等。对于单体设备，式（3.57）变为

$$E_{x,D} = -W_s - \sum \Delta E_{xph} \tag{3.59}$$

式中，W_s 为输入设备的轴功，主要由配套电机提供；ΔE_{xph} 为流体物理㶲的变化。

如果不考虑这类设备的由热不平衡引起的热㶲（即认为压缩前后流体的温度无变化），仅考虑力不平衡引起的压力㶲，则（陈文威等，1999）：

$$E_{xph} = \int_{P_0}^{P} \left[V - (T - T_0) \left(\frac{\partial V}{\partial T} \right)_p \right] dP \tag{3.60}$$

对于理想气体：

$$PV = RT, \quad \left(\frac{\partial V}{\partial T} \right)_p = \frac{R}{P}$$

故式 (3.60) 成为

$$E_{xph} = RT_0 \ln \frac{P}{P_0} \tag{3.61}$$

故

$$\Delta E_{xph} = RT_0 \ln \frac{P_2}{P_1} \tag{3.62}$$

(2) 绝热无功交换、无化学反应的过程，如沉淀池、浓缩池等分离设备，虽然进出口的物料组成发生变化，但因无化学反应，化学㶲可以相消，式 (3.58) 成为

$$E_{x,D} = -\sum \Delta E_x \tag{3.63}$$

需要注意的是，在 $\sum \Delta E_x$ 项中的物理㶲，对于混合物需引入混合过程的㶲损失 (混合过程损耗功)。

3) 㶲平衡的模型

㶲平衡需要采用特定的模型。构成污水生物处理核心的生化反应器，因为其复杂性、生产目的的特殊性，不能完全借用化工过程的㶲效率分析方法。这种复杂性和特殊性体现在以下几点。

(1) 污水生物处理反应的目的是消除水中污染物，而不是生成代谢产物和微生物细胞本身。从能量转化来看，代谢产物如能达到环境基准物的组成和状态，将不再具有污染环境的能量；而产生的微生物细胞可以视为反应过程的副产物，这部分副产物本身还具有能量，由于消耗这部分能量还需额外的设施和额外的耗能，故原则上其产量越低，说明降解过程越完善。

(2) 大部分污染物的降解在热力学上属于自发过程 ($\Delta G < 0$)，实际上在自然状态下，微生物分解有机物的现象总是存在的，只是因供氧和传质的限制，速度较为缓慢。好氧生物处理过程只是人工强化了向微生物细胞深层的供氧以克服气液相间传质阻力，同时通过各种形式的搅拌以促进污染底物与微生物体的接触，故好氧生物处理中的曝气和混合装置并不是提供该过程进行的必要条件，而只是加速过程的推动力。

(3) 生物处理能量利用的特点在于这一过程不是单纯的能量转化和迁移。从物料和元素平衡的角度看，有机物中的碳最终转化为微生物体的组分和代谢产物 CO_2，这一转移与通常的化工生产过程一样，并不受微生物生命形式的影响；但能量的迁移则不同，有机物中的化学能不仅仅转移到微生物的分子构造中 (通过其组成可计算化学焓和㶲)，而且有相当部分的能量用于维持微生物的生命活动和进行生物合成的反应，这部分能量是在微生物体内转化和消耗的，最终的输出形式为热。如果仅考虑微生物体输出反应器的代谢产物的

化学结构形式所包含的能量，不能反映污泥中生物体具备生物活性的事实，因此在进行反应器㶲平衡分析时，在输出中细胞代谢的最终能量形式为热。

基于以上考虑，结合能量衡算的黑箱模型，可得到生物反应器㶲平衡分析灰箱模型如图 3.4 所示。

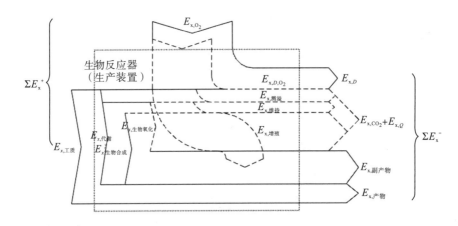

图 3.4 㶲平衡分析灰箱模型

进入生物反应器㶲的总和 $\sum E_x^+$ 包括物质(有机污染物)输入的㶲 $E_{x,工质}$ 和供给的空气或氧气带入的扩散㶲与物理㶲 E_{x,O_2}。在分析中忽略污水的热量㶲，但对于需要加热的厌氧处理装置，这部分热量㶲应作为输入考虑。进入系统的物质㶲量只有部分被代谢利用，即 $E_{x,代谢}$，物质㶲的剩余部分作为处理过程的产物输出 $E_{x,产物}$。即使在 $E_{x,代谢}$ 中，微生物也并不全用于生物合成及维持细胞结构。研究发现在污水处理这一底物不受限制的生物连续增长过程中，有部分消耗的底物并未用于细胞维持和生物合成，而是发生了溅溢(Liu，1996a；Liu，1996b)。即这部分底物氧化产生的能量发生了耗散，以热的形式在系统内散失。底物㶲中真正被利用的部分又可分为三部分(Guiot and Nyns，1986)：直接参与微生物细胞的合成并结合进副产物中的㶲 $E_{x,副产物}$、通过生物氧化得到的㶲 $E_{x,生物氧化}$ 将用于细胞的生物合成耗能 $E_{x,增殖}$ 与维持耗能 $E_{x,维持}$(Benefield and Randall，1984)。细胞的生物增殖耗能 $E_{x,增殖}$ 与转移到细胞结构形式中的能量 $E_{x,副产物}$ 是进水㶲中用于生物合成的部分 $E_{x,生物合成}$。$E_{x,溅溢}$ 和 $E_{x,生物氧化}$ 最终以 E_{x,CO_2} 和热量㶲的形式排出系统。这里还有一个物质，即 H_2O，尽管处理过程中，有机物代谢也会产生环境基态物质 H_2O，但其产生量与进出水水量本身比较，是一个极小量，可以忽略，所以假设体系 H_2O 的㶲不发生变化。

E_{x,O_2} 因不同的供氧系统而有区别。鼓风曝气系统输入反应器的是增压的空气或氧气，这样除空气或氧气本身的扩散㶲外，增压气体还具备了一定量的物理㶲；对机械曝气系统，由于难以直接确定供给的空气的㶲值，可按机械设备输入轴功的有效利用部分进行折算。空气或氧气的供应作为加速反应进程的推动力，在物质形态上，氧参与生物氧化过程，与 $E_{x,溅溢}$、$E_{x,增殖}$ 和 $E_{x,维持}$ 所代表的有机物结合；在能量形态上，其输入的物理㶲用于克服传质的阻力，最终也以热的形式散失。另外氧输入的多余部分消耗于系统内，以功和热的形式散失，是输入㶲中未能利用的部分 E_{x,D,O_2}，构成 $E_{x,D}$。输出反应器微生物体系的㶲包括热量㶲$E_{x,Q}$ 和代谢终产物 CO_2 带走的扩散㶲与物理㶲。

列上述生物反应器系统的㶲平衡方程为

$$\Sigma E_x^+ = E_{x,工质} + E_{x,O_2} = E_{x,产物} + E_{x,溅溢} + E_{x,维持} + E_{x,增殖} + E_{x,副产物} + E_{x,D}$$

$$= E_{x,产物} + E_{x,副产物} + E_{x,Q} + E_{x,D} = \Sigma E_x^-$$

(3.64)

式中，ΣE_x^+ 为进入生物反应器的㶲总和，kJ/d；$E_{x,工质}$ 为工质(有机污染物)输入的㶲，kJ/d；E_{x,O_2} 为供给的空气或氧气带入的㶲，kJ/d；$E_{x,产物}$ 为离开生物反应器的工质带走的㶲，kJ/d；$E_{x,增殖}$ 为用于细胞生物增殖所耗的㶲，kJ/d；$E_{x,维持}$ 为用于细胞生命维持所耗的㶲，kJ/d；$E_{x,溅溢}$ 为工质输入㶲中被微生物耗散于反应器系统内的㶲，kJ/d；$E_{x,副产物}$ 为直接参与微生物细胞的合成并结合进微生物中的㶲，kJ/d；$E_{x,D}$ 为氧输入㶲中未能利用而散失的部分，kJ/d；$E_{x,Q}$ 为输出反应器微生物系统的热量㶲，kJ/d；ΣE_x^- 为输出反应器的㶲总和，kJ/d。

$E_{x,维持}$ 与底物中用于维持的部分 $\left(\dfrac{dS}{dt}\right)_{维持}$ 相关，而 $\left(\dfrac{dS}{dt}\right)_{维持}$ 与反应器中微生物量 X 成正比 (Pirt，1975)，可表示为

$$\left(\dfrac{dS}{dt}\right)_{维持} = -m_c X$$

(3.65)

式中，m_c 为维持系数。虽然有学者认为单位时间内单位微生物维持能的需求与底物的浓度无关 (Guiot and Nyns，1986)，但对于不同的微生物群体和底物种类，该值有较大的差别。

用于生物合成的㶲 $E_{x,生物合成} = E_{x,增殖} + E_{x,副产物}$，实际上可由以下方程表示：

$$C_{18}H_{19}O_9N + 12.5O_2 \longrightarrow C_5H_7O_2N + 13CO_2 + 6H_2O$$

(3.66)

式中，$C_{18}H_{19}O_9N$ 和 $C_5H_7O_2N$ 分别代表有机物和微生物的化学计量式 (Henze et al.，1997)，该反应的㶲变化即为 $E_{x,增殖}$，可以用该方程估算 $E_{x,生物合成}$。

式(3.64)中 CO_2 的化学㶲和扩散㶲都较小，为实际应用方便，平衡时可将其计为㶲损失的一部分。

4) 㶲效率

由于㶲是能量转化和利用过程的统一能量量度，㶲平衡是构成㶲效率的基础。由㶲的平衡式(3.64)可按照工程热力学分析方法建立两种效率定义。

(1) 普遍㶲效率。

从㶲平衡式(3.56)可看出，不论何种过程，投入过程的各种㶲量的总和只有大于或等于输出的各种㶲量的总和，该过程实际上才能进行。因此，按照建立㶲效率的一定原则(朱明善和陈宏芳，1992；Baehr，1968)，可用下式表示热力学过程的完善程度。

$$\eta_I = \frac{有效输出的㶲}{输入的㶲} = \frac{\left(\sum E_x^-\right)'}{\sum E_x^+} = 1 - \frac{E_{x,D} + E_{x,产物}}{\sum E_x^+}$$

(3.67)

式中，η_I 为普遍㶲效率，%；$\left(\sum E_x^-\right)'$ 为输出㶲 $\sum E_x^-$ 中有效部分，kJ/d；其余各项同式(3.64)。

式(3.67)中，分子为有效输出的㶲，$E_{x,产物}$ 是底物中未被有效利用的㶲值，故

$\left(\sum E_{\mathrm{x}}^{-}\right)' = E_{\mathrm{x}}^{-} - E_{\mathrm{x,D}} - E_{\mathrm{x,产物}}$。将式(3.64)中各项代入式(3.67)，得

$$\eta_{\mathrm{I}} = \frac{E_{\mathrm{x,副产物}} + E_{\mathrm{x,Q}}}{E_{\mathrm{x,工质}} + E_{\mathrm{x,O_2}}} = 1 - \frac{E_{\mathrm{x,D}} + E_{\mathrm{x,产物}}}{E_{\mathrm{x,工质}} + E_{\mathrm{x,O_2}}} \tag{3.68}$$

普遍㶲效率的表达式适于生物合成的单纯过程。按照污水处理的特点，产生的污泥是一种副产物，并不是处理过程的最终目的，故 $E_{\mathrm{x,副产物}}$ 值越低，越能减小后续污泥处理设施的规模，这样一来，似乎造成效率越低的假象，所以普遍㶲效率不能体现这种特点。但是，式(3.68)可揭示处理工艺热力学过程的完善程度。很明确，$E_{\mathrm{x,D}}$ 是曝气设备充氧能力与微生物系统好氧作用是否匹配的判据，如充氧能力过剩或传氧效率不高，都将使该项增大。鼓风曝气系统可通过进行曝气池 DO(溶氧量)的实时控制、提高曝气头的传氧能力使该值降低；而机械曝气系统改善传氧效率的可能性则有限得多，从这一点上看，鼓风曝气系统在热力学上比机械曝气系统更完善。$E_{\mathrm{x,产物}}$ 是由特定的排放水质标准决定的，不同处理规模和处理深度的污水厂该值是确定的。如能在消耗同等 $E_{\mathrm{x,工质}}$ 和 $E_{\mathrm{x,O_2}}$ 的条件下减少 $E_{\mathrm{x,产物}}$ 的量，对提高效率是有益的。

(2) 目的㶲效率。

由于普遍㶲效率不能如实地反映污水处理系统能量利用的特征，故结合处理工艺特点，从㶲收益(目的)和代价(推动力)的角度来建立㶲效率，则目的㶲效率建立规则如下式：

$$\eta_{\mathrm{II}} = \frac{\text{与目的相关的㶲}}{\text{与推动力相关的㶲}} \tag{3.69}$$

污水处理单元代表目的(收益)的㶲变化为污染物除去的量，代表推动力(代价)的㶲量为进出反应器工质、副产物、氧气等㶲流。

$$E_{\mathrm{x,工质}} + E_{\mathrm{x,O_2}} - (E_{\mathrm{x,产物}} + E_{\mathrm{x,副产物}}) = E_{\mathrm{x,Q}} + E_{\mathrm{x,CO_2}} + E_{\mathrm{x,D}} \tag{3.70}$$

式中，$E_{\mathrm{x,CO_2}}$ 为代谢终产物 CO_2 带走的扩散㶲和物理㶲，kJ/d；其余各项同式(3.64)。

式(3.70)中：$E_{\mathrm{x,工质}}$ 和 $E_{\mathrm{x,O_2}}$ 为生物反应器系统输入㶲中代表推动力(代价)的㶲量，$E_{\mathrm{x,产物}}$ 和 $E_{\mathrm{x,副产物}}$ 为系统输出㶲中代表推动力的㶲量，正是进出系统㶲量的差值使得各类生化反应得以进行。基于污染物中㶲量削减的目的，$E_{\mathrm{x,Q}}$ 和 $E_{\mathrm{x,CO_2}}$ 定义为代表目的的㶲量。

据此按相应规定列目的㶲效率为

$$\eta_{\mathrm{II}} = \frac{E_{\mathrm{x,CO_2}} + E_{\mathrm{x,Q}}}{E_{\mathrm{x,工质}} + E_{\mathrm{x,O_2}} - E_{\mathrm{x,产物}} - E_{\mathrm{x,副产物}}} = 1 - \frac{E_{\mathrm{x,D}}}{E_{\mathrm{x,工质}} + E_{\mathrm{x,O_2}} - E_{\mathrm{x,产物}} - E_{\mathrm{x,副产物}}} \tag{3.71}$$

式中，在数值上 $E_{\mathrm{x,CO_2}} + E_{\mathrm{x,Q}} = E_{\mathrm{x,工质}} - E_{\mathrm{x,产物}} - E_{\mathrm{x,副产物}}$，代入可得

$$\eta_{\mathrm{II}} = \frac{E_{\mathrm{x,Q}} + E_{\mathrm{x,CO_2}}}{E_{\mathrm{x,Q}} + E_{\mathrm{x,CO_2}} + E_{\mathrm{x,O_2}}} = \frac{1}{1 + \dfrac{E_{\mathrm{x,O_2}}}{E_{\mathrm{x,Q}} + E_{\mathrm{x,CO_2}}}} \tag{3.72}$$

式(3.72)可以表示污水生物处理反应器这类设备的热力学完善性。从能耗的角度看，曝气设备电能、机械能的输入最终因克服传质阻力贬值为热。若过量曝气，富余的高质能还是要转变为热。故总体上，好氧工艺的㶲损失不可避免。但是为了使处理过程能以一定的速率进行，必须提供相应的推动力，形成微生物细胞外与细胞内氧气物理㶲的势差，以

克服一定的阻力，即 $E_{x,O_2} > 0$。有势差存在，势必导致产生这类㶲的内部损失，势差越大，㶲损失越大。若欲减少㶲损失，必须减少势差，也将随之降低过程的推动力。从这个意义上讲，氧传质过程中的内部㶲损失是不可避免的，即为了推动过程进行必须付出㶲的代价 $\eta_{\mathrm{II}} < 1$。然而，可以通过降低不必要的、过大的推动力或改变运行方式来减少阻力等方式以减少㶲损失。对于前者，需要给予系统匹配的曝气量，否则因推动力过剩而未加利用的㶲将以热的形式向环境散逸或作为氧的物理㶲而排放入环境，成为外部的损失；对于后者，则应创造利于氧传递的浓度条件。

对于在热力学上远离平衡态的微生物体系，为了维持生命和生长繁殖，需要获取高能物质并将其化学能转变为功与热。其中底物中能量的 40%～60%将储存在 ATP 等高能物质中。由于物质的化学㶲值近乎等于其化学焓值，这部分转移的能量并未发生贬质。为维持细胞的渗透压，修复 DNA、RNA 和其他大分子，保持细胞结构而转化的化学能，也以输送和浓缩功、生物电等能量形式而利用，其目的就是克服各种势差如浓度差、化学势差、温差等。这是由微生物系统热力学不可逆性引起的内部㶲损失。另外，对于溢溢的能量，有学者认为该过程将多余的能量消耗掉可能对生物合成不利，但却有益于污水处理，即减少了剩余污泥量同时增加了污染物的去除（刘雨等，2000）。注意到，在同等底物㶲量条件下增大这部分㶲量 $E_{x,Q}$，可减少新增的微生物量 $E_{x,副产物}$。即除转化到细胞分子结构中的㶲量外，其余的㶲量耗散于系统内部。综上，在㶲平衡方程式(3.64)中不将 $(E_{x,Q} + E_{x,CO_2})$ 计入 $E_{x,D}$，是考虑到 $(E_{x,Q} + E_{x,CO_2})$ 项是水处理过程的主要目的，而非反应器设备不完善造成的㶲损失。

从以上对㶲效率的分析可看出，在热力学意义上，污水生物处理工艺是通过内部的㶲耗散来消耗污水污染物的能，但加速该过程进行势必要耗费外部的㶲，同时应防止推动力过剩造成反应器单元的外部㶲损失。目前一些学者致力于减少好氧处理工艺新增生物量、增大维持能消耗或能量溢溢的研究，反映了增大过程内部㶲损失的必要性，而改进供氧设备的传质方式，则反映了减少处理单元外部㶲损失的有效节能途径。

上述的㶲分析方法也适用于厌氧处理工艺。对厌氧工艺，底物㶲利用过程也可用图 3.4 表示。在厌氧处理工艺中为推动降解过程进行而输入的㶲，可以是热量㶲、搅拌的机械功等，在式(3.72)中表示方式可能就不太相同，但可获得与好氧处理相似的结论。

3.5　污染物化学能与理论需氧量的关系

相对于纯的有机物质，废水中的有机污染物成分要复杂得多，难以全部测定，而且尚存在某些结构和组成未知的有机物，就目前的技术手段还不能全部检出，且在工程意义上也没必要，故不能用式(3.46)和式(3.55)逐一计算污水中所有有机物质所包含的化学能和化学㶲。对这一问题，一种处理方式是采用氧弹式热量计对待测定的有机物进行绝热完全燃烧，所测得的燃烧热作为该有机物与氧气完全反应的反应热。目前大多数有机物的燃烧热都可通过查阅化工手册得到。但这一方式确定的是有机物的焓值，而且不能用于确定厌氧过程、发酵过程释放的反应热。另外污水中所包含的有机物因不能完全萃取出来，所以也不能用量热器直接测量污水中所含有机物的平均燃烧值。

另一种处理方式是按有机污染物化学计量式计算。美国学者 Owen(1989)提出污水中有机物总的化学计量式为 $C_{10}H_{18}O_3N$，细菌细胞为 $C_5H_7O_2N$，他把这两种"物质"的燃烧值与理论上计算得出两种物质的 COD 相联系，得出污水的化学能量势(chemical energy potential，CEP)为 13.9kJ/gCOD，细菌细胞为 14.8kJ/gCOD。这一算法也适用于厌氧过程，由于大多数厌氧处理的产物为甲烷(CH_4)和 CO_2，而甲烷的 COD 当量可根据氧化-还原反应折算。德国学者 Loll(1974)测定污泥稳定的热产量为每分解 1gCOD 产热 14.7kJ，这一热值与 Owen(1989)所提出的有机物热值比较相近。这类方法的根本目的是通过 COD 这种易于测定的指标来换算污水和污泥所包含的化学能这一较难测定的指标。但 Owen(1989)并未进行相关的理论建构，未定义污染物内能的基准物体系和相应的环境"死态"，且污染物的元素组成目前尚有其他表达形式，确定其燃烧热仍有相当难度。另外，即便能确定污水中所有有机污染物的标准生成自由能，在自由能 ΔG_f^0 与可测定的有机物常规水质指标如 COD(化学需氧量)、BOD(生化需氧量)、TOC(总有机碳)等之间也不存在确定的函数关系，这一点可通过对表 3.3 的数据作图 3.5 和图 3.6 看出。

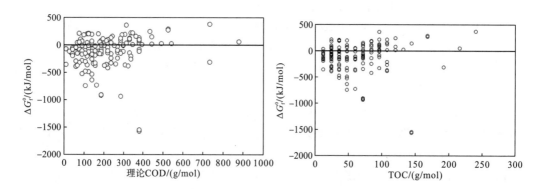

图 3.5　有机物标准生成自由能与理论 COD 的关系　　图 3.6　有机物标准生成自由能与 TOC 的关系

3.5.1　化学焓与理论需氧量的定量关系

污染物的化学焓指标是依据热力学第一定律的原则建立的，它反映了能量的总数量。表 3.3 中的理论 COD 数值实际上为根据有机物化学分子式计算得到的理论需氧量(theoretical oxygen demand，ThOD)。虽然在化学需氧量测定条件下，重铬酸钾不能使直链烃、芳香烃等化合物氧化，即使加了催化剂硫酸银，对芳香烃类仍无效；但对城市污水中的绝大多数有机物来说，所测得的 COD 一般为 ThOD 的 90%～95%(Owen，1982；顾夏声，1993)，对化学焓与 COD 的对应结果影响不大，故仍用理论 COD 表示。两者的关系如图 3.7 所示，化学焓与 TOC 的关系如图 3.8 所示。

从图中可以看出化学焓与 COD 和 TOC 有很好的线性相关性。从图 3.7 中可得到如下关系：

$$h_{ch}=13.91 \text{ kJ/gCOD} \tag{3.73}$$

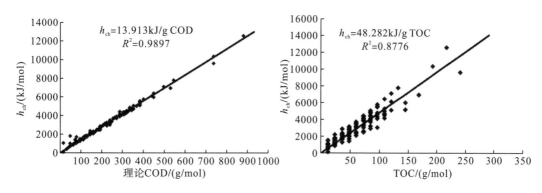

图 3.7 有机物化学焓与理论 COD 的关系   图 3.8 有机物化学焓与 TOC 关系

即每克有机物可测定的 COD 包含 13.91kJ 的化学能。这一数值代表了污水中有机物的平均含能水平。由于 COD 分析测试容易实现,测定时间短(1~2h),故适用于污水厂的日常控制与运行。这一对应关系的建立使得根据处理厂日常分析数据进行能量和物料平衡计量更为方便。

对于污水污泥中的微生物体(细菌),污水处理厂通常采用挥发性悬浮固体(volatile suspended solid, VSS)指标来表示其数量,虽然该指标除了微生物群体外,还包含了一些非活性的难被微生物降解的有机物质,但该指标很接近于微生物的总数量,因而仍被广泛采用。一般用化学计量式 $C_5H_7NO_2$ 来表示微生物的成分组成(许保玖,1990),根据这一计量关系,可求得 1mol 细菌细胞的化学焓 $h_{ch,C_5H_7NO_2} = 2504.65\,kJ$,其摩尔质量为 113.056 g。若认为这 113.056 g 可由 VSS 指标表示的话,则微生物细胞的平均化学能含量为 22.15 kJ/gVSS。

TOC 代表了氧化过程中可形成 CO_2 的数量,因而与理论 COD 量密切相关。图 3.8 的 TOC 与化学焓的关系也是线性的。表 3.3 涉及了几组不同碳原子数量的有机物,故图中具有相同 TOC 值的有机物其化学焓值沿垂直方向分布,各组按碳原子数量差别间隔。例如,第一组包含 12g/mol 碳,包括氯仿($CHCl_3$)、甲酸(CH_2O_2)、甲醛(CH_2O)、尿素(CH_4ON_2)、甲醇(CH_4O)、甲烷(CH_4)和甲胺(CH_5N),以及甲硫醇(CH_4S)和盐酸甲胺(CH_6NCl)。这 9 个点在 TOC=12g/mol 处垂直分布,但分子中氢原子数量越多,其化学焓值越高。从图 3.8 中可得到以下关系:

$$h_{ch}=42.28 \text{ kJ/g TOC} \tag{3.74}$$

有机物化学焓与 COD 的相关性要好于与 TOC 的相关性。在未知污水成分的情况下可以用式(3.73)和式(3.74)计算其中有机物的化学能值。

3.5.2 化学㶲与理论需氧量的定量关系

一般污水中最常见的有机物包括碳水化合物、脂肪和蛋白质,故可表示为 $C_mH_nN_pO_q$,其完全氧化过程如下式所示:

$$C_mH_nN_pO_q + \left(m + \frac{n}{4} - \frac{q}{2}\right)O_2 \longrightarrow mCO_2 + \frac{n}{2}H_2O + \frac{p}{2}N_2 + \Delta G \tag{3.75}$$

式中，ΔG 为该反应自由能的变化。

ΔG 计算时可采用表 3.3 中有机物标准生成自由能的数值及 H_2O 和 CO_2 的生成自由能数值（$\Delta G^0_{f,H_2O} = -273.2$ kJ/mol，$\Delta G^0_{f,CO_2} = -394.4$ kJ/mol）按下式计算：

$$\Delta G = m\Delta G^0_{f,CO_2} + \frac{n}{2}\Delta G^0_{f,H_2O} - \Delta G_{f,C_mH_nN_pO_q} \tag{3.76}$$

反应自由能的变化应该与氧化有机物所消耗的理论需氧量(ThOD)以及有机物中 C 元素的总量密切相关。用式(3.76)可以计算表 3.3 中 $C_mH_nN_pO_q$ 类型有机物的自由能变化，它与有机物 ThOD 和 TOC 的关系示于图 3.9 和图 3.10。从图中可以看出，有机物完全氧化的自由能耗散 ΔG 与其 ThOD 的相关性极好，而 ΔG 与有机物总有机碳的关系也极为密切。由于在等温过程中可获得的最大功等于体系自由能的变化，因此同样可建立有机物化学㶲与常规水质指标 ThOD 和 TOC 的定量关系。

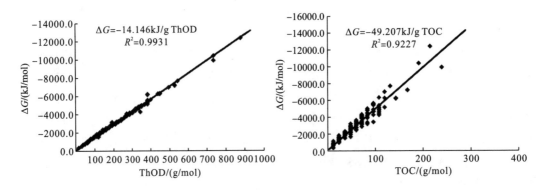

图 3.9　完全氧化反应自由能变化 ThOD 的关系　　图 3.10　完全氧化反应自由能变化与 TOC 的关系

有机物 $C_mH_nN_pO_q$ 的标准化学㶲可以基于式(3.55)用下式计算：

$$E^0_{xc,C_mH_nN_pO_q} = \Delta G^0_{f,C_mH_nN_pO_q} + mE^0_{xc,C} + \frac{n}{2}E^0_{xc,H_2} + \frac{p}{2}E^0_{xc,N_2} + \frac{q}{2}E^0_{xc,O_2} \tag{3.77}$$

合并式(3.76)与式(3.77)，可得

$$E^0_{xc,C_mH_nN_pO_q} = -\Delta G + m\Delta G^0_{f,CO_2} + mE^0_{xc,C} + \frac{n}{2}\Delta G^0_{f,H_2O} + \frac{n}{2}E^0_{xc,H_2} + \frac{p}{2}E^0_{xc,N_2} + \frac{q}{2}E^0_{xc,O_2} \tag{3.78}$$

将 CO_2 和 H_2O 的标准自由能，以及 C、H_2、N_2 和 O_2 的标准化学㶲代入：

$$E^0_{xc,C_mH_nN_pO_q} = -\Delta G^0_{f,C_mH_nN_pO_q} + 16.15m - 0.99n + 0.335p + 1.966q \tag{3.79}$$

式(3.79)右边的第 2、3、4 和 5 项 $16.15m - 0.99n + 0.335p + 1.966q$ 与第 1 项 ΔG 相比可忽略不计，则

$$E^0_{xc,C_mH_nN_pO_q} \approx -\Delta G^0_{f,C_mH_nN_pO_q} \tag{3.80}$$

式(3.80)说明了理论上 $E^0_{xc,C_mH_nN_pO_q}$ 与 ThOD 和 TOC 的关系。

　　图 3.11、图 3.12 给出了各种有机物的化学㶲与 ThOD 和 TOC 的对应关系，图中绘出了表 3.3 中的 142 种有机物。可以看到代表有机物所含可用能量与代表有机污染物数量的可测定化学指标之间具有极好的相关性。

　　从图 3.11 和图 3.12 可以得到以下关系：

$$E_{xc}^0 = 13.825 \ \text{kJ/gThOD} \tag{3.81}$$

$$E_{xc}^0 = 48.338 \ \text{kJ/gTOC} \tag{3.82}$$

　　同样，有机物标准化学㶲与 ThOD 的相关性要好于与 TOC 的相关性。

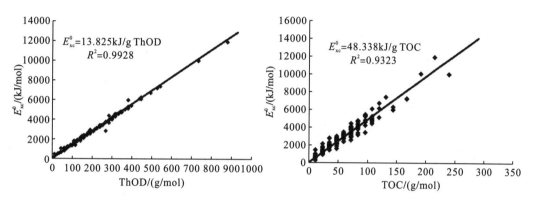

图 3.11　有机物标准化学㶲与 ThOD 关系　　　　　图 3.12　有机物标准化学㶲与 TOC 关系

　　微生物体的标准化学㶲值计算稍繁。如采用 $C_mH_nN_pO_q$ 表示微生物体的组成，1mol 该复杂物质在 298.15K 和 1atm 下完全氧化过程如下式：

$$C_mH_nN_pO_q + \left(\frac{2m-q+\frac{n}{2}}{2}\right)O_2 \longrightarrow mCO_2 + \frac{n}{2}H_2O(l) + \frac{p}{2}N_2 \Delta G \tag{3.83}$$

　　其㶲平衡关系按式 (3.79) 计算，式中，

$$\Delta G_{f,C_mH_nN_pO_q}^0 = \Delta H_r^0 - 298.15\Delta S_r^0 \tag{3.84}$$

式中，ΔH_r^0 为标准反应热，按式 (3.44)，$\Delta H_r^0 = -h_{ch,C_mH_nN_pO_q}^0$，则式 (3.79) 成为

$$E_{xc,C_mH_nN_pO_q}^0 = h_{ch,C_mH_nN_pO_q}^0 + 298.15\Delta S_r^0 + 16.15m - 0.99n + 0.335p + 1.966q \tag{3.85}$$

而 ΔS_r^0 为标准反应熵变，根据反应的熵平衡，有

$$\Delta S_r^0 = mS_{CO_2}^0 + \frac{n}{2}S_{H_2O(l)}^0 + \frac{p}{2}S_{N_2}^0 - \left(m - \frac{q}{2} + \frac{n}{4}\right)S_{O_2}^0 - S_{C_mH_nN_pO_q}^0 \tag{3.86}$$

　　将各物质的标准熵 S^0 代入式 (3.86)，得

$$\Delta S_r^0 = \left[8.61m - 16.288n + 95.745p + 102.515q\right] \times 10^{-3} - S_{C_mH_nN_pO_q}^0 \tag{3.87}$$

　　其中微生物 $C_mH_nN_pO_q$ 的熵值可以根据元素性质加和性的假设求取 (朱明善，1988)，即

$$S_{C_mH_nN_pO_q}^0 = mS_C^0 + \left(\frac{n}{2} - \frac{2q}{2.016}\right)S_{H_2}^0 + \frac{p}{2}S_{N_2}^0 \tag{3.88}$$

代入各物质的标准熵值，式(3.88)变为

$$S_{C_mH_nN_pO_q}^0 = \left[5.69m + 130.59\left(\frac{n}{2} - \frac{2q}{2.016}\right) + 95.745p\right] \times 10^{-3} \tag{3.89}$$

则

$$\Delta S_r^0 = (2.92m - 81.58n + 232.069q) \times 10^{-3} \tag{3.90}$$

将式(3.90)代入式(3.85)，得

$$E_{xc,C_mH_nN_pO_q}^0 = h_{ch,C_mH_nN_pO_q}^0 + 17.02m - 25.31n + 0.335p + 71.16q \tag{3.91}$$

若微生物体用 $C_5H_7NO_2$ 表示，则

$$E_{xc,C_2H_5NO_2}^0 = 2555.675 \text{ kJ/mol 细胞}$$

1mol 微生物体的质量为 113.056 g，若认为这 113.056 g 可由 VSS 指标表示的话，则微生物细胞的平均化学㶲含量为 22.605 kJ/g VSS。

实际上，式(3.91)反映了结构形式如 $C_mH_nN_pO_q$ 的有机物其化学焓指标与标准化学㶲指标的关系。污水污染物可用 $C_{18}H_{19}NO_9$ (Henze et al.，1997)、$C_{10}H_{18}NO_3$ (Owen，1982) 等平均组成形式表示，但可以看到两种表达方法计算的误差比较大。因此采用 COD 这种易于测定的指标来换算污染物的能量水平可能更接近于实际，也易于与原有测定手段衔接。一定的污染物 COD 水平与一定的能量水平相对应，这种能量是包含在有机物 COD 中的。这样，污染物的能量定义便有了较为严密的工程内涵，也是进行污水处理工艺能量分析的基础。但应明确，建立化学焓和化学㶲概念的理论基础是不相同的，前者反映了能量的量，后者反映了能量的质，基于两者的平衡分析方法也是有区别的。

3.6　污染物化学能高效定向转化

3.6.1　不同电子受体能量传递效率

在微生物能量代谢中，电子传递与 ATP 合成相偶联。电子传递链的传氢体起质子泵的作用，每 2 个质子顺着电化学梯度从膜外通过细胞膜进入周质体所释放的能量可合成 1 个 ATP 分子(Mitchell，1961)。不同的最终电子受体其电子传递途径不同。典型的兼性微生物的电子传递如图 3.13 所示。当以氧分子为最终电子受体时，电子从 NADH 传递到最终电子受体氧分子的过程经过 NADH 脱氢酶复合物、辅酶 Q、细胞色素 bc_1、细胞色素 c、细胞色素 aa_3 和细胞色素 o(细胞色素 aa_3 优先)[图 3.13(a)]。其传递过程可用化学计量式(3.92)～式(3.97)描述。当以 NO_3^- 为最终电子受体时，电子传递如图 3.13(b) 所示。电子在经过辅酶 Q 后直接传递到硝酸盐还原酶。当其他氮氧化物作为电子受体时，通过细胞色素 bc_1 和细胞色素 c 络合物从泛醌中摄取电子。显然，缺氧呼吸的电子传递链比好氧呼吸要短。缺氧呼吸电子传递过程用化学计量式(3.98)～式(3.101)描述。

$$NADH + H^+ + FMN \longrightarrow FMNH_2 + NAD^+ \tag{3.92}$$

$$FMNH_2 + 2Fe^{3+} \longrightarrow 2Fe^{2+} + FMN + 2H^+ \tag{3.93}$$

$$Q（辅酶）+ 2Fe^{2+} + 2H^+ \longrightarrow QH_2（还原型辅酶 Q）+ 2Fe^{3+} \tag{3.94}$$

$$QH_2 + 2\,cyt\,b_{ox}(Fe^{3+}) \longrightarrow 2\,cyt\,b_{red}(Fe^{2+}) + 2H^+ + Q \tag{3.95}$$

$$cyt\,a(Fe^{2+}，Cu^+) + cyt\,a_3(Fe^{2+}，Cu^+) + O_2 + 6H^+ \longrightarrow 2H_2O + cyt\,a(Fe^{3+}，Cu^{2+})$$
$$+ cyt\,a_3(Fe^{3+}，Cu^{2+}) + 2\,H^+ \tag{3.96}$$

$$2H^+ + 2e^- + \frac{1}{2}O_2 \longrightarrow H_2O \tag{3.97}$$

$$2H^+ + 2e^- + NO_3^- \longrightarrow NO_2^- + H_2O \tag{3.98}$$

$$2H^+ + e^- + NO_2^- \longrightarrow NO + H_2O \tag{3.99}$$

$$2H^+ + 2e^- + 2NO \longrightarrow N_2O + H_2O \tag{3.100}$$

$$2H^+ + 2e^- + N_2O \longrightarrow N_2 + H_2O \tag{3.101}$$

在电子传递过程中，电子和质子所含的自由能释放并储存在 ATP 中。质子传递复合物将两个质子从细胞质（内）泵送到膜周质（外）侧，耦合产生一个 ATP（Mitchell，1961）。如图 3.13 所示，当微生物利用 O_2（好氧条件）作为电子受体时，电子传递链上有三个质子泵分别是 NADH 脱氢酶、泛醌和细胞色素 aa_3。因此，如果细胞色素 aa_3 是末端氧化酶，电子将通过三个质子泵位点，同时伴随 3 molATP 生成。当微生物利用 NO_x（缺氧条件）作为电子受体时，其电子传递链上只有两个质子泵 NADH 脱氢酶和泛醌，则在缺氧条件下，仅产生 2 molATP。由此，可以推导出电子流传递到 NO_x^- 的能量产率是通过细胞色素 aa_3 传递到 O_2 的 2/3。微生物利用 NO_x^- 代替 O_2 作为电子受体时，可捕获的能量（ATP）更少。

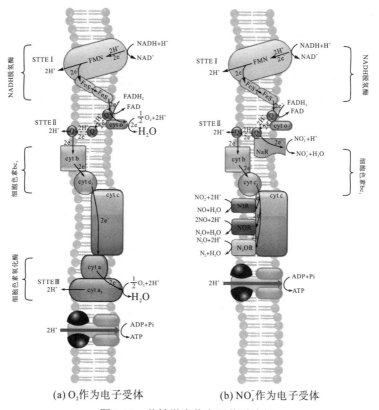

(a) O_2 作为电子受体　　　　(b) NO_x^- 作为电子受体

图 3.13　兼性微生物电子传递途径

从能量利用的角度来看，缺氧呼吸并不是微生物生长过程中的一种有效方式。通常微生物能量产率(ε)为 0.4~0.8，好氧异养菌其值为 0.6(Rittmann and McCarty，2020)。因此，缺氧异养菌的ε为 0.4(好氧的 2/3)。

3.6.2 不同电子受体的污泥产率计算

细菌代谢中的电子供体分配如图 3.14 所示。

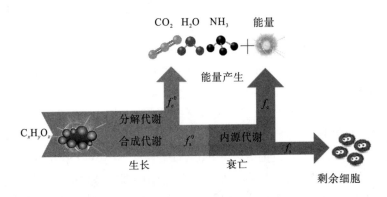

图 3.14 细菌代谢中的电子供体分配

内源代谢以细胞物质作为基质参与产能代谢以维持细胞生命活动之需，在考虑内源代谢的情况下，基质(电子供体)分配仍遵循式(3.102)：

$$f_e + f_s = 1 \tag{3.102}$$

f_s 可以通过式(1.9)计算。通过计算 f_e 和 f_s，并代入总方程通式(2.26)，得到实际总反应式：

$$R_t = f_e R_a + f_s R_c - R_d$$

式中，R_t 为总平衡方程；R_a 为电子受体半反应方程；R_c 为生物合成半反应方程；R_d 为电子供体半反应方程(常见电子供体半反应方程、生物合成半反应方程以及电子受体半反应方程见表 2.4、表 2.5 和表 2.6)。

细菌产率能够通过实际总反应式计算得到，即

$$Y = \frac{\Delta(C_5H_7O_2N)}{\Delta(C_{10}H_{19}O_3N)} = \frac{x \times M_c \text{ gVSS}}{y \times M_d \times k \text{ gCOD}} \tag{3.103}$$

式中，$C_5H_7O_2N$ 和 $C_{10}H_{19}O_3N$ 分别是细胞和生活污水有机物化学式；x 和 y 是细胞和电子供体在全反应中的物质的量；M_c 和 M_d 是细胞和电子供体的分子量；k 是 COD 转化系数。

生活污水有机物为电子供体(定义化学式为 $C_{10}H_{19}O_3N$)，微生物分别利用 O_2、NO_x^-(以 NO_3^- 为例)和 SO_4^{2-} 作为电子受体时的理论基质分配见表 3.4。O_2、NO_x^- 和 SO_4^{2-} 作为电子受体时的 f_s^0 分别为 0.68、0.47 和 0.1。由于细胞同时进行内源代谢其 f_s 分别为 0.30、0.24 和 0.06。表 3.5 展示了电子供体(生活污水)和受体(O_2、NO_3^-、SO_4^{2-})的总反应及理论污泥产率。根据电子当量模型，以 O_2、NO_3^- 和 SO_4^{2-} 作为电子受体时，微生物理论产率分别为 0.22 g

VSS/g COD、0.17 g VSS/g COD 和 0.04 g VSS/g COD。当利用 O_2 作为电子受体时，相对于 NO_3^- 作为电子受体理论污泥产率增加 29.4%，相对于 SO_4^{2-} 作为电子受体理论污泥产率增加更多。上述结果从理论上证实了诱导微生物利用高能量产率的电子受体能够增加污染物化学能向生物质能转化的效率。

表 3.4　不同电子受体条件下的理论基质分配

电子受体	半反应方程	$\Delta G^0/(\text{kJ/e}^-\text{eq})$	f_s^0	f_e^0	f_s	f_e
O_2	$\frac{1}{4}O_2 + H^+ + e^- \longrightarrow \frac{1}{2}H_2O\,(R_a)$	-78.14				
	$\frac{9}{50}CO_2 + \frac{1}{50}NH_4^+ + \frac{1}{50}HCO_3^- + H^+ + e^- \longrightarrow \frac{1}{50}C_{10}H_{19}O_3N + \frac{9}{25}H_2O\,(R_d)$	31.80	0.68	0.32	0.30	0.70
	$\frac{1}{5}CO_2 + \frac{1}{20}HCO_3^- + \frac{1}{20}NH_4^+ + H^+ + e^- \longrightarrow \frac{1}{20}C_5H_7O_2N + \frac{9}{20}H_2O\,(R_c)$	—				
NO_3^-	$\frac{1}{5}NO_3^- + \frac{6}{5}H^+ + e^- \longrightarrow \frac{1}{10}N_2 + \frac{3}{5}H_2O\,(R_a)$	-71.67				
	$\frac{9}{50}CO_2 + \frac{1}{50}NH_4^+ + \frac{1}{50}HCO_3^- + H^+ + e^-\,(R_h) \longrightarrow \frac{1}{50}C_{10}H_{19}O_3N + \frac{9}{25}H_2O\,(R_d)$	31.80	0.47	0.53	0.24	0.76
	$\frac{1}{5}CO_2 + \frac{1}{20}HCO_3^- + \frac{1}{20}NH_4^+ + H^+ + e^- \longrightarrow \frac{1}{20}C_5H_7O_2N + \frac{9}{20}H_2O\,(R_c)$	—				
SO_4^{2-}	$\frac{1}{8}SO_4^{2-} + \frac{19}{16}H^+ + e^- \longrightarrow \frac{1}{16}H_2S + \frac{1}{16}HS^- + \frac{1}{2}H_2O\,(R_a)$	20.85				
	$\frac{9}{50}CO_2 + \frac{1}{50}NH_4^+ + \frac{1}{50}HCO_3^- + H^+ + e^-\,(R_h) \longrightarrow \frac{1}{50}C_{10}H_{19}O_3N + \frac{9}{25}H_2O\,(R_d)$	31.80	0.1	0.9	0.06	0.94
	$\frac{1}{5}CO_2 + \frac{1}{20}HCO_3^- + \frac{1}{20}NH_4^+ + H^+ + e^- \longrightarrow \frac{1}{20}C_5H_7O_2N + \frac{9}{20}H_2O\,(R_c)$	—				

注：污泥龄 SRT 为 20 d，温度为 20℃。

表 3.5　微生物利用不同电子受体的理论污泥产率

电子受体	总反应	$Y/(\text{g VSS}/\text{g COD})$
O_2	$0.02C_{10}H_{19}O_3N + 0.175O_2 = 0.015C_5H_7O_2N + 0.066CO_2 + 0.005NH_4^+ + 0.005HCO_3^- + 0.125H_2O$	0.22
NO_3^-	$0.02C_{10}H_{19}O_3N + 0.152NO_3^- + 0.152H^+ = 0.012C_5H_7O_2N + 0.132\,CO_2 + 0.076N_2 + 0.008NH_4^+ + 0.008HCO_3^- + 0.204H_2O$	0.17
SO_4^{2-}	$0.02C_{10}H_{19}O_3N + 0.1175SO_4^{2-} + 0.17625H^+ = 0.003C_5H_7O_2N + 0.168CO_2 + 0.017NH_4^+ + 0.017HCO_3^- + 0.137H_2O + 0.05875H_2S + 0.05875HS^-$	0.04

注：生活污水（$C_{10}H_{19}O_3N$）作为电子供体，O_2、NO_3^- 和 SO_4^{2-} 分别作为电子受体。细胞化学式为 $C_5H_7O_2N$。

通过运行低溶解氧活性污泥系统（DO 为 0.4 mg/L；主要以硝酸盐作为电子受体）和常规活性污泥系统（DO 为 2.5 mg/L；主要以氧分子作为电子受体）来进一步验证这一推论，试验采用两个相同的 SBR（序批式间歇反应器）作为试验装置平行运行（Yan et al.，2018）。

一个 SBR1 维持在低溶解氧水平下(DO 为 0.4 mg/L),另一个 SBR2 维持在普通溶解氧水平下(DO 为 2.5 mg/L)。试验废水中 NH_4^+-N、TN、TP、COD 分别为 60 mgNH$_4^+$-N/L、70 mg N/L、5 mgPO$_4^{3-}$-P/L、510 mg O$_2$/L。SBR 反应器每天运行 4 个周期,其中进水 0.5h,曝气 4h,沉淀 1h,排水 0.5h。每周期有 2.5L 的上清液排放。具体运行参数详见表 3.6。

表 3.6　SBR 运行参数

反应器	容积/L	SRT/d	MLSS/(mg/L)	DO/(mg/L)	HRT/h	温度/℃
SBR1	10	20	2200	0.4	24	25
SBR2	10	20	2500	2.5	24	25

注:MLSS-混合液悬浮固体;HRT-水力停留时间。

　　活性污泥系统剩余污泥产量直接反映污染物化学潜能向污泥生物质能的转化,剩余污泥量产率越高代表污泥生物质转化率越高。图 3.15 展示两个系统稳定运行期间,系统每日剩余污泥产量的变化。从图中可以看出:低溶解氧系统剩余污泥产量为 1.09 g/d,每日剩余污泥产量比较稳定。常规活性污泥系统的剩余污泥产量为 1.28 g/d。常规活性污泥系统污泥产量显著高于低溶解氧系统。稳定运行期间,低溶解氧系统和常规活性污泥系统的污泥表观产率为 0.21 g VSS/g COD 和 0.26 g VSS/g COD。低溶解氧系统的污泥表观产率仅为好氧活性污泥系统污泥产率的 0.8。这两个值与理论污泥产率 0.17 g VSS/g COD 和 0.22 g VSS/g COD 是比较接近的。

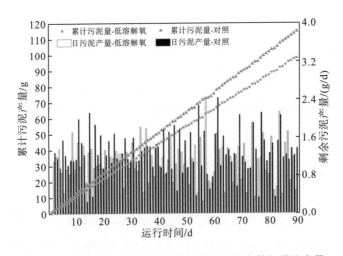

图 3.15　低溶解氧系统和常规系统剩余污泥产量与累计产量

　　两个系统典型周期内基质变化如图 3.16 和图 3.17 所示,反应过程中消耗的 ΔC:ΔN 能够判断微生物主要进行的代谢类型。缺氧菌利用生活污水有机物($C_{10}H_{19}O_3N$)进行反硝化(SRT 为 20d)时,其理论 ΔC:ΔN 为 4.15。如果系统中缺氧菌利用氧作为电子受体其 ΔC:ΔN 会更大,因为这个过程只涉及碳消耗不涉及氮消耗。低溶解氧系统和常规活性污泥系统的 ΔC:ΔN 分别为 9.5 和 14.4。低溶解氧系统的 ΔC:ΔN 更加接近反硝化理论的 ΔC:ΔN,

这表明在低溶解氧水平诱导缺氧菌利用 NO_x^- 作为电子受体改变了其原有的电子传递途径。低溶解氧状态改变了系统微生物的碳代谢途径。

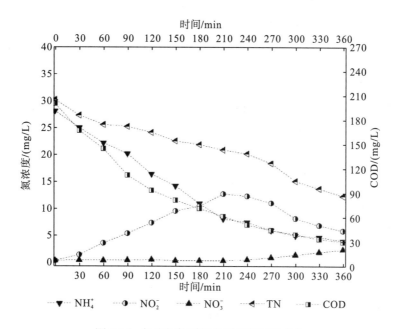

图 3.16　低溶解氧系统典型周期基质变化

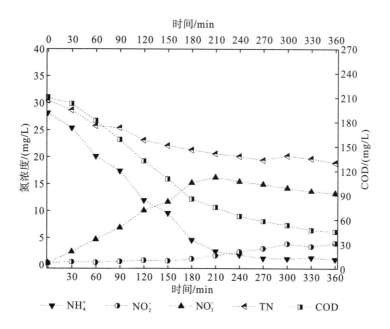

图 3.17　常规活性污泥系统典型周期基质变化

微生物物质代谢涉及基质分解(分解作用)和生物质合成(合成作用)两个过程。微生物物质代谢基质的分配特征能有效揭示微生物物质代谢过程底物利用与转化、物质平衡以及新细胞合成特征。以 O_2 为电子受体和 NO_3^- 为电子受体时微生物物质代谢理论基质分配框架如图 3.18 所示。当以 O_2 为电子受体时,微生物初次基质理论分配中 f_e^0 和 f_s^0 分别为 0.32 和 0.68;这表示理论上微生物会将 68%的基质用于生物合成,32%的基质用于分解。进行内源代谢时,基质分配 f_e 和 f_s 分别为 0.70 和 0.30。理论上微生物利用自身基质时,会将 30%的基质用于生物合成,70%的基质用于分解。理论基质分配中,最终有 20%的基质用于微生物增殖,而 80%基质用于分解产能。当以 NO_3^- 为电子受体时,微生物初次基质理论分配中 f_e^0 和 f_s^0 分别为 0.53 和 0.47;这表示理论上微生物仅会利用 47%的基质用于生物合成,53%的基质用于分解。进行内源代谢时基质分配 f_e 和 f_s 分别为 0.76 和 0.24,即理论上微生物利用自身基质时会将 24%的基质用于生物合成,76%的基质用于分解。理论基质分配中,最终有 11%的基质用于微生物增殖,而 89%的基质用于分解产能。从微生物分别利用 O_2 与 NO_3^- 作为电子受体的理论基质分配可以看到:当以 NO_3^- 作为电子受体时,微生物利用更多的基质进行分解代谢而不是合成代谢。这再次从理论上证实了电子受体差异能够导致生物质能转化的不同。

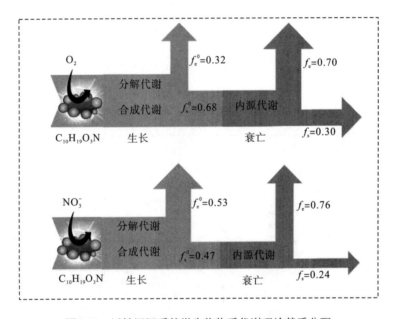

图 3.18　活性污泥系统微生物物质代谢理论基质分配

低溶解氧系统和常规活性污泥系统中微生物物质代谢实际基质分配框架被展示在图 3.19 中。当以 O_2 为电子受体时,微生物初次基质分配中 f_e^0 和 f_s^0 分别为 0.17 和 0.83;而进行内源代谢时基质分配 f_e 和 f_s 分别为 0.64 和 0.36。当以 NO_3^- 为电子受体时,微生物初次基质分配中 f_e^0 和 f_s^0 分别为 0.40 和 0.60;而进行内源代谢时基质分配 f_e 和 f_s 分别为 0.70 和 0.30。实际过程中,微生物利用 O_2 为电子受体时,有 30%的基质用于细胞的最终合成,70%的基质用于氧化分解产能。以 NO_3^- 为电子受体时,有 18%的基质用于细胞的最终合成，82%的基质用于氧化分解产能。从上述结果可以看出：无论是在理论基质分配中还是在实际反应中，以 NO_3^- 为电子受体时的 f_s^0 和 f_s 都要明显低于以 O_2 为电子受体时的值。由于参与细胞合成的电子供体 f_s 决定了污泥产率，因此，从微生物新陈代谢过程中基质分配衡算的角度同样证实了不同电子受体能够诱导污泥产率的差异。利用 O_2 为电子受体，有利于污染物化学能高效定向转化为污泥生物质能。此外，无论是利用 NO_3^- 还是 O_2 作为电子受体，其 f_s 都要小于 f_s^0。这个结果预示着：微生物趋向于利用外源基质进行生物合成，且更趋向于氧化分解内源物质来提供细胞维持所需的能量。

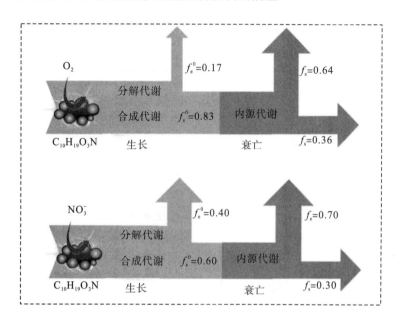

图 3.19　试验验证活性污泥系统微生物物质代谢实际基质分配

术　语　表

符号	含义	单位
thermodynamics	热力学	
unicellular prokaryote	单细胞原核生物	—
subcellular organelle	亚细胞器	—
chemostat	恒化器	—
energy	能	J
U	内能	J
heat	热	J
work	功	J
Q	热	J
W	功	J
the first law of the thermodynamics	热力学第一定律	—
$E_{流入}$	流入体系的能量	J

续表

符号	含义	单位
$E_{流出}$	流出体系的能量	J
ΔE	体系中能量的变化	J
ΔU	体系的内能变化	J
H	焓	J/mol
V	体积	m^3
P	压力	Pa
bomb calorimeter	弹式热量计	—
ΔH	焓变	J/mol
ΔH_f^0	标准生成焓变	J/mol
Z_1	截面 1-1 的高度	m
m_1	截面 1-1 的质量	kg
u_1	截面 1-1 的速度	m/s
v_1	截面 1-1 的比容	m^3/kg
P_1	截面 1-1 的压力	Pa
U_1	截面 1-1 的内能	J
Pv	流动功	J
W_s	轴功	J
S	熵	J/K
$\Delta S_{体系}$	体系的熵变	J/K
$\delta Q_{可逆}$	可逆过程中体系与环境交换的微量热	—
T	热量交换时的绝对温度	K
Q'	环境所吸收的热量	J
$\Delta S_{环境}$	环境的熵变	J/K
$\Delta S_{孤立体系}$	孤立体系的熵变	J/K
G	吉布斯自由能(Gibbs free energy)	J/mol
ΔG^0	标准自由能	J/mol
exothermic	放热	—
endergonic	吸热	—
coupling	耦合	—
reference state	基态	—
T_0	标准状态温度	K
P_0	标准状态压力	Pa
dead state	死态	—
state of unrestricted equilibrium	非约束性平衡态	—
state of restricted equilibrium	约束性平衡态	—
$\dot{n}_i$	i 组分的物质的量流率	mol/s

续表

符号	含义	单位
$\overline{h}_i$	i 组分的偏摩尔焓	J/mol
$\overline{h}_{i0}$	化学死态(非约束性平衡态)下组分 i 的偏摩尔焓	J/mol
$\overline{h}_i^0$	物理死态(约束性平衡态)下组分 i 的偏摩尔焓	J/mol
$\overline{h}_i - \overline{h}_{i0}$	给定状态下组分 i 相对于化学死态的偏摩尔焓	J/mol
$\overline{h}_{i\,\mathrm{ch}}$	偏摩尔化学焓	J/mol
$\hat{h}_{i\,\mathrm{ch}}^0$	组分 i 的摩尔化学焓	J/mol
x_i	组分 i 在物流中的摩尔分数	—
$\dot{Q}$	总的标准反应热	J/mol
ΔH_r^0	标准反应热	J/mol
ΔH_f^0	标准生成焓	J/mol
HHV	高位热值	kJ/g
CO_2	二氧化碳	—
H_2O	水	—
O_2	氧气	—
N_2	氮气	—
$\Delta H_{\mathrm{f},i}^0$	i 化合物的标准生成焓	J/mol
n_j	i 化合物中 j 元素的物质的量	mol
$\hat{h}_{\mathrm{ch},j}^0$	j 元素的摩尔化学焓	J/mol
g	气	—
l	液	—
s	固	—
X	卤素	—
$C_mH_nN_pO_qX_rS_t$	下标 m、n、p、q、r 和 t 分别表示 1mol 物质中 C、H、N、O、X 和 S 元素的物质的量	—
h_ch	有机物的化学焓	J/mol
W_X	卤素的原子量	g
Q_0	体系在环境温度 T_0 下与环境可逆交换的热量	J
W_max	体系对外所做的理想功，也即最大功	J
available energy	有效能	J
energie utilisable	可用能	J
maximum available work	最大做功能力，即理想功	J
anergy	不能转变为有用功的部分为炕	J
E	总能量	J
E_x	㶲	J

符号	含义	单位
A_n	炾	J
E_{xk}	动能㶲	kJ
E_p	位能㶲	kJ
E_{ph}	物理㶲	kJ/kg
$\widehat{E}_{xph}$	理想气体混合物的摩尔物理㶲	J/mol
$\overline{C}_p$	理想气体混合物的定压热容	J/(mol·K)
x_i	理想气体混合物中组分 i 的摩尔分数	—
C_{pi}	理想气体混合物中组分 i 的定压热容	J/(mol·K)
E_{xph}	纯水的物理㶲	kJ/kg
E_{xc}	化学㶲	kJ/mol
$E_{x,Q}$	热量㶲	kJ/mol
Q	来自于热源的热量	J
T	热源温度	K
ΔS_0	熵变	J/K
ΔG_f^0	有机物的标准生成自由能	J/mol
E_{xc}^0	有机物的标准化学㶲	J/mol
COD	化学需氧量	g/mol
TOC	总有机碳	g/mol
$\sum E_{x,1}$	进入体系的物流㶲	kJ/d
$\sum E_{x,2}$	离开体系的物流㶲	kJ/d
$\sum E_{x,Q}$	进入体系的热流㶲(热量㶲)	kJ/d
$\sum W_s$	离开体系的功流	—
$E_{x,D}$	体系(设备或装置)的内部㶲损失	kJ/d
W_s	输入设备的轴功	J
ΔE_x	工质㶲值的变化	kJ/d
$E_{x,工质}$	工质(有机污染物)输入的㶲	kJ/d
E_{x,O_2}	供给的空气或氧气带入的㶲	kJ/d
$E_{x,代谢}$	代谢利用的工质㶲量	kJ/d
$E_{x,产物}$	工质㶲的剩余部分作为处理过程的产物输出	kJ/d
$E_{x,副产物}$	直接参与微生物细胞的合成并结合进副产物中的㶲	kJ/d
$E_{x,生物氧化}$	通过生物氧化得到的㶲	kJ/d
$E_{x,维持}$	用于细胞生命维持所耗的㶲	kJ/d
$E_{x,增殖}$	用于细胞生物增殖所耗的㶲	kJ/d
$E_{x,生物合成}$	用于生物合成的㶲	kJ/d
$E_{x,激㪚}$	工质输入㶲中被微生物耗散于反应器系统内的㶲	kJ/d

续表

符号	含义	单位
E_{x,CO_2}	代谢终产物 CO_2 带走的扩散㶲和物理㶲	kJ/d
E_{x,D,O_2}	氧输入㶲中未能利用的部分	kJ/d
ΣE_x^+	进入生物反应器的㶲总和	kJ/d
$E_{x,D}$	氧输入㶲中未能利用而散失的部分	kJ/d
$E_{x,Q}$	输出反应器微生物系统的热量㶲	kJ/d
ΣE_x^-	输出反应器的㶲总和	kJ/d
X	反应器中微生物量	mg/L
m_c	维持系数	kJ/d
S	底物浓度	mg/L
η_I	普遍㶲效率	%
DO	溶解氧	mg/L
$E_{x,产物}$	底物中未被有效利用的㶲值	kJ/d
η_{II}	目的㶲效率	%
chemical energy potential，CEP	化学能量势	kJ/gCOD 或 kJ/mol
ThOD	理论需氧量	g/mol
volatile suspended solid，VSS	挥发性悬浮固体	g
ΔS_r^0	标准反应熵变	kJ/(mol·K)
FMN	黄素单核苷酸	—
FMNH$_2$	黄素单核苷酸的还原形式	—
Q	辅酶 Q	—
QH$_2$	辅酶 Q 的还原形式	—
ε	微生物能量产率	—
b	内源衰减系数	d^{-1}
b_{20}	温度为 20 ℃ 时的内源衰减系数	d^{-1}
R_t	总平衡方程	—
R_d	电子供体半反应方程	—
R_a	电子受体半反应方程	—
R_c	生物合成半反应方程	—
Y	细菌产率	gVSS/gCOD
y	电子供体在全反应中的物质的量	mol
M_c	细胞的分子量	—
M_d	电子供体的分子量	—
k	COD 转化系数	—

第4章 城市污水处理厂能耗与能效评价

污水污染物热值是基本的热力学指标,它能从宏观上反映污水生物处理系统各单元中污水污泥的含能水平,以及工艺系统能量的构成,对其开展研究是污水生物处理热力学分析的基础工作。本章建立了城市污水处理厂污水污泥的能值测定方法,探索了污水污泥热值测定的技术;确立了污水污染物能值指标使用的计算和仪器分析方法,建立了能值指标与常规水质指标的对应关系;采用能量平衡和衡算基本模型对国内四座不同工艺类型的城市污水处理厂的生物处理单元进行了能量衡算和评价分析,提出了污水处理厂能效评价的方法。

4.1 城市污水污泥元素特征与分析

4.1.1 城市污水污泥元素测试方法

1. 污水污泥成分及其燃烧特性

污水污泥的主要化学成分有:碳(C)、氢(H)、氧(O)、氮(N)、硫(S)、灰分(A)及水分(W)。各成分的关系如图4.1所示。

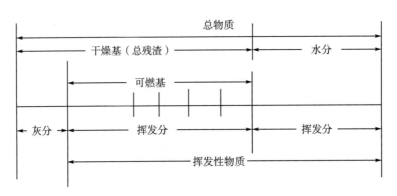

图4.1 污水污泥中各种成分间的关系

污水污泥的成分通常用质量分数表示:

$$P_C + P_H + P_O + P_N + P_S + P_A + P_W = 100\%$$ (4.1)

式中，P_C、P_H、P_O、P_N 和 P_S 为可燃物中 C、H、O、N 和 S 所占的质量分数；P_A 和 P_W 为灰分和水分所占的质量分数。如果去除水分，只考虑样品干燥基，则式(4.1)就可变为

$$P_C+P_H+P_O+P_N+P_S+P_A=100\% \tag{4.2}$$

1)水分(W)

水分是可燃物质中不可燃成分，污水污泥区别于其他可燃物质最大的特点是含水率高。一般地，经过脱水的污泥含水率在 80% 左右，而其他未经脱水的污泥含水率通常在 96% 以上。污水则不用含水率这一指标，其以残渣含量来表示(魏复盛，2002)，通常污水中的残渣质量分数在 0.5% 以下。水分含量过高对发热量的测定有很大影响，它可能导致不能点火燃烧，而且在燃烧过程中水分的汽化要吸收热量。水分不仅对发热量有影响，其对分析污泥中污染物的氧(O)和氢(H)含量也存在较大干扰。因此，不管是进行量热实验还是元素分析实验，首要的问题都是去除污水污泥中的水分。

2)灰分(A)和挥发分(V)

灰分是污泥中不可燃烧的矿物杂质，来源有两个，一是形成可燃物质本身所含的矿物质和污泥形成过程中的外来矿物质；二是在传输或处理过程中掺杂进来的矿物质。与灰分相对应的是挥发分，它与灰分的测定都是在马弗炉中进行的。将待测样品放入马弗炉中，在 30 分钟内缓慢升温至 500℃，然后在 815℃±10℃ 中灼烧 1 小时至恒重(参照煤质分析方法)(赵庆祥，2002)。损失的质量为挥发分，剩余残渣为样品的灰分。灰分含量高不仅使发热量减小，而且影响着火与燃烧。反之，如果污泥中挥发分的含量越高，那么燃烧的发热量可能就越高。在约 800℃ 完成燃烧后余下的灰分成分与污泥里原来的灰分成分不完全相同，因为在燃烧过程中有脱水、热裂解等变化(徐旭常等，1990)。

3)几种影响燃烧热的主要元素

①碳(C)，C 是污泥中主要的可燃元素之一，完全燃烧时生成二氧化碳(CO_2)，此时每千克纯 C 可放出 32866 kJ 热量(徐旭常等，1990)。污水污泥中的碳主要存在于污泥所含的有机污染物之中。②氢(H)，H 是污泥中单位质量提供燃烧热最多的物质，每千克 H 燃烧后的低位发热量为 120370 kJ(约为纯 C 发热量的 4 倍)，高位发热量则可达到 141790 kJ/kg(徐旭常等，1990)。但根据对污水污泥中的元素分析可知，污水污泥中可燃 H 元素质量含量并不高，为 1%~5%。③硫(S)，污泥中的 S 可分为两部分，一部分含在硫酸盐中如 $CaSO_4$、$MgSO_4$，称无机 S，它不能燃烧，是灰分的一部分；另一部分是含在有机物和生物质中的 S，可燃烧放热，但每千克可燃 S 的热量仅为 9100 kJ(徐旭常等，1990)。污水中的可燃 S 主要是单质硫和有机硫，含量都比较低，单质 S 的含量仅为 0.65%。它的燃烧产物为 SO_x，与水结合生成稀硫酸会产生生成热，对物质燃烧热的测定存在一定的干扰。④氧(O)和氮(N)，O 和 N 都不是可燃成分，C、H、O、N 构成的有机物(如微生物细胞蛋白质)存在于污泥中。N 是惰性物质，使污泥中的 C、H 可燃成分相对减少，因此 O、N 元素的存在会使污泥发热量有所下降(徐旭常等，1990)。

N 元素在高温下形成氮氧化合物 NO_x，与水结合生成稀硝酸会产生生成热，对物质燃烧热的测定存在一定的干扰。

2. 样品前处理方法的选择

污水污泥的高含水率对其燃烧热测定和元素分析存在较大的影响，这在上文中已经有所介绍，因此在进行燃烧热测定和元素分析前，首先要去除样品中的水分。在污水污泥中能够提供燃烧热的是其中的溶解性有机污染物和不可溶的可燃性固体物质。这两类物质被称为样品的残渣。残渣可分为总残渣、可滤残渣和不可滤残渣三种。总残渣是原污水和原污泥在一定温度下蒸发烘干后留在器皿中的物质，包括"不可滤残渣"（即截留在滤器上的全部残渣，也称为悬浮物）和"可滤残渣"（即通过滤器的全部残渣，也称为溶解性固体）（魏复盛，2002）。

由于有机物挥发，吸附水、结晶水的变化和气体逸失等情况都会造成样品减重，而氧化则可能使样品增重。通常有两种方式来去除污水污泥中的水分。

第一种是在自然条件下晾干，相当于在 40℃的低温条件下自然蒸发掉样品中的水分。虽然该方法有利于防止有机物的挥发，但是对高含水率的污水污泥来说，所需时间太长，对于分析测试来说基本上是不现实的。

第二种是在一定温度条件下烘干样品中的水分。烘干温度和时间，对结果有重要影响，通常有两种温度：①在 180℃±2℃烘干时，残渣的吸附水都除去，可能残留某些结晶水和部分有机物挥发逸失，但不会完全分解。重碳酸盐转化为碳酸盐，部分碳酸盐可能分解为氧化物及碱式盐，某些氯化物和硝酸盐可能损失。②103～105℃烘干的残渣保留结晶水和部分吸附水，由于在 105℃下不易脱尽吸附水，故样品达到恒重较慢（魏复盛，2002）。对于热力学变化来说 105℃的温度并不能使样品中的挥发分发生剧烈的化学反应，只有重碳酸盐将转化为碳酸盐，因而有机物挥发逸失甚少。有研究表明：污泥温度缓慢升高的过程中，在 100～150℃几乎没有质量的损失。这也说明了在 150℃以下原污水和原污泥中的挥发分释放很少，或者没有释放。因此在干燥过程中，除了大量的水分被蒸发，污泥的成分几乎不会发生改变（周夏海，2003；Werther and Ogada，1999）。

根据上述分析，为能够快速得到污水污泥中的残渣，最佳的前处理方法是在 103～105℃条件下在鼓风烘箱中烘干污水污泥中的水分。

3. 元素分析方法的选择

获得污水污泥热值的另一类方法是计算法，该法利用废水中污染物的组分与热值之间的理论或者统计学关系计算热值。C、H、O、N、S 是组成污染物的五种主要元素，其中 C、H、O 是构成污泥热值的主要元素，对热值测定（燃烧法）的结果有非常重要的影响。通常情况下，燃烧时污水污泥依靠内部存在的 C 和 H 提供热量。同时，污水污泥中的 S 和 N 燃烧时也会提供少量的热量，而它们燃烧后的产物对样品热值的测定会产生一定的影响。污水污泥中这五种元素的含量决定了污泥的燃烧特性和热值，也决定了其含能水平。因此，需要通过准确可靠的元素分析方法确定单位质量样品中 C、H、O、N、S 元素的质量分数。

目前，废水污染物分析中常用的元素分析方法有以下两种：《煤的元素分析》（GB/T 31391—2015）方法和全自动元素分析仪法。

1)《煤的元素分析》（GB/T 31391—2015）方法

现有文献中对污泥的元素分析，通常还是按照现行《煤的元素分析》（GB/T 31391—2015），对 C、H、N、S 和 O 五种元素分别进行测定。

C 和 H 的测定方法有三节炉法、二节炉法以及电量-重量法。三节炉法、二节炉法的原理：放置一定量的样品在氧气流中燃烧，生成水和二氧化碳，再用吸水剂吸收生成的水，以及二氧化碳吸收剂吸收二氧化碳，然后由两种吸收剂的增量计算出水和二氧化碳的量，最后通过换算得出样品中的 H 和 C 含量。样品中的硫和氯对碳测定的干扰在三节炉中用铬酸铅和银丝卷消除，在二节炉中用高锰酸钾热解产物消除。N 对 C 测定的干扰用粒状二氧化锰消除。电量-重量法的原理：放置一定量的样品在氧气流中燃烧，生成的水与五氧化二磷反应生成偏磷酸，电解偏磷酸，根据电解所消耗的电量计算样品中的 H 含量；用二氧化碳吸收剂吸收生成的二氧化碳，由吸收剂的增量计算出二氧化碳的量，最后通过换算得出样品中 C 含量。样品中的硫和氯对碳测定的干扰用高锰酸银热解产物消除。N 对 C 测定的干扰用粒状二氧化锰消除。

N 的测定方法有半微量开式法和半微量蒸汽法。半微量开式法原理：将样品中的氮元素硝化成氨盐，通过确定氨盐的含量，反推氮的含量。称取一定量的空气干燥样品，加入混合催化剂和硫酸，加热分解，氮转化为硫酸氢铵。加入过量的氢氧化钠溶液。把氨蒸出并吸收在硼酸溶液中，用硫酸标准溶液滴定。根据硫酸的用量，计算样品中 N 的含量。半微量蒸汽法原理：称取一定量的样品，在有氧化铝作为催化剂和疏松剂的条件下，于 1050℃通入水蒸气，样品中的氮全部转化成氨，生成的氨经过氢氧化钠溶液蒸馏并吸收在硼酸溶液中，用硫酸标准溶液滴定。根据硫酸的用量，计算样品中 N 的含量。

S 的测定使用的是艾氏卡重量法、高温燃烧中和法及库仑滴定法。原理：类似于 C，将样品在氧气中加热到 1350℃，把硫转化为 SO_2，再将 SO_2 转化为硫酸，通过计算硫酸的含量来获取 S 的含量。

O 的含量则是通过计算得到，O 的质量就等于干样品的总质量减去灰分、C、H、N 和 S 的质量。

2)全自动元素分析仪法

全自动元素分析仪法是近几十年迅速发展起来的一项较新的分析技术,在元素分析方面已显示出巨大的优势和潜力。

下面以德国 Elementar 公司生产的 Vario EL cube 元素分析仪为例，来说明其基本的工作原理：样品通过自动进样器自动进到石英燃烧管内，在 1200℃的高温中充分燃烧分解。以氦气(氩气)和氧气的混合气体作为载气，样品在高温下和氧气发生反应，其中的 C 元素转化为 CO_2，N 元素转化为 NO 和 NO_x，S 元素转化为 SO_2 与 SO_3，H 元素转化为 H_2O。上述产物通过一根加热至 850℃的充填线状铜还原管，其中的 NO、NO_x 被还原成 N_2，SO_3

被还原成 SO_2。此时排出还原管的混合气体包括 CO_2、SO_2、H_2O 和 N_2，其中 CO_2、SO_2、H_2O 通过三根 U 形柱分别被吸附分离，而剩下的 N_2 直接通过热导检测器 (thermal conductivity detector, TCD) 被检测。接着分别加热三根 U 形柱，解析出的 CO_2、SO_2、H_2O 逐次通过热导检测器 TCD 而被检测。若样品含有卤素干扰成分，可被银丝和氧化铝吸收。积分仪自动计算出 CO_2、SO_2、H_2O 和 N_2 峰面积和积分值。计算机根据其存储的标准物质苯磺酸的工作曲线确定出校正因子，自动将积分值转为样品中各元素的质量分数。其氧化分解、吸附分离的反应方程式如下：

$$CHNS \xrightarrow{O_2,1200℃} CO_2 + H_2O + NO + NO_x + SO_2 + SO_3 \xrightarrow{Cu,850℃} CO_2 + H_2O + N_2 + SO_2$$
$$\xrightarrow{140℃,SO_2柱} CO_2 + N_2 + H_2O \xrightarrow{室温,H_2O柱} CO_2 + N_2 \xrightarrow{室温,CO_2柱} N_2 \longrightarrow TCD$$

解析的反应方程式如下：

$$CO_2 柱 \xrightarrow{100℃} CO_2 \longrightarrow TCD$$
$$H_2O 柱 \xrightarrow{150℃} H_2O \xrightarrow{280℃} TCD$$
$$SO_2 柱 \xrightarrow{210℃} SO_2 \longrightarrow TCD$$

其分析基本流程如图 4.2 所示。

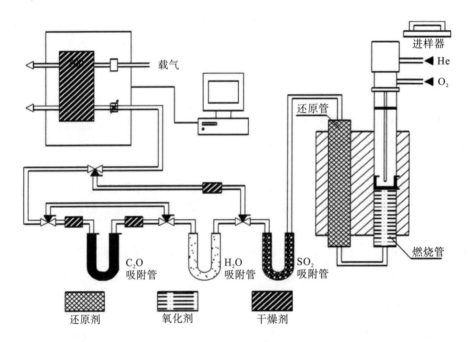

图 4.2　Vario EL cube 元素分析仪流程图

上述两种元素分析方法，都能有效地实现 C、H、N、S 和 O 五种元素的定性定量分析，但是各有其优点和缺点。下面对其进行了比较，如表 4.1 所示。

表 4.1　元素分析方法主要优缺点

方法	技术手段	实验操作	测量准确性	测量费用	样品前处理
《煤的元素分析》方法	成熟	复杂,项目多,分析时间长,操作复杂,水平要求高	不高,尤其是氧元素,需要通过计算获得,误差较大	低	简单,只需将样品烘干即可
全自动元素分析仪法	先进,较成熟	简便	精度高,可靠性强	高	简单,只需将样品烘干、研磨成粉状即可

在很多研究中习惯用《煤的元素分析》(GB/T 31391—2015)方法,但是此方法需分别对 C、H、N、S 和 O 五种元素进行测定,试验项目多、时间长、操作复杂,对分析测试人员水平要求高,从而使元素分析的开展受到极大的限制。由表 4.1 可以看出,全自动元素分析仪法虽然测量费用偏高,但是可以快速并可靠获取样品中各元素的含量,具有分析时间短、前处理简单、需要样品量少、操作简单、测量准确等优点。因此,本研究采用德国 Elementar 公司生产的 Vario EL cube 元素分析仪对污水污泥进行 C、N、S、H、O 五种元素的计量分析。

4.1.2　城市污水污泥元素特征分析案例

为了分析城市污水污泥的元素特征,研究分别从 4 个典型工艺的城市污水处理厂采集污水污泥样品。这 4 个污水处理厂分别是 TJT 污水处理厂、TJQ 污水处理厂、CN 污水处理厂以及 BB 污水处理厂。TJT 污水处理厂,设计总规模 40 万 m^3/d,采用 A-A^2/O 工艺;TJQ 污水处理厂设计总规模 6 万 m^3/d,采用传统活性污泥法工艺;CN 污水处理厂设计总规模 5 万 m^3/d,采用 A^2/O 工艺;BB 污水处理厂设计总规模 5 万 m^3/d,采用改良型氧化沟工艺。4 个污水处理厂的进水为典型城市污水。污水污泥样品包括:进水、出水、初沉污泥、剩余污泥、混合污泥和脱水污泥(初沉污泥为初沉池底部排放污泥,剩余污泥为二沉池底部排放污泥,混合污泥为初沉污泥与剩余污泥在均质池混合后得到,脱水污泥为经脱水工艺后的污泥)。

1. 案例城市污水污泥元素组成

从 TJT 污水处理厂采集了 5 个批次 30 个污水污泥样品待测。正式测试之前首先采用标准样品对仪器进行校准,标准样测试的平均值、标准偏差和变异系数等如表 4.2 所示。对每个批次的污水污泥样品干燥基作 3 次平行测定,3 次测定的标准偏差≤0.521%,变异系数≤0.114%,这表明测定的精密度较高,结果如表 4.3 所示。

表 4.2　标准样品 6 次测定结果

标样	元素	理论值/%	样重/mg	测定均值/%	AD(≤±%)	SD/%	RSD/%
氨基苯磺酸	C	41.610	4.650~4.977	41.433	0.177	0.064	0.007
	N	8.090		8.615	0.525	0.204	0.005
	S	18.500		18.712	0.212	0.088	0.005
	H	4.070		4.133	0.063	0.017	0.004
苯甲酸	O	26.200	2.245~2.854	25.485	0.013	0.073	0.003

注:AD-绝对误差;SD-标准偏差;RSD-变异系数。

表 4.3 TJT 污水处理厂样品元素分析结果表(%)

样品采集时间	元素	进水			出水			初沉污泥			剩余污泥			混合污泥			脱水污泥		
		平均值	SD	RSD	平均值	SD	RSD	平均值	SD	RSD	平均值	SD	RSD	平均值	SD	RSD	平均值	SD	RSD
第一次采样	C	13.505	0.046	0.002	4.930	0.032	0.004	22.340	0.012	0.002	26.566	0.040	0.013	25.136	0.063	0.012	26.950	0.031	0.012
	N	1.499	0.040	0.011	2.768	0.041	0.005	2.554	0.010	0.003	2.942	0.046	0.003	2.867	0.058	0.006	3.896	0.044	0.007
	S	4.126	0.088	0.105	4.836	0.101	0.104	1.695	0.120	0.032	1.607	0.012	0.112	2.867	0.074	0.045	1.706	0.071	0.023
	H	2.509	0.062	0.017	1.350	0.025	0.011	3.632	0.025	0.013	4.662	0.052	0.021	4.323	0.051	0.008	4.679	0.026	0.003
	O	25.723	0.252	0.010	19.507	0.112	0.010	22.857	0.342	0.010	27.419	0.182	0.004	24.498	0.352	0.105	25.444	0.153	0.011
第二次采样	C	13.532	0.027	0.001	7.076	0.056	0.003	30.183	0.024	0.012	27.942	0.072	0.002	28.937	0.031	0.003	29.504	0.020	0.005
	N	1.773	0.020	0.006	2.234	0.033	0.005	3.484	0.044	0.006	4.168	0.020	0.007	3.755	0.022	0.005	4.734	0.027	0.001
	S	3.186	0.085	0.099	4.063	0.047	0.078	1.005	0.058	0.099	1.162	0.058	0.057	1.072	0.042	0.087	1.009	0.065	0.057
	H	2.096	0.013	0.003	0.752	0.095	0.015	5.282	0.045	0.017	5.084	0.031	0.007	5.129	0.011	0.006	5.206	0.011	0.004
	O	23.335	0.051	0.002	18.437	0.521	0.023	21.432	0.254	0.012	25.058	0.015	0.012	22.678	0.062	0.002	22.813	0.062	0.009
第三次采样	C	14.743	0.004	0.002	4.599	0.006	0.001	24.223	0.051	0.001	26.543	0.007	0.014	25.557	0.007	0.012	26.652	0.034	0.004
	N	1.862	0.043	0.013	3.025	0.068	0.005	2.862	0.022	0.024	3.725	0.001	0.007	2.922	0.011	0.004	3.958	0.011	0.012
	S	3.462	0.040	0.048	4.769	0.024	0.057	1.840	0.031	0.009	5.128	0.025	0.063	1.505	0.040	0.052	1.806	0.051	0.05
	H	2.514	0.055	0.016	1.248	0.012	0.006	5.136	0.058	0.016	5.130	0.045	0.011	5.126	0.055	0.001	5.134	0.074	0.012
	O	20.466	0.362	0.013	18.010	0.265	0.013	23.562	0.054	0.013	27.257	0.412	0.028	24.740	0.412	0.022	25.655	0.257	0.022
第四次采样	C	13.340	0.058	0.003	4.715	0.058	0.007	28.481	0.025	0.006	25.709	0.253	0.004	27.539	0.044	0.003	28.411	0.014	0.003
	N	1.634	0.010	0.003	3.049	0.024	0.005	3.257	0.042	0.004	3.638	0.010	0.006	3.549	0.100	0.006	3.810	0.052	0.025
	S	3.570	0.026	0.035	4.775	0.012	0.011	1.357	0.061	0.031	1.117	0.036	0.034	1.261	0.062	0.053	1.134	0.077	0.001
	H	2.003	0.011	0.003	1.200	0.251	0.007	4.409	0.032	0.002	4.427	0.041	0.004	4.415	0.023	0.001	4.603	0.011	0.041
	O	21.989	0.330	0.101	18.416	0.425	0.011	20.994	0.341	0.021	27.322	0.330	0.017	23.300	0.465	0.012	27.890	0.430	0.004
第五次采样	C	13.923	0.015	0.002	6.946	0.012	0.010	28.148	0.045	0.008	25.42	0.015	0.005	26.590	0.050	0.006	27.263	0.041	0.101
	N	1.907	0.041	0.005	1.424	0.054	0.002	3.188	0.121	0.006	3.822	0.124	0.004	2.784	0.041	0.004	3.562	0.015	0.042
	S	3.025	0.031	0.041	4.256	0.085	0.102	1.215	0.041	0.051	1.252	0.041	0.061	1.244	0.099	0.055	1.165	0.021	0.005
	H	2.358	0.011	0.003	0.640	0.101	0.002	5.198	0.023	0.002	4.909	0.011	0.007	5.006	0.021	0.004	5.109	0.021	0.002
	O	22.730	0.325	0.019	17.476	0.428	0.021	20.966	0.154	0.014	21.725	0.132	0.034	21.299	0.212	0.114	21.506	0.347	0.052

　　为了进一步考查仪器的稳定性，依据表 4.3 的数据，将各批次的样品的测量结果进行对比，如图 4.3～图 4.8 所示。

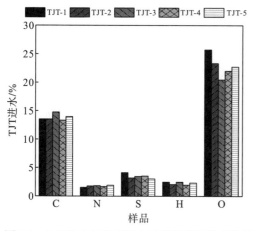

图 4.3　TJT 污水处理厂进水元素质量分数对比图

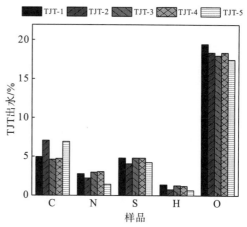

图 4.4　TJT 污水处理厂出水元素质量分数对比图

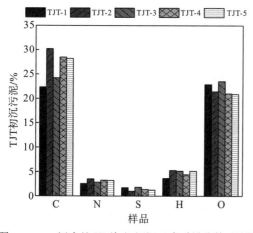

图 4.5　TJT 污水处理厂初沉污泥元素质量分数对比图

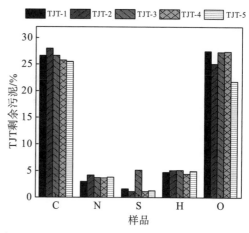

图 4.6　TJT 污水处理厂剩余污泥元素质量分数对比图

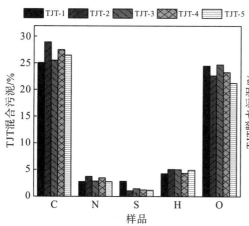

图 4.7　TJT 污水处理厂混合污泥元素
质量分数对比图

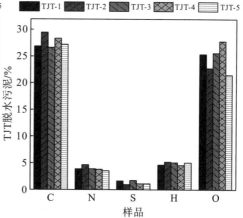

图 4.8　TJT 污水处理厂脱水污泥元素
质量分数对比图

　　由图 4.3 可看出，TJT 污水处理厂进水干燥基中质量分数大小顺序是 O、C、S、H、N，其中 O 和 C 的质量分数较高，其他元素比较低。C、H、N 和 S 的元素分析结果比较稳定，但 O 略有波动，其最大值与最小值之间的差距大约为 5%。由于 O 元素在进水中含量较高，虽有所波动，但其偏差不大，与平均质量分数 22.85% 之间的偏差绝对值最大值仅为 12.6%。

　　从图 4.4 可知，TJT 污水处理厂的出水中仍是 O 的质量分数最高，C 的质量分数已经较进水有所降低，N 和 H 的质量分数较进水变化不明显，S 的质量分数较进水有所提高。出水中各元素含量的波动情况也与进水不一致，波动最大的元素是 C 元素，其含量最大值与最小值之差在 2% 左右，其平均含量为 5.59%。出水 C 元素含量较进水减小，这与污水处理系统微生物利用碳源进行分解代谢产生能量，并形成 CO_2 有关。

　　从图 4.3～图 4.8 可以看出，除了剩余污泥的 S 质量分数和初沉污泥的 C 质量分数略有波动，其他元素的分析结果都比较稳定。TJT 污水处理厂的污泥干燥基中 C 的含量较污水高出许多，其质量分数已经超过了 O，尤其是脱水污泥的 C 质量分数高达近 30%。O 元素在污水污泥中的质量分数变化不大，为 20%～28%。H、N 和 S 元素在污泥中的质量分数较低，特别是 S 的质量分数较进水和出水更低。

　　由于 C、H、O、N、S 五种元素的摩尔质量差距较大，质量分数并不能准确反映单位质量样品干燥基中各元素的原子数。因此，根据表 4.3 中各元素质量分数的平均值，可推导每 100 g 样品干燥基中五种元素的摩尔含量，将质量分数转化为每 100 g 样品所含物质的原子数，并对其进行比较分析。现将 5 个批次每 100 g 样品的质量平均值（g/100 g）、摩尔含量（mol/100 g），以及据此推导出的元素组成式 $C_xH_yO_zN_mS_n$ 列于表 4.4 中。

表 4.4　各元素质量分数、摩尔质量及元素组成式

TJT 污水处理厂污水污泥	N		C		S		H		O		元素组成式
	/(g/100g)	/(mol/100g)	/(g/100g)	/(mol/100g)	/(g/100g)	/(mol/100g)	/(g/100g)	/(mol/100g)	/(g/100g)	/(mol/100g)	
进水	1.74	0.12	13.81	1.15	3.47	0.11	2.30	2.30	22.85	1.43	$C_{11}H_{21}O_{13}NS$
出水	2.24	0.16	5.59	0.47	4.44	0.14	1.16	1.16	18.64	1.16	$C_3H_8O_8NS$
初沉污泥	3.07	0.22	26.68	2.22	1.42	0.04	4.73	4.73	21.96	1.37	$C_{50}H_{107}O_{31}N_5S$
剩余污泥	3.66	0.26	26.44	2.20	1.29	0.04	4.84	4.84	25.76	1.61	$C_{55}H_{120}O_{40}N_6S$
混合污泥	3.40	0.23	27.87	2.23	1.21	0.04	4.88	4.80	20.10	1.46	$C_{59}H_{127}O_{39}N_6S$
脱水污泥	3.99	0.29	28.16	2.31	1.36	0.04	4.95	4.95	22.74	1.54	$C_{54}H_{116}O_{36}N_7S$

　　从表 4.4 可看出，虽然 H 元素在各样品中所占的质量分数很低，但由于其摩尔质量为 1g/mol，所以它的摩尔含量在所有元素中是最高的。S 元素在各样品中的质量分数在 1.21g/100g～4.44 g/100g，与 H 比较接近，但其摩尔质量是 H 的 32 倍，从而导致它在样

品中的摩尔含量最低。从推导出的污水污泥元素组成式可以看出，污泥中 C 和 H 所占的比例是较高的，而这两种元素正是提供物质燃烧热的主要元素，这也间接表明了污泥具有较高的热值。美国学者 Owen(1989)提出污水中有机污染物的通式为 $C_{10}H_{18}O_3N$，这与 TJT 污水处理厂进水(干燥基)的元素组成式中 C 和 H 的摩尔含量较接近，但 O 的差距却比较大，这可能是由于 S 元素以及少量的无机 C 携带部分 O 元素，导致由本分析推导的 O 的摩尔含量偏高。由此可见，来源不同的污水污泥中有机物的组成可能有较大差异，通式并不能代表所有类型的污水污泥的有机物含量。

2. 挥发分与元素含量总和的比较

研究采用从 TJT 污水处理厂、TJQ 污水处理厂、CN 污水处理厂、BB 污水处理厂采集的污水污泥样品。其中由于工艺本身特点，CN 污水处理厂和 BB 污水处理厂没有初沉污泥，TJQ 污水处理厂和 BB 污水处理厂没有混合污泥。对每个样品作 3 次平行测定，污水污泥干燥基中挥发分质量分数与元素质量分数总和的比较，如表 4.5 所示。

表 4.5　污水污泥干燥基挥发分与元素质量分数总和的对照

污水污泥干燥基	样品来源	编号	元素质量分数总和/%	挥发分质量分数/%
进水	TJT 污水处理厂第一次采样	1	47.362	40.314
	TJT 污水处理厂第二次采样	2	43.922	38.431
	TJT 污水处理厂第三次采样	3	43.047	38.371
	TJT 污水处理厂第四次采样	4	42.536	37.691
	TJT 污水处理厂第五次采样	5	43.943	39.321
	TJQ 污水处理厂	6	51.895	41.455
	CN 污水处理厂	7	45.455	37.849
	BB 污水处理厂	8	52.058	44.900
出水	TJT 污水处理厂第一次采样	9	33.391	29.455
	TJT 污水处理厂第二次采样	10	32.562	29.082
	TJT 污水处理厂第三次采样	11	31.693	27.249
	TJT 污水处理厂第四次采样	12	31.903	28.867
	TJT 污水处理厂第五次采样	13	30.742	26.401
	TJQ 污水处理厂	14	33.129	26.653
	CN 污水处理厂	15	33.429	26.970
	BB 污水处理厂	16	28.748	25.836
初沉污泥	TJT 污水处理厂第一次采样	17	53.078	45.716
	TJT 污水处理厂第二次采样	18	61.386	62.604
	TJT 污水处理厂第三次采样	19	57.623	59.156
	TJT 污水处理厂第四次采样	20	58.498	50.984
	TJT 污水处理厂第五次采样	21	58.715	60.821
	TJQ 污水处理厂	22	52.848	56.733

污水污泥干燥基	样品来源	编号	元素质量分数总和/%	挥发分质量分数/%
剩余污泥	TJT 污水处理厂第一次采样	23	63.196	55.280
	TJT 污水处理厂第二次采样	24	63.414	57.032
	TJT 污水处理厂第三次采样	25	63.988	54.923
	TJT 污水处理厂第四次采样	26	62.213	54.145
	TJT 污水处理厂第五次采样	27	57.128	49.127
	TJQ 污水处理厂	28	69.625	59.280
	CN 污水处理厂	29	75.074	71.102
	BB 污水处理厂	30	66.843	69.566
混合污泥	TJT 污水处理厂第一次采样	31	58.465	49.081
	TJT 污水处理厂第二次采样	32	61.571	50.132
	TJT 污水处理厂第三次采样	33	59.850	56.958
	TJT 污水处理厂第四次采样	34	60.064	50.031
	TJT 污水处理厂第五次采样	35	56.923	53.255
	CN 污水处理厂	36	60.018	64.842
脱水污泥	TJT 污水处理厂第一次采样	37	62.675	50.249
	TJT 污水处理厂第二次采样	38	63.266	54.157
	TJT 污水处理厂第三次采样	39	63.205	52.275
	TJT 污水处理厂第四次采样	40	65.848	60.602
	TJT 污水处理厂第五次采样	41	58.605	53.807
	TJQ 污水处理厂	42	65.705	57.249
	CN 污水处理厂	43	72.564	63.759
	BB 污水处理厂	44	69.002	63.417

按表 4.5 的编号将挥发分含量与元素质量分数总和绘制成柱状图进行直观的比较，如图 4.9 所示。从图 4.9 可以看出，大多数样品挥发分的含量较元素质量分数总和要略低一些，挥发分含量大致为元素质量分数总和的 90% 左右。挥发分中含有的物质绝大多数都是由 C、H、O、N、S 五种元素构成。传统的《煤的元素分析》(GB/T 31391—2015) 方法通常将 C、H、O、N、S 五种元素的含量总和粗略地估计为样品挥发分的含量，这样通过挥发分减去 C、H、N、S 四种元素的含量获得 O 含量。由以上分析可看出通过传统方法获取的 O 含量较实际含量是偏低的，因此采用传统方法难以准确地获取污水污泥中 O 元素含量，但在一定条件下，挥发分可基本代表 C、H、O、N、S 元素的总量。

3. 污水中 C 含量与 COD 的关系

化学需氧量(COD)是表征水体中有机污染物总量的综合性指标，调研的 4 座城市污水处理厂进、出水 C 含量与 COD 的关系如图 4.10 所示。

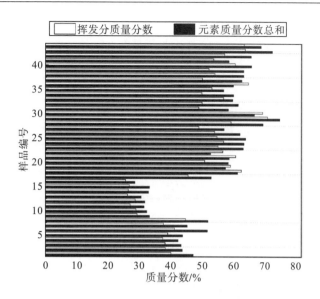

图 4.9　样品挥发分质量分数与元素质量分数总和的关系

由图 4.10 可看出，TJT 污水处理厂进水干燥基中 C 质量分数在 13%左右，含量比较高。结合 TJQ 污水处理厂、CN 污水处理厂和 BB 污水处理厂的进水来看，C 的质量分数变化基本上与污水的 COD 一致。TJT 污水处理厂和其他 3 个污水处理厂出水中的 C 质量分数明显较其进水低，仅在 5%左右，出水 COD 也明显降低。理论上，出水的 C 含量应该比进水的 C 含量少。这是因为在污水处理过程中，一部分有机物转移到了活性污泥中，另一部分有机物则被分解成了 CO_2 和 H_2O，还有一部分以 CH_4 等气体形式散失。

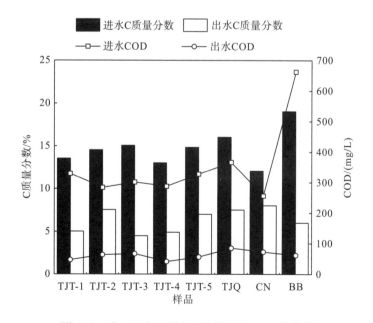

图 4.10　进、出水 C 质量分数及其与 COD 的关系

4. 元素含量分析及对比

1)C、H元素质量分数分析

C、H 元素是组成污水污泥中有机物的主要元素，也是提供污泥燃烧热的主要元素，它们含量的多少直接影响着污泥热值的大小。TJT 污水处理厂污水污泥中的 C 和 H 质量分数的平均值与 TJQ 污水处理厂、CN 污水处理厂、BB 污水处理厂污水污泥，以及右江地区褐煤(简称"右江褐煤")中 C 和 H 的质量分数(崔凤海，2003)，如图 4.11 和图 4.12 所示。

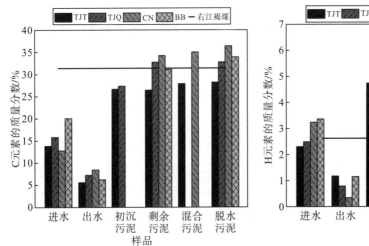 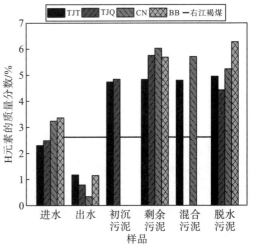

图 4.11　污水污泥中 C 元素的质量分数柱状图　　图 4.12　污水污泥中 H 元素的质量分数柱状图

由图 4.11 和图 4.12 可看出，污泥干燥基中 C 和 H 含量明显比污水高出许多，进水中 C 和 H 含量大约为污泥的 1/2，出水中 C 含量大约为进水的 1/2，出水中 H 含量大约为进水的 1/3。大部分污泥 C 元素的质量分数在 25%~30%，有的甚至高达 36%，比我国右江褐煤中还高 6%。污泥中 C 元素质量分数的平均值在初沉污泥中最低，为 27.01%，在脱水污泥中最高，为 32.77%，可见污泥中 C 含量与褐煤的 C 含量相当。污泥中 H 含量甚至超过了右江褐煤中的 H 含量，剩余污泥干燥基中 H 元素质量分数的平均值为 5.57%，约为右江地区褐煤 H 含量的 2 倍。

2)O元素质量分数分析

O 元素虽然是燃烧中不可缺少的元素，但是就其自身而言，并不能燃烧。污水污泥中的 O 元素和其中部分可燃的物质结合构成有机物，使得可燃物中 C 和 H 的可燃部分相对减少。样品中 O 的质量分数如图 4.13 所示。

从图 4.13 可以看出，O 在污水污泥中的含量都比较高，进水中 O 含量基本上和污泥相当，其质量分数平均值达到了 24.66%，出水中 O 质量分数平均值为 17.97%。值得注意的是，与 C、H 元素相比，O 元素的变化不大。污水污泥中 O 的含量远远高于右江褐煤的

O 含量,这可能导致单位质量的污水污泥干燥基中可燃 C 和 H 的绝对值不如褐煤中的多,从而使得污水污泥燃烧热值低于褐煤。

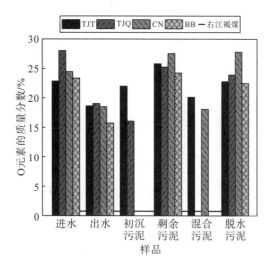

图 4.13　污水污泥中 O 元素的质量分数柱状图

3)N 和 S 元素质量分数分析

虽然 N 和 S 元素在污水污泥中的含量都很低,但是由上文可知,这二者的燃烧产物为 NO_x 和 SO_x,溶解于水后生成稀硝酸和稀硫酸放热(按煤发热量和计算公式),对燃烧热的测定有一定影响。样品中 N 的质量分数如图 4.14 所示。

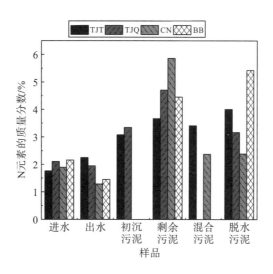

图 4.14　污水污泥中 N 元素的质量分数柱状图

从图 4.14 中可以看出,出水中 N 的质量分数平均值大约在 1.72%,进水中 N 的质量分数平均值大约在 1.97%,总体上出水中的 N 含量比进水中略低。污泥和污水相比,N 的含量明显要高出 1～2 倍，N 含量最高的是剩余污泥，其质量分数平均值达到 4.67%。这是因为微生物细胞的同化作用将 N 转化为细胞成分，增加了污泥中 N 的含量。

样品中 S 的质量分数如图 4.15 所示。

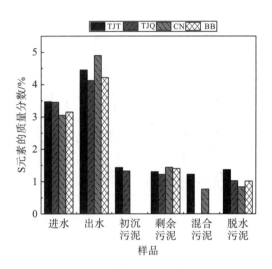

图 4.15　污水污泥中 S 元素的质量分数柱状图

从图 4.15 可看到，污水中 S 的含量明显比污泥中 S 的含量要高，而且出水中 S 的含量比进水中的高，这与其他 4 种元素明显不同。原因可能是进水中 S 元素的转移和散失相对于其他几种元素来说比较少，当其他元素总体数量在污水处理过程中转化时，元素总量的基数降低，而 S 在污水处理过程中总代谢较弱，因此其含量总量变化不大，导致 S 的相对质量分数不但没有下降反而有所上升。S 元素在水处理过程中转移和散失较少，有两个原因：一是 S 元素难以被微生物大量吸收利用；二是 S 元素一旦被微生物利用并成为微生物细胞成分，几乎不会散失。总体说来，S 在污水污泥中的含量是非常低的，对污水污泥的燃烧热影响有限。

4.2　城市污水污泥热值特征与分析

4.2.1　城市污水污泥热值分析方法

1. 燃烧热直接测定方法简介

物质的燃烧过程也就是试样中碳转变为二氧化碳、氢转变成水、硫转变为二氧化硫、其他元素转变为游离态或氧化物态的过程。所谓物质的热值，是指单位质量的物质完全燃烧所产生的热量，这个值不外乎为完全氧化反应的化学焓变(如第 3 章推导)。热值的测定方法一般采用氧弹法，也称弹筒法。氧弹式热量计的基本构造如图 4.16 所示，主要包括：电极、厚壁圆筒、弹盖、燃烧皿等。

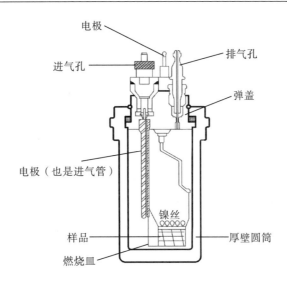

图 4.16　氧弹式热量计结构示意图

　　氧弹上必须设置通入氧气、释放余气和为试样点火的电极装置。为了保证内、外筒中水温分布均衡，还必须设置适当的搅拌器等。如果外筒夹套放入水温与室温一致的普通水，测试过程中只要环境温度保持稳定，则外筒水温也将保持基本恒定。这样的氧弹热量计，通常称为恒温式热量计。在恒温式热量计中，当量热体系由于试样燃烧放出热量而温度上升时，内、外筒之间必然出现温差，不可避免地在内、外筒之间产生热流动，导致量热体系的热量损失。为了保证测量的准确，必须进行必要的校正。如果对外筒水温采取控温措施，使之始终保持试样点火后内筒温度一致，则不会出现量热体系的热量损失。这样的氧弹热量计称为绝热式热量计。

　　本研究使用的 IKAC5000 型自动热量计与传统氧弹式热量计的基本原理相同，即将一定量的待测物质放入氧弹中，在充有过量氧气的条件下完全燃烧，其燃烧的热效应使氧弹本身及其周围的介质和热量计有关附件的温度升高，测量介质在燃烧前后的温度变化值为 ΔT，根据温度的变化和测量介质的比热可计算出测量物质的燃烧热。氧弹式热量计的热容量通过在相似条件下燃烧一定质量的基准量热物苯甲酸来确定，根据试样点燃前后量热系统内水产生的温升，并对点火热等附加热进行校正后即可求得试样的弹筒发热量。从弹筒发热量中扣除硝酸形成热和硫酸校正热(硫酸和二氧化硫形成热之差)后即得到高位发热量 HHV。

　　(1)在测定时，先使用已知热效应的标准物质在热量计中进行标定。国际上规定，采用一定纯度的苯甲酸作为标定氧弹式热量计的"标准量热物质"，此种苯甲酸被赋予已知的热值。用已知质量的标准苯甲酸在热量计中燃烧，求出热量计的水当量，即在数值上等于量热体系温度升高1℃所需要的热量，然后使待测物质在同样的条件下，在热量计内燃烧，测量量热体系温度的变化，根据所测量的温度变化及量热体系的水当量，可求出所测物质的热值。

　　(2)在测热量计的水当量时，设发生的热效应为 Q_q，温度升高为 ΔT_e，则热量计的水当量 K_w 可以表示为 $K_w=Q_q/\Delta T_e$。又设待测物质发生的热效应为 $Q_x=(Q_q/\Delta T_e)\times\Delta T=K_w\times\Delta T$，由此式可计算出待测物质的热值，式中 K_w 为热量计的水当量，ΔT 为热量计中发生热效应时所测得的升温值。

(3)一般测定的发热量比较高,这是由于待测样品为烘干粉碎后的样品,因此,这个发热量叫作干燥基高位热量,用 $Q_{高(干)}$ 表示。

IKAC5000 型自动热量计与传统的氧弹式热量计有点区别,其整机为一体化全自动微电脑控制,它具备绝热式、恒温式、双向式三种模式。该仪器采用了电子扫描,具有自动注满和排空水箱、水位自动调节的功能,保证注水量的准确;不依靠外部给水,也不需要外加冷却水调节水温;同时还能自动调节平衡点、自动充氧。IKAC5000 型自动热量计对氧弹燃烧方式也给予了改进,仪器不需要作任何调整,只要输入有关参数,就可以开始实验。实验过程中,不需要像传统氧弹式热量计那样随时观察和记录内筒水温的变化,而是仪器通过控制器监控每个操作环节,显示器显示当前系统状态和实验数据。为确保实验准确无误,监控是连续的,一旦发现错误,则立即显示指出。按时间顺序记录整个测试过程,实验结果和参数一并存入电脑,不需要根据水温的变化套用公式计算弹筒热值。在实验结束后仪器可自动排放氧弹中的废气。IKAC5000 型自动热量计提高了仪器的自动化程度,减少了人工操作测试中的误差,保证了测量数据的精度和准确度,大大缩短了整个测试过程。

2. 燃烧热直接测量的分析实验

实验仪器和试剂如下。

(1)实验仪器

量热仪:IKAC5000 型(德国 IKA 公司);电子天平(国产):称量范围为最大 120 g;可读性 0.0001 g;氧气纯度>99.99%。

(2)控制条件

充氧压力:3.0 MPa;测量模式:绝热模式。

(3)标准试剂

苯甲酸(德国 IKA 公司):26460 J/g;点火棉线(德国 IKA 公司):50 J/根。

3. 仪器的校正

IKAC5000 型量热仪的热容量是影响测量精度的主要因素,由仪器的测量室和氧弹决定,所以应定期对量热仪进行校正。打开量热仪,待仪器达到稳定后,称取 0.3~0.4 g 的苯甲酸标准样,放入氧弹中,选定量热仪的工作模式,按照仪器校正程序,对仪器进行校正,取 6 次以上实验(分布的时间应不少于 3d)的平均数据作为该氧弹的热容量。

4. 分析测试实验步骤

由于污水污泥都含有很高的水分,这对测量时样品的引燃有很大的影响。因此在进行实验之前,需要对污水污泥做与元素分析相同的前处理,去除污水污泥中的水分。这样做不仅方便燃烧热值的测定,同时也保证了样品元素分析与热值测定的同一性。燃烧热值测定的实验步骤如下。

第一步,称取一定量(质量根据样品的大约热值和标定的热容确定)的试样,用已知质量和单位质量热值的擦镜纸包紧放入石英坩埚内。擦镜纸能够防止试样在测量过程中飞溅，同时其具有较高的热值，对于不易燃烧彻底的污泥和污水样品来说，可以起到助燃的作用，因此不需要再额外添加助燃剂。

第二步，将引燃棉线接在连接电极柱的铁丝上，并与试样紧密接触。往弹筒内加入 10 mL 蒸馏水，将弹头放入弹筒内，拧紧弹盖，按指定位置放入量热仪中。

第三步，将样品质量和擦镜纸质量输入计算机中，启动测定程序，进行自动测定。

第四步，实验结束后，读取测试样品的弹筒热值 $Qb.ad$。

第五步，计算试样的高位发热量 $Qgr.ad$：

$$Qgr.ad=Qb.ad-(94.1Sb.ad+\alpha Qb.ad) \tag{4.3}$$

式中，$Qgr.ad$ 为被测试试样的高位发热量，J/g；$Qb.ad$ 为被测试试样的弹筒发热量，J/g；$Sb.ad$ 为由弹筒洗液测得的煤的含硫量（%），当全硫含量低于 4% 时，或发热量大于 14.60 MJ/kg 时，可用全硫或可燃硫代替 $Sb.ad$；94.1 为煤中每 1% 硫的校正值，J；α 为硝酸校正系数：当 $Qb\leqslant16.70$ MJ/kg 时，$\alpha=0.001$；当 16.70 MJ/kg$<Qb\leqslant25.10$ MJ/kg 时，$\alpha=0.0012$；当 $Qb>25.10$ MJ/kg 时，$\alpha=0.0016$。

每个污水污泥样品需进行 3 次重复实验，当测试误差在 5% 以内方为有效数据组，取 3 次的平均值作为测试结果。

5. 热值测定的精确度和准确度

按实验操作步骤，对标准试剂苯甲酸进行了 8 次重复测试，测得总热量的平均值为 26481 J/g，$\Delta Q=21$ J/g<50 J/g，相对标准偏差为 0.09%，满足《煤的发热量测定方法》（GB/T 213—2008）的试验测试要求。在已知热量的样品中按比例加入不等量的标准试剂苯甲酸，按实验方法操作，回收实验结果如表 4.6 所示。

表 4.6　苯甲酸回收实验结果

样品质量/g	加入热量/J	测得总热量/J	回收率/%
1.0523	27843.858	26824	96.3
0.5541	14661.486	14052	95.8
0.3382	8948.772	9116	101.9

注：加入热量(J)=样品质量(g)×26460(J/g)。

根据化学分析的质量控制要求，回收率在 70%～130% 是符合要求的，而本次实验中苯甲酸的回收率在 95.8%～101.9%，标准偏差为 0.09%，因此使用此仪器测量的准确度、精密度和回收率很好。

4.2.2　案例城市污水污泥热值特征

1. 案例城市污水污泥热值

本次燃烧热测定实验采用的是 TJT 污水处理厂的污水污泥干燥基样品，测定结果的标准偏差≤±0.452%，相对标准偏差≤±0.136%。将测定结果与 TJQ 污水处理厂、CN 污水处理厂、BB 污水处理厂的同类样品的燃烧热(高位热值)，以及我国右江褐煤的燃烧热值(高位热值)进行对比分析，结果如表 4.7 所示。

表 4.7　污水污泥高位热值测定结果　　　　　　　　　　(单位：kJ/g)

样品	高位热值					
	进水	出水	初沉污泥	剩余污泥	混合污泥	脱水污泥
TJT-1	4.025	0.178	7.100	11.543	11.483	11.514
TJT-2	4.483	0.274	13.450	12.323	12.859	13.295
TJT-3	4.089	0.274	12.621	13.157	12.675	13.273
TJT-4	3.863	0.226	11.023	12.356	12.145	13.743
TJT-5	4.165	0.297	13.543	12.865	13.115	13.755
TJQ	4.283	0.356	13.183	13.077	13.082	13.684
CN	4.323	0.324	0.000	12.978	11.483	14.266
BB	5.863	0.352	0.000	13.578	0.000	14.823
右江褐煤	12.510					

为了更直观地对热值测定结果进行对比，根据表 4.7 绘制各样品高位热值柱状图，如图 4.17 所示。

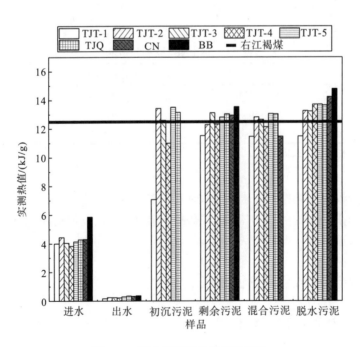

图 4.17　污水污泥高位热值柱状图

　　从图 4.17 可知，污水的高位热值偏低，进水在 4～5 kJ/g，而出水热值还不到 0.5 kJ/g。污泥的高位热值较高，基本上都在 12 kJ/g 以上，TJT 污水处理厂的各种污泥高位热值的平均值为 12.392 kJ/g。根据资料，我国右江褐煤的热值为 12.510 kJ/g，TJT 污水处理厂污泥平均高位热值已经十分接近右江褐煤的热值，其中脱水污泥的热值超过了右江褐煤的热值，而 BB 污水处理厂的脱水污泥热值高达近 15 kJ/g。通过与褐煤热值的比较，可以认为污水处理厂的污泥具有较高的含能水平。

2. 高位热值计算值与实测结果的比较

1) 基于元素分析计算污水污泥高位热值的原理

　　从污水污泥的有机物结构来看，以 C、H 和 O 三种元素为主，有机质中 N 和 S 的含量比较低，这点由 4.1 节元素分析的结果可以看出。物质的发热量主要由 C、H 两种元素燃烧后所产生，S 元素燃烧也会产生一定的热量，其终态产物 $CO_2(g)$、$SO_2(g)$、$H_2O(l)$、N，N 在其中不变，故无硝酸和硫酸生成热发生。根据热化学的盖斯定律，其燃烧反应如下式所示：

$$C + O_2 \longrightarrow CO_2 \qquad (\Delta H = -393.51 \text{ kJ/mol}) \qquad (4.4)$$

$$H_2 + \frac{1}{2}O_2 \longrightarrow H_2O \qquad (\Delta H = -285.84 \text{ kJ/mol}) \qquad (4.5)$$

$$S + O_2 \longrightarrow SO_2 \qquad (\Delta H = -296.06 \text{ kJ/mol}) \qquad (4.6)$$

　　当物质燃烧时，其中的 O 与 C 或 H 结合生成 CO_2 和 H_2O 析出，从而减少了 C 和 H 的热量。所以，物质中 O 的含量越高，被它夺走的 C 和 H 的热量也越多，这样物质的燃烧热也就越低。O 还会与 S 结合形成 SO_2 析出。因此，污泥中的 O 元素不仅不能产生热量，反而还要吸收一定的热量，使所测得的污泥热值有所降低。

2) 热值计算公式

　　尽管物质的元素分析方法比较烦琐复杂，但利用元素分析结果计算物质发热量的精确度较高，因而百余年来许多国家的学者都提出过一系列利用元素分析结果计算物质发热量的经验公式。这些公式最初都是用于计算煤和木材的热值。热值计算的一些常用公式如下。

　　(1) 经验理论计算公式。

　　通过式 (4.4)～式 (4.6) 可分别推出每克无定形 C 燃烧生成气态 CO_2 可产生 32.76 kJ 的热量，每克 H 燃烧生成液态 H_2O 可产生 141.79 kJ 的热量，每克 S 燃烧生成 SO_2 可产生 9.23 kJ 的热量。据此推出污水污泥干燥基高位热值 (HHV) 计算公式如下 (崔凤海，2003)：

$$HHV = 32.76 P_C + 141.79 P_H + 9.23 P_S \text{ (kJ/g)} \qquad (4.7)$$

式中，P_C 为每克干燥基样品中 C 的质量分数，%；P_H 为每克干燥基样品中 H 的质量分数，%；P_S 为每克干燥基样品中 S 的质量分数，%。

　　式 (4.7) 是把有机物中 C、H、S 元素作为单质元素考虑其燃烧的发热量，忽略了元素间是通过各种化学键进行结合的，以及前文分析的 O 元素的存在对热值的负面影响。

(2) 杜隆 (Dulong) 公式

热值计算中最有名的当数 Dulong 公式,该公式将高位热值定义为 C、H、O、S 和 N 在燃烧过程中所释放出来的热量的组合,即 (周夏海, 2003):

$$HHV=33.930P_C+144.32(P_H-0.125P_O)+9.300P_S+1.494P_N\,(kJ/g) \tag{4.8}$$

式中, P_C 为每克干燥基样品中 C 的质量分数, %; P_H 为每克干燥基样品中 H 的质量分数, %; P_S 为每克干燥基样品中 S 的质量分数, %; P_O 为每克干燥基样品中 O 的质量分数, %; P_N 为每克干燥基样品中 N 的质量分数, %。

Dulong 公式将物质中的有机 C 元素确定为无定形 C 存在,故其燃烧热为 33.930 kJ/g;物质中的 H 则假设燃烧后均以液态 H_2O 存在,故取其燃烧热为 144.320 kJ/g;同时,公式又假设物质中的 O 元素全部与 H 相结合,这在公式中体现为 $(P_H-0.125P_O)$。

(3) 门捷列夫公式

俄国化学家门捷列夫于 1897 年在对煤的燃烧发热量研究中,总结出了物质高位发热量的计算公式 (陈文敏, 1993):

$$HHV=33.87P_C+125.45P_H-10.87P_O+10.87P_S\,(kJ/g) \tag{4.9}$$

式中, P_C 为每克干燥基样品中 C 的质量分数, %; P_H 为每克干燥基样品中 H 的质量分数, %; P_S 为每克干燥基样品中 S 的质量分数, %; P_O 为每克干燥基样品中 O 的质量分数, %。

3) 热值计算结果与实测热值的对比

根据污水污泥干燥基样品的元素分析结果,采用式 (4.7)～式 (4.9) 对污水污泥干燥基样品的热值进行计算,结果如图 4.18～图 4.23 所示。需要特别说明的是,采用折线连接各数据只为更好地看出各计算公式与实测值差异的变化,并不代表样品采集具有连续性。

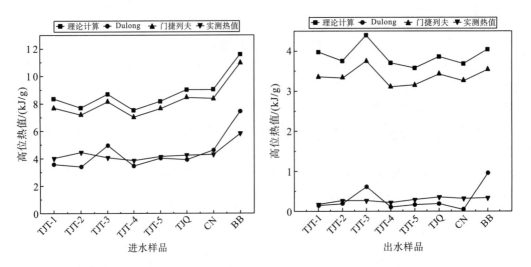

图 4.18　进水干燥基计算高位热值与实测值的比较　图 4.19　出水干燥基计算高位热值与实测值的比较

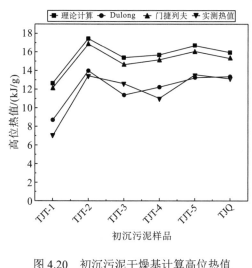

图 4.20　初沉污泥干燥基计算高位热值
与实测值的比较

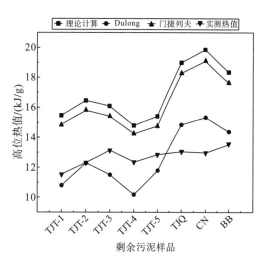

图 4.21　剩余污泥干燥基计算高位热值
与实测值的比较

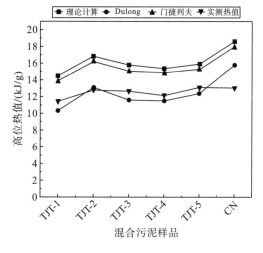

图 4.22　混合污泥干燥基计算高位热值
与实测值的比较

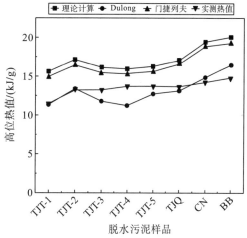

图 4.23　脱水污泥干燥基计算高位热值
与实测值的比较

　　从图 4.18～图 4.19 可以看出，经验理论推导计算和门捷列夫公式计算的进水和出水热值与实际测量的结果有较大的偏离，尤其是出水，计算结果是测量结果的数 10 倍。采用 Dulong 公式计算结果与实测值相差比较小。从图 4.20～图 4.23 中可以看到，污泥的 Dulong 公式计算结果和实际测量的热值吻合较好。在测量污泥热值的时候发现，试样的热值越高，使用热值计算公式计算结果和实测热值的偏离度就越小[偏离度=(实测值－计算值)/实测值]。偏离度如表 4.8 及图 4.24～图 4.29 所示。

表 4.8　计算热值偏离度

样品	样品来源	计算热值偏离度		
		经验理论公式	Dulong 公式	门捷列夫公式
进水	TJT-1	1.077	0.105	0.918
	TJT-2	0.718	0.233	0.609
	TJT-3	1.131	0.216	0.992
	TJT-4	0.952	0.098	0.820
	TJT-5	0.965	0.026	0.842
	TJQ	1.109	0.078	0.981
	CN	1.096	0.071	0.942
	BB	0.982	0.274	0.876
	平均值	1.004	0.138	0.873
出水	TJT-1	21.316	0.152	17.879
	TJT-2	12.729	0.265	11.197
	TJT-3	15.073	1.272	12.729
	TJT-4	15.365	0.514	12.762
	TJT-5	11.058	0.428	9.641
	TJQ	9.860	0.454	8.663
	CN	10.362	0.833	9.094
	BB	10.498	1.746	9.062
	平均值	13.283	0.708	11.378
初沉污泥	TJT-1	0.778	0.228	0.708
	TJT-2	0.299	0.042	0.253
	TJT-3	0.219	0.097	0.161
	TJT-4	0.425	0.112	0.377
	TJT-5	0.233	0.019	0.185
	TJQ	0.208	0.014	0.162
	平均值	0.360	0.085	0.308
剩余污泥	TJT-1	0.339	0.063	0.286
	TJT-2	0.336	0.001	0.286
	TJT-3	0.223	0.125	0.172
	TJT-4	0.198	0.175	0.154
	TJT-5	0.197	0.082	0.148
	TJQ	0.451	0.136	0.399
	CN	0.531	0.182	0.474
	BB	0.352	0.059	0.300
	平均值	0.328	0.103	0.277
混合污泥	TJT-1	0.264	0.097	0.214
	TJT-2	0.310	0.022	0.263
	TJT-3	0.245	0.083	0.190
	TJT-4	0.268	0.051	0.224
	TJT-5	0.214	0.053	0.166
	CN	0.422	0.207	0.372
	平均值	0.287	0.086	0.238

续表

样品	样品来源	计算热值偏离度		
		经验理论公式	Dulong 公式	门捷列夫公式
脱水污泥	TJT-1	0.357	0.016	0.303
	TJT-2	0.289	0.010	0.243
	TJT-3	0.219	0.107	0.165
	TJT-4	0.160	0.180	0.120
	TJT-5	0.184	0.072	0.137
	TJQ	0.248	0.036	0.215
	CN	0.360	0.043	0.323
	BB	0.354	0.113	0.304
	平均值	0.271	0.072	0.226

从表 4.8 可以看出，不管是污泥还是污水，偏离度最低的绝大多数都是 Dulong 公式的计算结果，除了高位热值较低的出水计算结果与实测结果偏离度稍大一些外，高位热值较高的进水和污泥的计算结果与实测结果的平均偏离度≤13.8%，与实测热值的结果基本相当。三个热值计算公式的计算结果中偏离最大的当数经验理论公式的热值，出水热值明显与实测热值的结果不相符合。值得注意的是，理论推导和门捷列夫公式计算的热值比较接近(理论推导公式略高于门捷列夫公式的计算结果)，且往往比实测值和 Dulong 公式计算的热值高出许多。理论推导公式的计算热值之所以会高出实测值较多，主要是由于在计算时没考虑到 O 元素对热值的影响，而把 C、H 和 S 元素作为单质元素进行计算。O 元素在污水和污泥中往往以化合态形式存在，它与一部分可燃元素组合成化合物，使可燃物中 C 和 H 的可燃部分的相对质量分数减小，这使试样的实际发热量低于计算理论值。由此看来，Dulong 公式的计算结果更加贴近实测热值。多数情况下，物质热值测定还是应以量热仪测定为准，但对于有元素测定条件，而没有量热仪的情况下，建议采用 Dulong 公式进行热值计算。

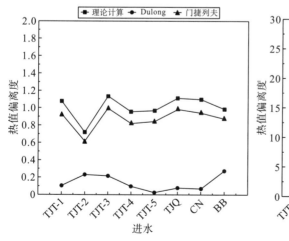

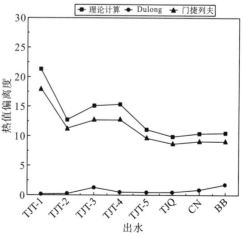

图 4.24　进水干燥基计算热值偏离度的比较　　　图 4.25　出水干燥基计算热值偏离度的比较

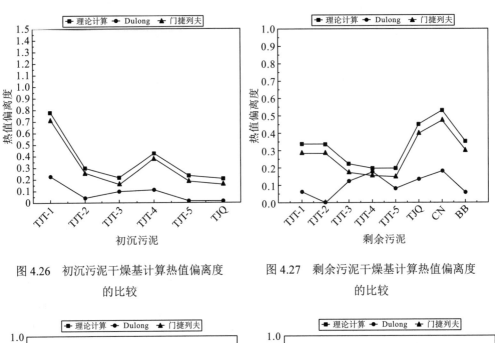

图 4.26　初沉污泥干燥基计算热值偏离度的比较　　图 4.27　剩余污泥干燥基计算热值偏离度的比较

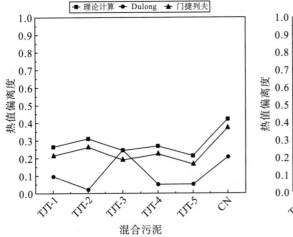
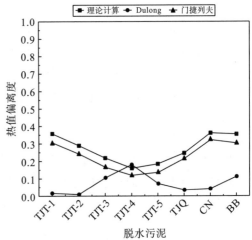

图 4.28　混合污泥干燥基计算热值偏离度的比较　　图 4.29　脱水污泥干燥基计算热值偏离度的比较

3. 污水污泥热值影响因素

1) 挥发分与高位热值的关系

污水和污泥中提供燃烧热的主要物质是挥发性有机物,因此样品的热值必然与其挥发分有着密切关系。结果如图 4.30 所示。

从图 4.30 可看出,污水污泥的高位热值与挥发分之间有良好的相关性,并据此获得高位热值与挥发分的关系式:

$$HHV=0.3918P_V-9.9695 \tag{4.10}$$

式中,HHV 为高位热值,kJ/g;P_V 为挥发分,%。

由图 4.30 可以看出，有的样品热值相当，而挥发分却有一定的差异；有的样品挥发分几乎相同，但热值却并不一致。这可能是因为即使这些污水污泥具有相同的挥发分，但其元素组成和化合物的化学结构、芳香环大小等都不同，这些都会导致其燃烧热值有差异。从总体看来，挥发分高的污泥其发热量也较高。

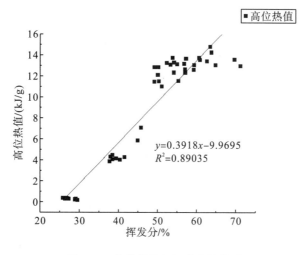

图 4.30　高位热值与挥发分的关系

2）C、H 和 O 对污泥热值的影响

污水污泥中的可燃物质大都是有机物，构成有机物的主要元素是 C、H、O、N 和 S 元素，每种元素对污水污泥的燃烧热值都有着大小不同的影响，尤其是 C、H 和 O 三种元素对热值有着较大的影响。下面就以热值较高的污泥样品为例，分析 C、H 和 O 对热值的影响，结果如图 4.31～图 4.33 所示。

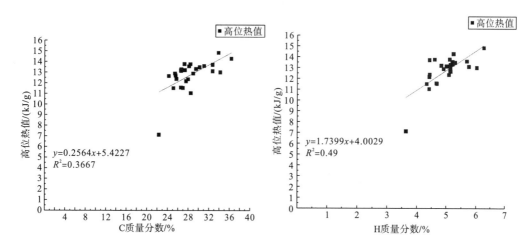

图 4.31　C 质量分数与污泥高位热值的关系　　图 4.32　H 质量分数与污泥高位热值的关系

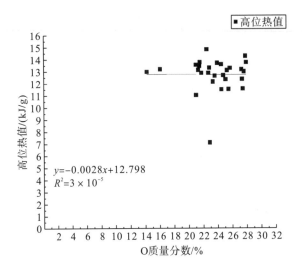

图 4.33   O 质量分数与污泥高位热值的关系

从图 4.31~图 4.33 可看出，三种元素的质量分数与污泥高位热值的相关性并不明显。其中相关性较好的是 H，$R^2=0.49$，而 O 元素从这些数据中分析，几乎与热值不相关。由此可证明污泥的燃烧热值是受到多种因素影响的，采用单因素分析并不能准确表明此种元素对污泥高位热值的影响程度，即使是 C、H 和 O 这三种对热值有很大影响的元素。因此，利用单因素分析所获取的计算方程式对污泥热值计算的适用性十分有限，挥发分与高位热值的相关性获得的计算结果与实测热值也有一定差距。为此，要推导出计算污泥高位热值的计算公式，需要采用多元线性回归法。

（1）数学模型的建立。

根据决定污泥燃烧热值的各种参数，即得到污泥干燥基的组成式：
$$P_C+P_H+P_O+P_N+P_S+P_A=100\% \tag{4.11}$$
式中，P_C、P_H、P_O、P_N 和 P_S 为可燃物中 C、H、O、N 和 S 所占质量分数；P_A'' 为实测灰分的质量分数。灰分测量采用马弗炉，而元素测量采用全自动元素分析仪器，实际测量数值很难与式(4.11)一致。因此，采用式(4.12)来表示污泥的组分。
$$P_C+P_H+P_O+P_N+P_S+P_A'=100\% \tag{4.12}$$
式中，$P_A'=100\%-(P_C+P_H+P_O+P_N+P_S)$，通过元素总量推算出样品灰分值。

根据式(4.12)，设高位热值 HHV 与上述 6 个变量符合线性回归的模型，即
$$HHV=b_0+b_1P_C+b_2P_H+b_3P_O+b_4P_N+b_5P_S+b_6P_A''+E_r\,(kJ/g) \tag{4.13}$$
式中，E_r 为拟合误差。在统计原理的基础上，以污泥样品的实测数据为依据，经过计算机的运算推导，分别导出各项系数，即求得多元线性回归方程如式(4.14)所示。
$$HHV=0.0104+4.5783P_C+185.5228P_H+12.4171P_O-19.8773P_N-168.1441P_S+5.4220P_A''\,(kJ/g) \tag{4.14}$$

（2）数学模型的检验。

对建立起的数学模型进行检验的目的是验证高位热值 HHV 与 P_C、P_H、P_O、P_N、P_S 和 P_A' 六个变量之间的线性关系是否成立。检验是在 5%的显著水平下进行的，采用 F 检验

法对上述多元线性回归方程进行显著性检验。检验的统计量 F 的定义为

$$F=(S_U/P_n)/S_Q(n-P_n-1) \tag{4.15}$$

式中，n 为样本容量；P_n 为自变量个数；S_U 和 S_Q 分别为方程的回归平方和与残差平方和。

在 5%的显著性水平下，样本数量为 28 时，查得 F 检验表中的临界值为 2.45，而实际计算出的 F 值为 1831.7，远远大于 2.45。从而表明，高位热值 HHV 与 P_C、P_H、P_O、P_N、P_S 和 P'_A 六个变量之间的线性关系是成立的(武汉大学，2017)。

多元回归方程式的显著性还可以用全相关系数 R 来验证，即

$$R=[S_U/(S_U+S_Q)]^{1/2} \tag{4.16}$$

经计算，回归方程式(4.14)的全相关系数 R 为 0.9906，表明该回归方程具有很好的显著性。

3) COD 与污水高位热值的关系

化学需氧量(COD)反映了污水中可被 $K_2Cr_2O_7$ 氧化的有机物的含量，而有机物的化学焓指标是依据热力学第一定律的原则建立的，它反映了总能量的数量。表 4.9 为 COD 与污水高位热值对应表。

表 4.9　COD 与污水高位热值对应表

样品	样品来源	COD/(mg/L)	高位热值/(kJ/g)
进水	TJT-1	329	4.025
	TJT-2	283	4.483
	TJT-3	301	4.089
	TJT-4	287	3.863
	TJT-5	327	4.165
	TJQ	366	4.283
	CN	256	4.323
	BB	662	5.863
出水	TJT-1	47	0.178
	TJT-2	63	0.274
	TJT-3	66	0.274
	TJT-4	41	0.226
	TJT-5	56	0.297
	TJQ	84	0.356
	CN	72	0.324
	BB	61	0.352

从图 4.34 可以看出，污水的高位热值与 COD 有较好的相关性，并可得到 COD 与污水高位热值的关系式：

$$HHV=0.0116COD-0.0533 (kJ/mg COD) \tag{4.17}$$

这一关系代表了污水中有机物的平均含能水平，一定的污染物 COD 水平与一定的能

量水平相对应,这种能量是包含在有机污染物 COD 中的。由于 COD 分析方法快速简便,故适用于污水厂的日常控制与运行。这一对应关系的建立,使得依据污水处理厂日常监测数据可方便地进行能量和物料平衡计量。

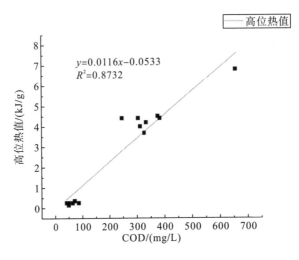

图 4.34　COD 与高位热值的关系

4.2.3　案例污水处理厂污水污泥含能构成分析

　　TJT 污水处理厂在目前运行阶段,进水量为 44.21 万 t/d,脱水污泥产量为 240 t/d。根据含水率和 5 次采样品的单位质量的高位热值,可以推算出 TJT 污水处理厂进水含能量的输入和出水及污泥含能量的输出水平,计算公式如下:

$$E_w = HHV \times M_w \times (1 - P_w) \text{ (kJ)} \tag{4.18}$$

式中,E_w 为污水处理厂能量,kJ;HHV 为高位热值,kJ/g;M_w 为污水污泥质量,g;P_w 为污水污泥的平均含水率,%。

　　计算结果如表 4.10 所示。

表 4.10　TJT 污水处理厂污水污泥含能量构成

样品	HHV/(kJ/g)	P_w/%	M_w/g	E_w/kJ
进水	3.95	99.875	4.42×10^{11}	2.17×10^9
出水	0.256	99.935	4.42×10^{11}	7.41×10^7
脱水污泥	13.116	75.000	2.4×10^8	7.87×10^8

　　结果显示,如果不考虑污水生物处理系统对曝气机、加药、光能等能量吸收后转化为物质含能量,进入污水处理厂的污染物总化学能大约为 2.17×10^9 kJ,出水中化学能为输入总能量的 3.4%左右,脱水污泥中的化学能约占 36.3%,其余 60.3%的能量可能在污水的生物处理过程中以功和热的形式耗散。由此可知,在不考虑其他能量输入污水生物处理系统

且被吸收内化的情况下，污染物能量在污水生物处理过程中大部分以功和热的形式散失，真正进入生物体(污泥)的能量只有少部分。

4.3　污水处理工艺能量平衡与能效评价

4.3.1　能耗研究的评价指标

使用能量平衡的技术指标以评估衡量污水处理厂(设备)能耗的高低。为方便比较，这里主要涉及能量衡算的评价指标。本章参照其他行业的耗能评价标准，采用两类技术指标来反映处理厂的能耗水平。

1) 比能耗

(1) 单位比能耗。

单位比能耗定义为：去除单位污染物所消耗的某种能量的数量。可按式(4.19)计算：

$$去除单位污染物能耗 = \frac{某种能量消耗的总量}{去除的污染物量} \tag{4.19}$$

某种能量是指某种一次能源(煤、石油、天然气等)或某种二次能源(电等)，故单位比能耗的单位为 kJ/kgBOD、kW·h/kgBOD 或 kJ/kgCOD 和 kW·h/kgCOD。在污染物浓度一定时，污水处理所需能量还可用处理单位污水量所耗的能量来表示，单位为 kJ/m^3 或 kW·h/m^3。

(2) 综合比能耗。

为了方便进行整个系统的分析，各处理单元消耗的各种能量的总和，即为综合能耗，与之对应一般也有一个综合比能耗。

$$去除单位污染物的综合能耗 = \frac{总综合能耗量}{去除的污染物量} \tag{4.20}$$

单位比能耗和综合比能耗尝试将水质与能耗指标统一在同一表达式中。式(4.19)和式(4.20)中的能耗量均为外界供给体系的能量，污染物量以常规的 BOD 和 COD 指标表示。这两种形式具有计算简单、直观性强的优点，在相同工艺、类似水质的基础上进行概略性的比较，有一定的实用价值，但可比性并不是很好。因为污水处理工艺的形式多样，而进水水质千差万别，微生物可利用的化学能总量不同，微生物种类不同，利用能量的效率也不同，以上两个指标难以反映出耗能多少的驱动原因和污水处理厂应节能的方向。例如低浓度进水水质的处理厂，比能耗也许就比高浓度进水的污水厂大许多，数值本身不能揭示其内在原因和能源利用效率。

2) 利用率和回收率

利用率和回收率是石油、化工等行业以及热设备常用的能量评估技术指标，与比能耗相比具有另外的优越性(叶大钧，1990；张润霞和肖继昌，1993)。如果以输入生物处理单元的全部能量(包括基质带入、外界供给的能量以及回收利用的能量)为基础作全入能量平衡,则该处理单元的能源利用率可用式(4.21)表示:

$$处理厂能源利用率 = \frac{总有效能}{全入能} = \frac{总有效能}{基质带入能 + 外界供给能 + 回收利用能} \tag{4.21}$$

式中,

$$总有效能 = 工艺有效能 + 回收利用能 + 输出能 \tag{4.22}$$

按照化工行业的定义,工艺有效能是指完成产品生产理论上所应消耗的能量。污水二级处理是污水生物自然净化作用的人工强化,要获得一定能级的出水,理论上微生物可利用的能量就是进水中可被生物降解的污染物的化学能,实际利用部分为$(E_{基质} - E_{产物})$,由于剩余污泥中还包含可能对环境造成危害的能量,所以有效的能量为$(E_{基质} - E_{产物} - E_{副产物})$。这部分能量是完成特定的产物生产,理论上需要转化的能量,将其作为工艺有效能较符合污水生物处理能量降级过程的特点。回收利用能指工艺过程产生的再回用于工艺过程的能量,如沼气燃烧用于消化池加热、沼气推动沼气鼓风机向曝气池供氧等。输出能是指向外提供的能量,如沼气发电除满足本处理厂需要外,入电网外供电量。在污水生物处理工段,不存在输出能。

回收率是反映污水处理厂由于能量回收带来的节能效果的指标,可用式(4.23)表示:

$$污水处理厂能源回收率 = \frac{回收利用的总有效能}{全入能} \tag{4.23}$$

利用率指标可从能量利用角度评价污水处理工艺的参数,由于综合考虑了基质本身的能量和外界供给工艺的能量的关系,同时兼顾了进水水质对工艺能耗的影响,因而相对于比能耗指标具有更好的可比性和对污水处理工艺的概括性。

4.3.2 污水处理能量分析模型

污水处理工艺过程与化工过程相类似,因此,可以化工过程的热力学分析方法为基础发展污水处理工艺的能量分析。按热力学基本原理分析、评价装置和过程中的能量损失的大小、原因及分布情况,确定过程的效率,为提高能量利用率,制定节能措施及实现处理过程最佳化提供依据。本书介绍两类能量分析模型:能量衡算模型和㶲分析模型(3.4.4 节)。

1)能量衡算的基本原理

能量衡算法是建立在热力学第一定律基础上的第一类热力学分析方法,它可对任一装置、过程的能量转化、利用及损失的情况进行计算,即对能量数量的收支进行衡算,确定能量损失的数量及分布,计算能量的利用效率即热效率。

在现有污水处理领域,无论是对处理设备和装置的工程设计、运转考核,还是对新工艺的试验和开发,所进行的工艺计算往往都没有包含能量衡算这一内容。一方面,目前在水处理领域尚缺乏可靠、全面的能量衡算模型和指标体系以指导能量利用的分析;另一方面,就能量问题在污水处理技术发展中的瓶颈作用尚不够重视。无疑,需要通过能量衡算,确定设备或工艺的能量负荷、能量回收的可能性和回收量、能量输入设备的动力密度和整体的用能效率,可据此确定某些工序的控制指标和最佳运转方式。

能量衡算法根据装置或过程的具体特点,可用以下两种衡算方程来表述。第一种是能量平衡的基本关系:

系统内能量增量=输入系统的能量−输出系统的能量+系统内产生的能量

−系统内消耗的能量 (4.24)

第二种表达形式是基于能量的消耗方式:

输入能量=有效利用的能量+损失能量 (4.25)

在第二种表达形式中,损失能量一项不可能为零,也就是说,对任何体系而言,其能量利用率不可能为100%。故第二种表达式说明,为了提高能量利用率,必须增加有效利用的能量,力求减少损失。

用一个简单系统来分析,如图4.35所示,进入该系统的能量$\sum E_1$应等于离开系统的各种形式能量之总和($\sum W_s$、$\sum E_2$和$\sum Q$)再加上系统内部的能量积累。在稳态条件下,系统内部的能量不发生变化,此时

$$\sum E_1 = \sum W_s + \sum E_2 + \sum Q$$

式中,$\sum W_s$代表系统对外或外界对系统所做的功,可正可负;$\sum E_2$代表基质离开系统时带走的能量,这部分能量以外部损失的形式排出系统;$\sum Q$代表系统向周围环境散失或由外界供给的热量,同样可正可负。

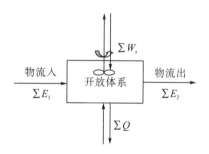

图 4.35 稳态过程能量平衡模型

对污水处理工艺而言,一般动能、位能的变化很小(这在许多情况下是符合实际的,因为与其他项比较,除泵系统外,动能和势能常常很小),所以主要考虑过程的轴功、内能和热。以曝气池为例,轴功为曝气设备的能量输入,内能为污水所含污染物的化学焓,池中进行的化学反应有热释放,但主要散失在周围环境中,这三部分能量的衡算可以与物料衡算结合进行。泵站单元稍有不同,这时污水位能的变化是主要的。污泥消化设施还需考虑热能的输入。

2) 能量平衡的研究体系和研究对象

能量平衡所研究的体系可以是特定处理设备或装置(反应器)中的污水及其含有的污染物质,这时设备和装置的物理边界可作为体系的边界;研究体系也可以是整个污水、污泥处理工艺流程或整个污水处理厂。对于前者,其体系边界为处理工艺所涉及的设施的物

理界限，对于后者，更多的是按能流和物流进入、输出而人为设定界限。一般在化工热力学中有反应工质的概念，类比化工，这里按环境工程的习惯将污水和(或)其中的污染物质称为基质。

研究对象主要是能量(焓)，按照其来源和流向分为两类。

(1) 污水和污泥中的有机污染物是研究体系边界内的基质，其质量可用传统的 BOD、COD、TOC 指标来度量；其化学能含量可以用有机物的化学焓指标度量。沿污水处理流程，污水中的污染物总量逐渐减少，它所包含的化学能水平也在逐渐降低。污泥中的有机物质部分经回流重新进入反应器，部分进入后续的稳定化过程。基质的能量在进出研究体系的边界时是不同的。

(2) 污水生物处理工艺，特别是好氧处理单元，氧气必须人为引入反应区以满足微生物需要，为此要消耗大量的电能。一些物理处理单元，也需要供给机械搅拌能量。厌氧消化设施需要供给能量用于搅拌和加热等。这些由外界供给的能量包括煤、石油、天然气等一次能源和电、蒸汽、沼气等二次能源。这些能量是推动处理流程运转的主要驱动能量，也是我们平常所说的能耗，属于外界供给处理工艺流程的能量。

3) 能量衡算的模型

由于污染物质在通过反应器或整个处理工艺流程时所发生的反应是一个极为复杂的过程，即使在较简单的条件下，也不能进行严密的分析。故通常将所要研究的体系作为一个黑箱来处理，计算进入和离开该黑箱各股物流和能流的含能，进行能量衡算。这种分析方法基本模型如图 4.36 所示。

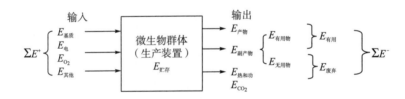

图 4.36　能量衡算的黑箱模型

将污水生物处理反应器当作类似化工行业的耗能装置。进入生物反应器的能量总和为 $\sum E^+$，离开反应器的能量总和为 $\sum E^-$。$\sum E^+$ 包含输入微生物系统各种形式的能量，例如在传统活性污泥法中，输入曝气池的能量包括污水中污染物带入的化学焓，曝气系统充氧、混合投入的电能，氧气带入的化学焓(氧气必须与微生物代谢利用的有机物结合，才能转化为可用的能；从化学焓的量来看，其值为零)，以及其他可能的能量输入(热、汽等)。$\sum E^-$ 包括产物和副产物中的能量，这是进水污染物所含化学能被微生物利用并转化的剩余部分；另外，加上生化反应中散失到环境中的热和功，以及溢出体系的 CO_2 带走的化学焓，构成了输出的能量。污水生物处理系统的产物是用达到一定排放标准，即满足于一定能量水平的出水来表示的。一般生物降解的过程总伴随着微生物体的增殖，基质中的部分能量被转化到了生物体中，成为反应的副产物。产生的副产物在活性污泥系统中即是增加的剩余污泥，在附着增长系统中即是新增的生物膜。剩余污泥中还有部分可利用的化学能和生物能，通过一定的处理工艺(如污泥的好氧或厌氧消化)，可被转化为可用的化学能(如沼气)或热能，因而将其划分为有用物部分和无用物部分。

基质所包含的能量中，转化到产物和有用副产物中的部分，分别为$E_{产物}$和$E_{有用物}$，是污水处理工艺所获得的有用的能量输出，属于有用能量$E_{有用}$；其余的能量，包括无用副产物具有的能量$E_{无用物}$、反应过程中散失的热和功$E_{热和功}$，以及CO_2的化学焓E_{CO_2}，最终会废弃到环境中，即为$E_{废弃}$。那么由式(4.24)，对生物反应器系统列能量平衡方程，有

$$\Sigma E^+ = \Sigma E^- + E_{储存} \tag{4.26}$$

式中，ΣE^+为进入生物反应器的能量总和，kJ/d；ΣE^-为离开反应器的能量总和，kJ/d；$E_{储存}$为生物反应器中积累的能量，kJ/d。若反应器或系统是连续稳定生产的，即在活性污泥系统内连续进出水、连续排放新增的污泥。在生物膜反应器中新增的生物膜细胞物质不断被冲刷出系统，不形成积累，则$E_{储存}$=0，则有

$$\Sigma E^+ = \Sigma E^- = E_{有用} + E_{废弃} \tag{4.27}$$

式中，$E_{有用}$为处理过程所获得的有用的能量输出，kJ/d；$E_{废弃}$为输入系统的能量中废弃到环境中的部分，kJ/d。

式(4.27)表明输入系统总的能量由可用部分和无用部分构成，在能量利用过程中总存在耗散，节约能耗的主要方式是尽可能地增加$E_{有用}$的数量且减少$E_{废弃}$的数量。参照图4.36，$E_{有用}$中的$E_{产物}$部分与一定的出水水质标准相联系；$E_{有用物}$可以用剩余污泥转化为甲烷的量来描述，它与剩余污泥的产量和组成有关，理论上这部分量越大，可转化的化学能越多，可回用于工艺的能量就越多。然而污泥处理设备与沼气回收设备的投资随之增大，运行和管理的难度也会随之增加。在这个反应器模型中，输入能量中有效利用的部分，是能量水平降低程度($E_{基质}$-$E_{产物}$)的函数，在$E_{产物}$一定时，与进水$E_{基质}$有关，同时也与所采用的生物处理工艺和供氧设备有关。生物膜处理工艺与悬浮处理工艺维持生化反应持续、稳定进行的有效能量需求是不同的，目前工程上常采用一些经验数值来控制能量的供给，如维持曝气池 2 mg/L 的溶解氧量、一定的混合强度，生物滤池一定的气水比和水力负荷等(王洪臣，1997)。目前从热力学第一定律定量分析该有效利用的能量还存在相当的难度，因为第一定律并未涉及能的实质内容，而只是量的简单集合。但可以推知，减少外界能量的过量供给，即减少$E_{热和功}$中电能的无效部分是处理工艺节能的重要途径。几十年来，为提高供氧设备的传质效率已作了大量的研究，对生物膜载体种类和特性也进行了很多探索。目前结合了生物膜处理工艺生物量高和悬浮生长处理工艺传氧效率高两者优点的曝气生物滤池，反映了力图减少$E_{热和功}$的需求。

能量衡算法以热力学第一定律为指导，应用能量方程，从能量转换的数量关系来评价过程和装置的能量利用率。能量衡算法只能求出能量的排出损失，但对于解释过程不可逆引起的能量损耗(功损失、热损失)是无能为力的。第一定律效率的高低，不足以说明过程和装置在能量利用上的完善程度(利用的质量)，因而不能单凭能量衡算的结果制订节能措施。

4.3.3 污水处理工艺能量分析案例

本节将采用 4.3.2 提出的能量衡算和 3.4.4 中提出的㶲平衡基本模型,对国内 4 座不同工艺类别的城市污水处理厂作生物处理单元的能量衡算和评价分析。其目的有三点:①通过考察进出处理设备和处理厂的物料流与能量流,建立污水处理工艺能量衡算和㶲平衡分析的通用方法;②比较能量衡算法与㶲平衡分析法的结果,给出两种方法的适用范围;③评价处理过程用能水平与效率,确定物料、能量消耗各环节的主要影响因素,验证能耗指标体系的可靠性和指示性,并进行适用性对比。

1. 案例污水处理厂简况

BQ 污水处理厂二级处理工艺为合建式曝气沉淀池。曝气充氧设备为泵 E 型叶轮表面曝气机,叶轮直径为 1560 mm,所配电机为 Y200L$_2$-6B$_5$ 型异步交流电机。减速设备为 BLY39-17-22 型摆线针轮减速机。该机组配有 HFV-422 型或 PWM-422 型变频调速机,额定电压为三相 380 V×(1±15%),额定频率为 50 Hz,输出频率范围是 0.5~400 Hz,频率分辨率为 0.01 Hz,输出额定电压为三相 380 V。采用连续进出水间歇曝气的运行方式,即曝气 2~3h,停曝 2~3h,依次交替。依靠曝气机的提升力实现污泥回流,剩余污泥静压排放。

YHG 污水处理厂二级处理工艺采用一体化氧化沟,泥水分离部分为侧沟型泥水分离器,与氧化沟合建。氧化沟曝气充氧设备为 B61000/6 型转刷曝气器,每组所配电机额定功率为 30 kW。曝气器总装机数量为 8 台,装机容量为 240 kW。剩余污泥直接从氧化沟排入浓缩池。

JN 污水处理厂采用的工艺为组合 A+A^2/O。为方便比较,本章采用了该厂 A^2/O 工艺段,即采用 B 段运行的数据进行能量衡算。A^2/O 段共分为调节段、厌氧段、缺氧段和好氧段四个工序,在流量为 50000m^3/d 时总停留时间为 9.16h。JN 污水处理厂 A^2/O 工艺段主要设计参数和设备安装情况见表 4.11。

表 4.11 JN 污水处理厂 A^2/O 工艺段主要设计参数和设备

位置	HRT/h	主要设备	备注
调节段	0.51	搅拌器:2×1.8kW	
厌氧段	1.22	搅拌器:2×5.5kW	MLSS: 3300mg/L
缺氧段	3.27	搅拌器:8×2.2kW;曝气头:NOPOL KKI-215×560	
好氧段	4.16	曝气头:NOPOL KKI-215×3720	
曝气池出水渠道	—	混合液回流泵:流量=4300/2875m^3/h,扬程=0.8~1.0m,功率=16/11kW	二台
回流污泥泵站	—	回流污泥泵:流量=1450m^3/h,扬程=3.67m,功率=30kW 剩余污泥泵:流量=65m^3/h,扬程=10m,功率=4kW	二用一备 一用一备
最终沉淀池	6.95	刮吸泥机,功率=0.55kW	三套
鼓风机房	—	鼓风机:流量=4000Nm^3/h,压强=59.43kPa,功率=90kW(×4,电动),功率=133kW(×1,沼气发动机带动)	四用一备

　　A^2/O 工艺段混合液从好氧段回流到缺氧段，回流比设计为 300%。污泥回流是从 A^2/O 工艺段回流污泥泵站到调节段，回流比最大为 100%。A 段和 A^2/O 段的剩余污泥由中间沉淀池和最终沉淀池排出，经预浓缩后进入消化池。消化池原设计为中温消化，沼气搅拌。目前消化池按常温运行，所产沼气用于带动沼气鼓风机和厂区民用。消化污泥浓缩后用带式压滤机脱水。

　　CT 污水处理厂采用传统活性污泥法，曝气池为内循环推流型反应池，曝气设备采用射流喷射器，该喷射器用回流污泥和曝气池中混合液与池底喷出的压缩空气相混合，属于微-中气泡系统。供氧采用 7 台 6680 Nm^3/h(风压 73.0 kPa)的罗茨风机，两台备用。由于处理水量远小于原设计规模，鼓风机轮换间歇运行。剩余污泥由二沉池排出，泵送至预浓缩池浓缩后进消化池(表 4.12)。

表 4.12　CT 污水处理厂二级处理部分主要设计参数和设备

位置	主要设备	备注
曝气池	射流曝气器：448 件 助推泵：流量=1500m^3/h，扬程=9.7m，功率=2×75kW	曝气、混合 推动池内混合液作射流曝气器的输入水
回流污泥泵房	回流污泥泵：流量=1600m^3/h，扬程=10.9m，功率=6×75kW 剩余污泥泵：流量=200m^3/h，扬程=7.0m，功率=2×5.5kW	将污泥回流至曝气池 将污泥泵至预浓缩池
二沉池分配渠	污泥刮出桥电机：功率=2×0.18kW 污泥抽吸泵：流量=15m^3/h，扬程=4.0m，功率=2×1.5kW 剩余污泥排放阀驱动电机：功率=2×0.37kW	潜水泵
二沉池	纵向刮泥桥电机：功率=8×1.4kW 刮泥板驱动电机：功率=8×1.5kW	
鼓风机房	罗茨风机：流量=6680Nm^3/h，压强=73.0kPa，功率=7×200kW 旋流活塞鼓风机：流量=3000Nm^3/h，最大流量=6528Nm^3/h，功率=2×200kW	罗茨风机的启动风机，通过变频稳定电流

2. 主要处理过程的能量(焓)分析

　　能量(焓)衡算和分析的主要对象是处理厂主要工艺段。由于常规生物处理方法的二级处理部分能耗所占比例最高，故对以上 4 厂的生物处理单元进行能量衡算，并进行能耗指标的对比研究。

　　1) 能量分析的前提和假设

　　(1) 研究体系的边界。

　　研究体系为二级处理部分所涉及的单元操作和单元过程，包括曝气池和二沉池系统、混合液回流和污泥回流系统、剩余污泥排放单元以及鼓风曝气的供氧系统；其边界为各设施的物理边界，曝气池、沉淀池液面以及鼓风机进气口视为虚边界。

　　(2) 污水和污泥污染物的化学焓。

　　污水中污染物的能量(化学焓)采用较易测定的 COD 指标换算，即 13.91 kJ/g COD。

污泥中微生物细胞所包含的能量，采用污泥中挥发性悬浮固体(VSS)的含量计算，即 22.15 kJ/g VSS。

(3) 二次能源的等价热量和当量热量。

在进行全厂的能量衡算时，以一次能源(primary energy)作为基准。一次能源直接用发热量代入；二次能源(secondary energy)及耗能基质按等价热量折算成一次能源计算，此折算系数即是等价热量。换言之，等价热量就是为获得单位二次能源(或载能基质)所实际消耗的一次能源量。污水处理系统中，电是最主要的二次能源。目前，我国生产 1 kW·h 电需消耗 0.35~0.44 kgce(kgce 表示千克标准煤)(张润霞和肖继昌，1993)，按 1kg 标准煤的低位发热量 29.27 MJ 计，相当于消耗 10.24~12.89 MJ 热量。我国火电厂供电煤耗为 0.412 kgce/(kW·h)(陈和平和周篁，1999)，换算成等价热量为 12059 kJ。对二次能源而言，在计算处理厂的输入能量时，采用等价热量。

当量热量即用能过程中所使用的二次能源在工艺过程中的实际贡献热量，即 1kW·h 电可产生 3600 kJ 的热量。在计算用能单元过程中的二次能源实际释放的能量时，采用当量热量。其余简化和假设将在下文不同部分分别给予描述。

2) 能量结构分析

(1)BQ 污水处理厂焓平衡分析。

进出水：夏季典型月 BQ 污水处理厂进厂原水的 COD 平均为 254.6 mg/L，经预处理和一级处理后进入曝气池的 COD 实测月平均为 199.1 mg/L。二级处理出水平均为 42.8 mg/L。

剩余污泥产量：BQ 污水处理厂实测同月剩余污泥产量平均为 528.3 kg 干固体/d，污泥中 VSS 含量为 30%。

曝气系统电耗：BQ 污水处理厂曝气系统电耗集中于表面曝气机。按曝气 3h、停曝 3h 方式运转，实测曝气机电能消耗为每日 416.88 kW·h。污泥回流由曝气机提升力实现，剩余污泥排放不消耗额外的能源。

BQ 污水处理厂二级处理部分的焓平衡分析如表 4.13 所示。

表 4.13 BQ 污水处理厂二级处理部分焓平衡表

项目	输入能量/(kJ/d)	输入能量占总输入能量百分比/%	输出能量/(kJ/d)	输出能量占总输出能量百分比/%
进水	$18.69×10^6$	92.57		
曝气系统	$1.50×10^6$	7.43		
出水			$4.01×10^6$	19.87
剩余污泥			$3.46×10^6$	17.16
功和热			$12.72×10^6$	62.97
合计	$20.19×10^6$	100	$20.19×10^6$	100

(2) YHG 污水处理厂焓平衡分析。

进出水：YHG 污水处理厂不设初沉池，假设沉砂池去除的有机污染物忽略不计，则夏季典型月 YHG 污水处理厂二级处理部分(氧化沟系统)进水按平均 342.3 mg/L 考虑。侧沟出水平均为 99.66 mg/L。

剩余污泥产量：实测月平均为 516.4 kg 干固体/d，其中 VSS 含量实测为 58%。

曝气系统电耗：转刷曝气器的功率输入为 30 kW/台。按连续运转考虑。

YHG 污水处理厂二级处理部分的焓平衡分析如表 4.14 所示。

表 4.14　YHG 污水处理厂二级处理部分焓平衡表

项目	输入能量/(kJ/d)	输入能量占总输入能量百分比/%	输出能量/(kJ/d)	输出能量占总输出能量百分比/%
进水	73.29×10^6	77.95		
曝气系统	20.74×10^6	22.05		
出水			21.34×10^6	22.69
剩余污泥			6.63×10^6	7.06
功和热			66.06×10^6	70.25
合计	94.03×10^6	100	94.03×10^6	100

(3) JN 污水处理厂焓平衡分析。

JN 污水处理厂的研究体系为自 A^2/O 工艺段进水端开始，至终沉池出水为止的处理流程和单元。

进出水：经过 A 段活性污泥吸附降解后，进入 A^2/O 段的污水浓度有所降低。按原工艺设计和实测，A 段约可去除进水中 60% 的 COD 和 42% 的 BOD_5，则 A^2/O 段进水 COD 平均为 103.4 mg/L。终沉池出水月平均为 26.04 mg/L。

剩余污泥产量：A^2/O 段剩余污泥产量在采用 $A+A^2/O$ 工艺运行时，夏季典型月实测值为 1234 kg 干固体/d，污泥中 VSS 含量为 70%。

曝气系统电耗：由于夏季实际进水浓度要比设计值低，运行 1 台鼓风机、1 台沼气发动机带动的风机，风量已能满足需求。曝气沉砂池、A 段曝气池及 A^2/O 段曝气池所需空气均由鼓风机房供给，故 A^2/O 段所耗电能由鼓风机总用电量折算，折算值为 4166 kW·h/d。沼气发动机驱动的风机利用的是污泥处理产生的能量，这部分约占总能耗的 59.6%。

其他电耗：主要包括曝气池混合液搅拌与水回流、污泥回流、剩余污泥排放等的耗电量。混合液搅拌总计耗电量为 772.8 kW·h；混合液回流比在运转时采用 200%，两台回流泵日耗电量为 348 kW·h；污泥回流比运行时控制在 44%~75%，实测回流污泥泵日耗电量为 575 kW·h；剩余污泥泵运转时间由每日剩余污泥量决定，实测日耗电量为 9.50 kW·h。

JN 污水处理厂 A^2/O 工艺段的焓平衡分析如表 4.15 所示。

表 4.15　JN 污水处理厂 A^2/O 工艺段焓平衡表

项目	输入能量/(kJ/d)	输入能量占总输入能量百分比/%	输出能量/(kJ/d)	输出能量占总输出能量百分比/%
进水	67.25×10^6	76.08		
曝气系统 (其中：回收利用能)	$15.00 \times 10^6 (8.94 \times 10^6)$	16.97(10.12)		
其他	6.14×10^6	6.95		
出水			16.93×10^6	19.16
剩余污泥			19.14×10^6	21.65
功和热			52.31×10^6	59.19
合计	88.39×10^6	100	88.38×10^6	100

（4）CT 污水处理厂焓平衡分析。

进出水：经初沉池去除部分有机物后，实测曝气池进水 COD 月平均为 89.8 mg/L；二沉池出水月平均为 23.1 mg/L。

剩余污泥产量：该厂剩余污泥产量在夏季进水流量和浓度条件下为 2810 kg/d，但污泥中有机物质(VSS)含量仅为 38.6%。

曝气系统电耗：由于进水量和进水污染物浓度远低于原设计，为节省能耗，曝气系统按各机组交替间歇运行，日供气量相应降低，为 125000 m^3/d。实测曝气系统日耗电量为 3560～3900 kW·h。

其他电耗：主要包括曝气池助推泵、污泥回流、剩余污泥排放以及二沉池和配水渠各类电机的耗电量。由于各单元未配备计量电表，故根据电机容量与日运行时数计算。助推泵连续运转，日耗电量为 3600 kW·h；污泥回流比日常为 100%，回流污泥泵日耗电量约为 3944 kW·h；剩余污泥泵耗电量约为 67 kW·h；二沉池部分日耗电量约为 179 kW·h。

CT 污水处理厂二级处理部分的焓平衡分析如表 4.16 所示。

表 4.16　CT 污水处理厂二级处理部分焓平衡表

项目	输入能量/(kJ/d)	输入能量占总输入能量百分比/%	输出能量/(kJ/d)	输出能量占总输出能量百分比/%
进水	105.04×10^6	71.69		
曝气系统	13.43×10^6	9.17		
其他	28.04×10^6	19.14		
出水			27.00×10^6	18.43
剩余污泥			24.03×10^6	16.40
功和热			95.49×10^6	65.17
合计	146.51×10^6	100	146.52×10^6	100

按照以上得到的进、出二级生物处理系统的各类能量的数值可作出各厂的能量结构分析图。将进、出各厂二级处理系统的能量分别图示于 Y 坐标轴两侧，能量的多少由柱体的长度表示。Y 轴两侧能量的总和相等(图 4.37)。

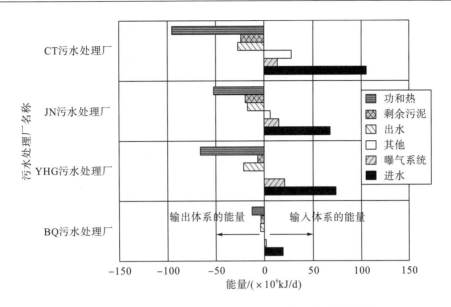

图 4.37　各案例污水处理厂二级生物处理单元能量结构分析

　　由图中可见，从绝对量来看，CT 污水处理厂进水污染物带入的能量最高。JN 污水处理厂包括 A 段曝气沉砂池和 A 段曝气池，所排出的污泥既有无机沙粒和固体，又有剩余污泥，难以准确计量微生物的产量，故仅考虑了 A^2/O 段的情况，进水带入的能量总量不多。BQ 污水处理厂和 YHG 污水处理厂外界供给生物处理系统的能量主要消耗于曝气供氧系统。JN 污水处理厂和 CT 污水处理厂除部分电能消耗于曝气系统外，还有部分电能消耗于污泥回流、混合液回流、剩余污泥排放等过程，这一差别与各厂所采用的工艺和系统配置有关，设计中如能利用地形等条件减少耗能设备需求，也能降低不少能耗。CT 污水处理厂的这部分能耗甚至超过了曝气系统，究其原因，处理量达不到设计要求，曝气系统虽然可以通过间歇运转节省一部分能量，但其余单元或操作在设计时未充分考虑可调性和灵活性，运转后难以根据实际情况调整，致使这部分能耗过高。各厂剩余污泥所带出的能量，与其工艺的污泥表观产率有关，综合来看，氧化沟工艺的污泥产率最低，如不考虑 AB 工艺的 A 段产泥量，传统活性污泥法最高。实际上，这一比较存在局限，AB 工艺的 A 段污泥量也较大，这一因素对处理厂能耗的影响，将在下文讨论。另外，能量(焓)衡算法不考虑能量的质的区别，仅考虑能量总数量的收支，作为功和热等消耗于体系内的能量不能区分出发生的位置以及以何种形式发生(外部损失或内部损失)。如 YHG 污水处理厂和 CT 污水处理厂输出能量中以功和热形式的能量较多，但具体这部分功和热是因处理过程的不可逆性造成的，还是因传质和其他辅助操作的过量消耗造成的，能量(焓)分析和衡算难以明确指示。

　　3) 能流图

　　按照焓平衡分析的结果把进、出系统各项能量的百分数，按比例绘于一张能量流向的平面图上，可得到能流图。在各案例污水处理厂的能流图中，处理厂输入、输出二级处理单元的能量按同等比例绘制，基质的能量用白色箭头表示，箭头宽度代表能值大小；曝气系统输入的能量用黑色箭头表示，其他工艺组件输入的能量用带方格的箭头表示，同样箭头宽度代表能值大小，回收利用的能量作为外界供给的能量输入时，用带斜线的箭头表示（图 4.38～图 4.41）。

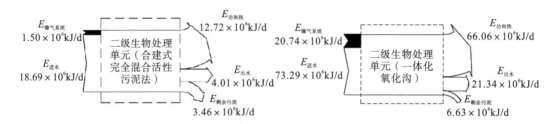

图 4.38　BQ 污水处理厂能流图　　　　　　　图 4.39　YHG 污水处理厂能流图

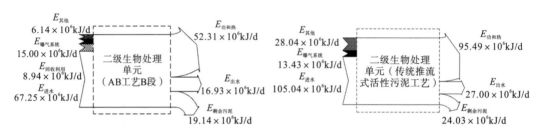

图 4.40　JN 污水处理厂能流图　　　　　　　图 4.41　CT 污水处理厂能流图

常规二级处理对剩余污泥并无严格的处理要求，但污泥中包含可污染环境的能量，这部分多余能量的去除，应予以考虑。进行二级处理单元的能量分析时，笔者认为应在工艺有效能中除去剩余污泥含能。若进行全厂的能量分析，则应以最后出厂的污泥含能为准。直观地看，为了获得达到一定能级标准的出水，需要利用以 $E_{进水}-E_{出水}$ 表示的能量，使其发生转化。同时考虑到剩余污泥的处理与处置仍需耗能，而二级生物处理单元未能去除，故其有效利用能为 $E_{进水}-E_{出水}-E_{剩余污泥}$。$E_{出水}$ 是由出水标准限定的量，对应于处理厂规模，不由运转因素控制，可视为常量，因此需要调控的就是 $E_{剩余污泥}$ 一项。这时存在两类影响工艺选择和运行方式的可能：一是不进行污泥的稳定化处理、以减少投资的情况，这时希望污泥的产量尽量少，即尽可能通过微生物代谢将能量作为热和功散失，在这一前提下，氧化沟工艺比传统工艺具有特定的优势。例如，YHG 污水处理厂的剩余污泥化学焓仅占总输出能的 7.06%，远低于其他几个案例厂，说明污泥量少且稳定程度高，其直接优势是节省投资，并可减轻环境危害。二是污泥进行厌氧或好氧处理稳定化的情况。但是如从能量综合利用的角度看，二级处理工序产生的剩余污泥富集了进水污染物中的能量，应该通过污泥处理回收转化为容易利用的能量形式，故提高污泥处理工序的能量回收（energy recovery）是减少二级处理工艺乃至全厂耗能的重要手段，也是设计和技术经济比较需重点考虑的因素。从图 4.40 可以看出，污泥处理回收的能量代替了部分电能的输入，占二级系统能量输入的 9.19%，使得 JN 污水处理厂的电耗比例大幅降低。CT 污水处理厂由于消化池机械搅拌设备损坏，产气量一直较低，仅能满足消化池加热用气；而设计分期时并未考虑目前规模下沼气驱动问题，能量没有回收到二级处理部分，致使这部分耗电居高不下。

能流图输出部分的功和热，实质上包含电能的有效消耗和无效消耗、微生物体的有效利用和无效消耗。对于污水生物处理核心的单元——生物反应器，由于缺乏化工过程的严密可控性以及生物降解过程本身的复杂性和多样性，微生物有效利用的能量只能通过间接的手段来确定，而外界输入能量的有效部分，尤其是基质含能的质的部分则几乎是不可测定的。因此，由于能的质不同，不能以简单的加和方式反映能的质消耗和损失状况，焓平衡的局限也在于此。但是能量（焓）衡算从用能结构上剖析了能量形态的变化和流向，可给出局部和全局的能耗水平，可为评估用能效率提供依据。

3. 主要处理过程的㶲分析

1）㶲分析的前提和假设

（1）研究体系的边界。

研究体系为二级处理部分所涉及的单元操作和单元过程，包括曝气池和二沉池系统、混合液回流和污泥回流系统、剩余污泥排放单元以及鼓风曝气的供氧系统；其边界为各设施的物理边界，曝气池、沉淀池液面以及鼓风机进气口视为虚边界。

（2）污水和污泥污染物的化学㶲。

污水中污染物的化学㶲采用较易测定的 COD 指标换算，即 13.825 kJ/gCOD。污泥中微生物细胞所包含的能量，采用污泥中挥发性悬浮固体（VSS）的含量计算，即 22.605 kJ/gVSS。清水的热量㶲和污水的热量㶲较低，忽略不计。

按照㶲平衡模型，进水污染物化学㶲被利用的部分 $E_{x,代谢}$ 又可分为 $E_{x,生物合成}$、$E_{x,维持}$、$E_{x,溅溢}$ 三部分，$E_{x,生物合成}$ 用式（3.66）估算（见第 3 章），$E_{x,维持}$ 和 $E_{x,溅溢}$ 则难以测定，但两者之和可由㶲平衡得出。若 $E_{x,维持}$ 和 $E_{x,溅溢}$ 增加，则将降低微生物用于生物合成的能的总量，这有利于减少剩余污泥量。

（3）扩散㶲。

输入空气（O_2、N_2、CO_2 等）的扩散㶲与污水中污染物的化学㶲相比很小，不到 2%，故也可忽略不计。

（4）环境条件。

为方便比较并与标准化学㶲的定义衔接，㶲分析研究所涉及的标准状态均指水温 25℃（298.15K），标准大气压 $1.013×10^5$ Pa。

（5）曝气系统的㶲输入。

以电能形式输入曝气系统的㶲量通过两种途径发生㶲损失：一是曝气设备传质能力的限制或设备设计不完善所导致的㶲损失。一般活性污泥法典型的动力效率范围为 0.40～2.40 kg O_2/(kW·h)，这一数值还受到所采用工艺、曝气池池型、混合液浓度、污水性质和气候等条件的影响，但主要影响因素还在于设备的固有设计（高旭，1999）。一般设备生产厂家提供的都是 20℃、1 标准大气压下清水实验的动力效率数据，故需结合现场测量来确定该值。但动力效率数值不能给出能和㶲利用率的大小，因设备输出的能量一项难以计量,特别是机械曝气装置输出能量的形式包括液体被卷吸而得到的动能、搅拌产生的热能、曝气设备后侧因转动形成负压产生的空气压能等,欲一一测定各类形式的能和㶲,目前的手段难以实现。因而对机械曝气装置本身的㶲损失一项可视为其内部损失,其大小由设备的选型和安装运转的条件决定。二是因供氧量和需氧量不匹配造成供氧过量而散逸的㶲,这部分多余的㶲量未用于微生物,将以风管和扩散装置的摩擦损失、混合的热㶲、排向大气的物理㶲等形式损失。实际被微生物利用的氧气量可通过进、出水污染物浓度计算。曝气设备在实际动力效率条件下供给氧气量的多余部分被视为损失,与之相对应的㶲损失为外部损失。

基于以上分析,需要知道各处理厂实际的需氧量和曝气设备的供氧能力。供氧能力可结合设计参数和实测数据取值,需氧量由以下步骤计算。

需氧量应包括有机物降解的需氧量——碳化需氧量和硝化需氧量两部分,并应考虑细胞合成所需的氨氮和排放剩余污泥所相当的 BOD_5 值,同时还应考虑反硝化过程中放出的氧量与消耗相应量的有机物作反硝化菌的碳源所相当的 BOD_5 值。

碳化需氧量按被氧化的底物(以总生化需氧量 BOD_L 计)计算:

$$O_2^a = Q_w (S_0 - S_e) \tag{4.28}$$

式中, O_2^a 为碳化需氧量,kg/d; Q_w 为平均日流量,m^3/d; S_0、S_e 分别为流入、流出曝气工段、二沉淀池污水的 BOD_L 浓度,kg/m^3。若无 BOD_L 实测值,可按 $BOD_5/BOD_L=0.75$ 计算。

排放剩余污泥的氧当量总量,细菌细胞以 $C_5H_7NO_2$ 表示,因

$$C_5H_7NO_2 + 5O_2 \longrightarrow 5CO_2 + 2H_2O + NH_3 \tag{4.29}$$

每千克细菌细胞内源呼吸需要的氧量为 $O_2=5\times32/113=1.42$,则排放的剩余污泥的氧当量为

$$O_2^b = 1.42 \times X_w \tag{4.30}$$

式中, O_2^b 为剩余污泥氧当量,kg/d; X_w 为每日生成的活性污泥量,kg/d。

氨氮硝化需氧量,如果不考虑硝化过程中硝化细菌的增殖,生物硝化反应可用下式表示:

$$NH_4^+ + 2O_2 \xrightarrow{\text{硝化细菌}} NO_3^- + 2H^+ + H_2O \tag{4.31}$$

则转化 1 mg NH_4^+-N 成为 NO_3^--N 需要耗氧 4.57 mg。

由于进水中有机氮需先转化为氨氮才发生硝化反应,可用进、出水 TKN(总凯氏氮)的差值表示氨氮被硝化转化的量;增殖的细菌随剩余污泥排除,微生物体中含氮的比例据通式 $C_5H_7NO_2$ 计算,为 0.12,则

$$O_2^c = 4.57 \left[Q(NK_0 - NK_e) - 0.12 X_w \right] \tag{4.32}$$

式中, O_2^c 为氨氮硝化需氧量,kg/d; NK_0、NK_e 分别为流入、流出曝气池污水的 TKN 浓度,kg/m^3。

反硝化脱氮所放出的氧当量,在无外加底物的条件下,反硝化过程可用下式表示:

$$NO_3^- + 5H \xrightarrow{\text{反硝化细菌}} \frac{1}{2}N_2 \uparrow + 2H_2O + OH^- \tag{4.33}$$

将 1mg NO_3^--N 还原为 N_2,需有机物(由 COD 计,其中 O/H=16/2=8)$5\times8/14=2.86$ mg。

硝化后的氨氮部分转化为 $NO_3^- $-N，部分随出水排走。发生反硝化的处理厂必须计入该项，则反硝化脱氮所释放出的氧当量由式(4.34)计算：

$$O_2^d = 2.86 \left[Q(NK_0 - NK_e + NO_0 - NO_e) - 0.12 X_w \right] \tag{4.34}$$

式中，O_2^d 为反硝化脱氮所释放出的氧当量，kg/d；NO_0、NO_e 分别为流入、流出曝气工段二沉淀池污水的 NO_3^--N 浓度，kg/m^3。

总需氧量为

$$O_2 = O_2^a - O_2^b + O_2^c - O_2^d \tag{4.35}$$

标准状态下 20℃ 条件下的需氧量由式(4.36)计算：

$$O_{02} = \frac{O_2 C_{s(20)}}{\alpha \left(\beta C_{s(T)} - C_s \right) 1.024^{(T-20)}} \tag{4.36}$$

式中，O_{02} 为标准条件下处理系统需氧量，kg/d；O_2 为实际条件下处理系统需氧量，kg/d；$C_{s(20)}$ 为20℃时水中饱和溶解氧浓度，mg/L；$C_{s(T)}$ 为温度 T 时水中的饱和溶解氧浓度，mg/L；C_s 为水中的溶解氧浓度，按照活性污泥工艺的通常要求，该值为 2mg/L；α、β 为修正系数，按实测；T 为设计温度，按假设取为 25℃；1.024 为温度校正系数。

曝气系统日供气量可由式(4.37)计算：

$$G_s = \frac{G_o}{0.21 \times 1.43} \tag{4.37}$$

式中，G_s 为供气量，m^3/d；G_o 为供氧量，kg/d；0.21 为氧在空气中的体积占比；1.43 为氧的容重，kg/m^3。

对机械曝气系统，根据实际需氧量与供氧量的比值，可折算因供给与需求不匹配造成的外部烟损失。但由曝气设备传质特性决定的内部烟损失尚无法计量。对鼓风曝气系统，烟损失的表达方式将在 JN 污水处理厂和 CT 污水处理厂的具体分析中提出。

其余简化和假设将在下文不同部分给予说明。

2) 污水处理厂二级处理工段烟分析

(1)BQ 污水处理厂烟平衡分析。

进、出水：夏季典型月 BQ 污水处理厂进厂原水的 COD 平均为 254.6 mg/L，经预处理和一级处理后进入曝气池的 COD 实测月平均为 199.1 mg/L。二级处理出水平均为 42.8 mg/L。

剩余污泥：BQ 污水处理厂实测同月剩余污泥产量平均为 528.3 kg 干固体/d，污泥中 VSS 含量为 30%。

曝气系统的烟输入：BQ 污水处理厂在实际运转条件下，25℃、1 标准大气压时曝气设备(泵型叶轮表面曝气机)的动力效率实测为 1.40 kg O_2/(kW·h)(龙腾锐和高旭，2001)。根据曝气机的日耗电量可计算作为轴功的烟输入。处理厂 A 曝气系统的供氧量为 473.76 kg/d。BQ 污水处理厂二级处理系统需氧量计算为 346.73 kg/d。

BQ 污水处理厂二级处理部分的烟平衡分析如表 4.17 所示。

表 4.17　BQ 污水处理厂二级处理部分㶲平衡表

项目	输入能量/(kJ/d)	输入能量占总输入能量百分比/%	输出能量/(kJ/d)	输出能量占总输出能量百分比/%
进水	18.57×10^6	92.52		
进水中用于生物合成部分的化学㶲			7.52×10^6	37.47
进水中用于维持部分和溅溢的化学㶲			7.06×10^6	35.17
出水			3.99×10^6	19.88
剩余污泥*			(3.53×10^6)	17.61
曝气系统	1.50×10^6	7.48		
其他				
由有效需氧量折算的㶲			1.10×10^6	5.48
曝气系统外部㶲损失			0.40×10^6	2.00
合计	20.07×10^6	100	20.07×10^6	100

注：*用于生物合成的化学㶲包含转移到剩余污泥中的化学㶲。

(2) YHG 污水处理厂㶲平衡分析。

进、出水：夏季典型月 YHG 污水处理厂二级处理工段（氧化沟系统）进水平均为 342.3mg/L。侧沟出水平均为 99.66 mg/L。

剩余污泥：实测月平均为 516.4 kg 干固体/d，其中 VSS 含量实测为 58%。

曝气系统的㶲输入：由生产厂家提供的 20℃、1 标准大气压曝气转刷动力效率为 2.0 kg O_2/(kW·h)，根据实测的 β 值（$\beta=0.9$）及一般完全混合工艺的 α 值（$\alpha=0.8$），忽略气压变化引起的传质系数变化，在 25℃、1 标准大气压时 YHG 污水处理厂的曝气转刷在污水中的动力效率为 1.23 kg O_2/(kW·h)，则 YHG 污水处理厂曝气系统的供氧量为 7075.57 kg/d。需氧量按式(4.35)和式(4.36)计算为 3387.60 kg/d。据此可折算曝气系统输入的㶲和实际被利用的㶲。

YHG 污水处理厂二级处理部分的㶲平衡分析如表 4.18 所示。

表 4.18　YHG 污水处理厂二级处理部分㶲平衡表

项目	输入能量/(kJ/d)	输入能量占总输入能量百分比/%	输出能量/(kJ/d)	输出能量占总输出能量百分比/%
进水	72.85×10^6	77.84		
进水中用于生物合成部分的化学㶲			14.40×10^6	15.39
进水中用于维持部分和溅溢的化学㶲			37.24×10^6	39.79
出水			21.21×10^6	22.16
剩余污泥*			(6.77×10^6)	(7.23)
曝气系统	20.74×10^6	22.16		
其他				
由有效需氧量折算的㶲			9.93×10^6	10.61
曝气系统外部㶲损失			10.81×10^6	11.55
合计	93.59×106	100	93.59×10^6	100

注：*用于生物合成的化学㶲包含转移到剩余污泥中的化学㶲。

（3）JN 污水处理厂㶲平衡分析。

进、出水：A^2/O 工艺段进水 COD 平均为 103.4 mg/L。终沉池出水月平均为 26.04 mg/L。

剩余污泥：A^2/O 工艺段在采用 A+A^2/O 工艺运行时，夏季典型月剩余污泥实测值为 1234 kg 干固体/d，污泥中 VSS 含量为 70%。

曝气系统㶲输入和输出：鼓风曝气系统的㶲损失以两种形式发生，一是因供给的氧量高于污染物降解所需的氧量使多余的空气散失而造成；二是鼓风机和管道系统的水力、容积和机械损失。JN 污水处理厂的微孔曝气头氧传递效率在标准条件下为 25%，曝气头浸水深度为 4.75m；后者需根据鼓风曝气池的设计要求计算。该系统简图如图 4.42 所示。

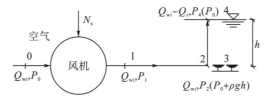

图 4.42　JN 污水处理厂曝气系统㶲损失分析

在鼓风机入口 0 处的空气所具有的压强为 P_0，出口 1 处的风压为 P_1；在曝气池中微孔曝气头的背压为 P_2，曝气头出口处风压为 P_3，溢出液面时的风压为 P_4。鼓风机系统供给的风量为 Q_{wi}，微生物的实际需氧量为 Q_r。溢出液面的风量为 $Q_{wi}-Q_r$。输入鼓风机的轴功率为 N_s，有效功率为 N_e。按照设计曝气头出口处的风压为水深 h 处的绝对压力 $P_0+\rho gh$，过剩的压头将在池中转化为热而损失。同样，过剩的空气也不能被池中微生物利用，最终也成为㶲损失的一部分。

设空气为理想气体，并假设空气进出鼓风机和曝气池的温度不变，即按等温压缩考虑。计算 0、1 处空气的物理㶲，结合鼓风机的输入㶲，可求得鼓风机的㶲损失。平衡时缺乏 2、3 处实测的出口风压，可按照 $P_0+\rho gh$ 考虑，实际中多余部分作为损失看待。曝气头受其传氧效率限制，在不考虑堵塞等其他不利因素限制下最高输出㶲的比率即为 25%。在曝气池中由于微生物实际利用的氧量少于供给的氧量，故㶲的有效利用部分可由实际需氧量和曝气头出口所需背压计算。

曝气系统㶲损失计算结果如表 4.19 所示。

表 4.19　JN 污水处理厂曝气系统㶲分析

位置	输入能量/(kJ/d)	输出能量/(kJ/d)		㶲损失占该项输入㶲的百分比/%	㶲损失占总输入㶲的百分比/%
		有效利用	㶲损失		
电机-鼓风机(0)	15.00×10⁶*	8.87×10⁶***	6.13×10⁶	40.87	40.87
鼓风机(0-1)	8.87×10⁶	7.63×10⁶	1.24×10⁶	14.01	8.28
风管(1-2)	7.63×10⁶	6.25×10⁶	1.37×10⁶	17.99	9.15
曝气头(2)	6.25×10⁶	1.56×10⁶	4.69×10⁶	75.00	31.28
曝气池(2-3)	1.56×10⁶	0.53×10⁶***	1.03×10⁶	66.23	6.90

注：*由鼓风机电机输入功率计算；** 由风机有效功率计算；*** 由系统实际需氧量和曝气头出口背压计算，按设计说明和实测：$\alpha=0.7$，$\beta=0.9$。

根据以上㶲计算结果，可以作出曝气系统的㶲流图(图4.43)。以线条的粗细表示㶲流值的大小，可较直观地表示出过程中㶲的传递、转化、利用和损失的情况。

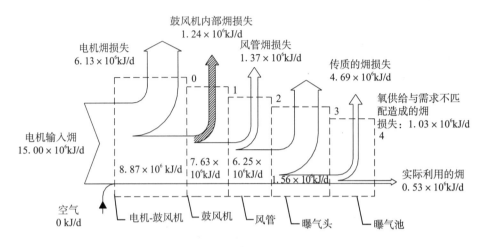

图 4.43　JN 污水处理厂曝气系统㶲流图

从图 4.43 可以看出，输入曝气系统㶲量的绝大部分在该过程中损失。受鼓风机全效率的影响，电机输入的㶲很大一部分以水力损失、容积损失和机械损失的形式耗散，鼓风机有效功率的仅占 59.13%，㶲损失占总损失的 40.87%，故选择高效的电机-鼓风机对减少曝气系统的㶲损失有决定性影响。鼓风机的㶲损失是由气体压缩过程的不可逆性造成的，属于内部㶲损失，是不能避免的，即在气体压缩过程中总有一部分㶲退化。图中用带斜线的箭头表示。风管的㶲损失是由管件摩阻等原因所致，这部分㶲散逸可通过改善管路的流体动力学条件降低。由于受到曝气头传质效率的限制，大量的㶲未能被系统利用，而排放到环境中，这部分㶲排放造成的㶲损失占到了总损失的 31.28%。该部分㶲损失与曝气头的构造和传质特性相关，因而尽可能地提高曝气头(曝气扩散设备)的传质效率可将损失降到最低。最后一部分㶲损失是氧的供给和需求不匹配以及污水中氧传递阻力增大造成的，前者可以通过溶解氧或氧吸收速率的实时监控来调控供给与需求相匹配的氧气量，以避免过量㶲的排放；后者可通过改善传质条件，如设法提高液膜的饱和溶解氧值、增大气液相膜界面的溶解氧浓度差等来实现。就 JN 污水处理厂而言，各项㶲损失的总和占到了总输入㶲的 96.48%，实际利用部分不到 5%，曝气系统的节能(㶲)还有很大潜力。

其他㶲输入和输出：对于水泵类设备，在液体温度无变化时，泵转移给液体的物理㶲与其出口的相对压强有关，其内部㶲损失为零，故泵的㶲损失由其效率决定，可由电机输入功率与泵的有效功率差值计算。泵系统的管路沿程和局部损失由于缺乏实测数据，按扬程的 10%考虑。

JN 污水处理厂二级处理部分的㶲平衡分析如表 4.20 所示。

表 4.20　JN 污水处理厂二级处理部分㶲平衡表

项目	输入能量/(kJ/d)	输入能量占总输入能量百分比/%	输出能量/(kJ/d)	输出能量占总输出能量百分比/%
进水	66.83×10^6	75.97		
进水中用于生物合成部分的化学㶲			41.54×10^6	47.22
进水中用于维持部分和溅溢的化学㶲			8.46×10^6	9.62
出水			16.83×10^6	19.13
剩余污泥*			19.53×10^6	22.20
曝气系统(其中:回收利用部分)	$15.00\times10^6(8.94\times10^6)$	17.05(10.16)		
曝气系统实际利用的㶲			0.53×10^6	0.60
曝气系统内部㶲损失			1.24×10^6	1.41
曝气系统外部㶲损失			13.23×10^6	15.04
其他	6.14×10^6	6.98		
其他㶲输入中实际利用部分			3.83×10^6	4.35
其他㶲输入的㶲损失			2.31×10^6	2.63
合计	87.97×10^6	100	87.97×10^6	100

注:* 用于生物合成的化学㶲包含转移到剩余污泥中的化学㶲。

(4)CT 污水处理厂㶲平衡分析。

进、出水:曝气池进水 COD 月平均为 89.8 mg/L;二沉池出水月平均为 23.1 mg/L。

剩余污泥:在夏季进水流量和浓度条件下为 2810 kg/d,污泥中有机物质(VSS)含量为 38.6%。

曝气系统输入和输出:CT 污水处理厂射流曝气器的氧传递效率为 23%,其浸水深度为 6.5 m,按照与 JN 污水处理厂相同的方法对曝气系统进行㶲分析,结果如表 4.21 所示。

表 4.21　CT 污水处理厂曝气系统㶲分析

位置	输入能量/(kJ/d)	输出能量/(kJ/d)		㶲损失占该项输入㶲的百分比/%	㶲损失占总输入㶲的百分比/%
		有效利用	损失		
电机-鼓风机(0)	$13.43\times10^{6*}$	$9.13\times10^{6**}$	4.30×10^6	32.04	32.04
鼓风机(0-1)	9.13×10^6	7.51×10^6	1.62×10^6	17.73	12.05
风管(1-2)	7.51×10^6	6.75×10^6	0.76×10^6	10.10	5.56
曝气头(2)	6.75×10^6	1.53×10^6	5.22×10^6	77.33	38.87
曝气池(2-3)	1.53×10^6	$0.81\times10^{6***}$	0.72×10^6	46.95	5.35

注:* 由鼓风机电机输入功率计算;** 由鼓风机有效功率计算;*** 由系统实际需氧量和曝气头出口背压计算,按设计说明和实测:$\alpha=0.8$,$\beta=0.9$。

CT 污水处理厂㶲流图如图 4.44 所示。

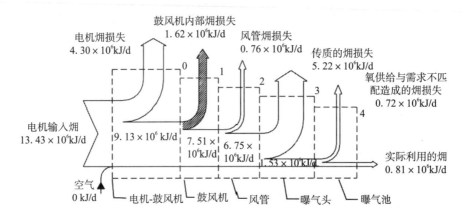

图 4.44　CT 污水处理厂曝气系统㶲流图

　　从图 4.44 可以看出,CT 污水处理厂曝气系统与 JN 污水处理厂具有某些相同的特点。㶲损失主要还是发生在电机-鼓风机以及传质过程中。电机-鼓风机部分的㶲损失占总损失的 32.04%,比传质过程的㶲损失少。传质过程中,曝气头的㶲损失占到了总损失的 38.87%,这点与 JN 污水处理厂不同。CT 污水处理厂各项㶲损失的总和占到了总输入㶲的 93.87%,实际利用部分不到 7%。其他㶲输入和输出与 JN 污水处理厂相类似。

　　CT 污水处理厂二级处理部分的㶲平衡分析如表 4.22 所示。

表 4.22　CT 污水处理厂二级处理部分㶲平衡表

项目	输入能量/(kJ/d)	输入能量占总输入能量百分比/%	输出能量/(kJ/d)	输出能量占总输出能量百分比/%
进水	104.40×10⁶	71.57		
进水中用于生物合成部分的化学㶲			52.16×10⁶	35.76
进水中用于维持部分和溢溢的化学㶲			25.41×10⁶	17.42
出水			26.83×10⁶	18.39
剩余污泥*			24.52×10⁶	16.81
曝气系统	13.43×10⁶	9.21		
曝气系统实际利用的㶲			0.81×10⁶	0.56
曝气系统内部㶲损失			1.62×10⁶	1.11
曝气系统外部㶲损失			11.00×10⁶	7.54
其他	28.04×10⁶	19.22		
其他㶲输入中实际利用部分			14.88×10⁶	10.20
其他㶲输入的㶲损失			13.16×10⁶	9.02
合计	145.87×10⁶	100	145.87×10⁶	100

注: * 用于生物合成的化学㶲包含转移到剩余污泥中的化学㶲。

3) 㶲流图

按照㶲平衡分析的结果把进、出二级处理系统各项㶲量，按比例绘制于一张㶲量流向的平面图上，可得到㶲流图。在各㶲流图中，处理厂输入、输出二级处理单元的㶲量按同等比例绘制，基质的㶲量用白色箭头表示，箭头宽度代表㶲值大小。曝气系统输入的㶲量用黑色箭头表示，其他工艺组件输入的㶲量用灰色箭头表示，同样箭头宽度代表㶲值大小，回收利用的能量作为外界供给的㶲量输入时，用带斜线的箭头表示(图 4.45～图 4.48)。采用机械曝气设备的 BQ 污水处理厂、YHG 污水处理厂两厂，由于缺乏相关能量指标的定义和足够的测试手段，曝气系统输出被实际利用的㶲量是通过需氧量与供氧量相比计算得出的。

事实上，从单位"kg O$_2$/(kW·h)"看，动力效率所给出的曝气设备单位耗能情况下生产力的最大限度，是曝气设备输入的㶲(kW·h)减去㶲损失后的剩余部分，也是可测定的部分(kg O$_2$)。电能转化为液体的动能㶲、搅拌的热量㶲以及空气的物理㶲等。由于这部分㶲损失目前还难以测定，因而体系实际利用的曝气设备输入的物理㶲，要比最终测试液相中的溶解氧量而计算得到的㶲低得多，这一点可以参照鼓风曝气系统得出结论(鼓风曝气系统也可以用动力效率来表达传质能力，一般其动力效率要高于机械曝气系统)。BQ 污水处理厂和 YHG 污水处理厂曝气系统的㶲分析只给出了供给的氧气量与所需的氧气量不匹配所带来的㶲损失，还不能与 JN 污水处理厂和 CT 污水处理厂的鼓风曝气系统进行对比。

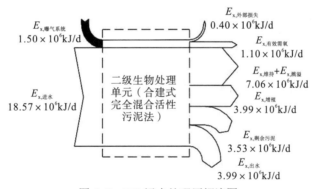

图 4.45　BQ 污水处理厂㶲流图

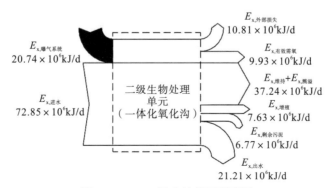

图 4.46　YHG 污水处理厂㶲流图

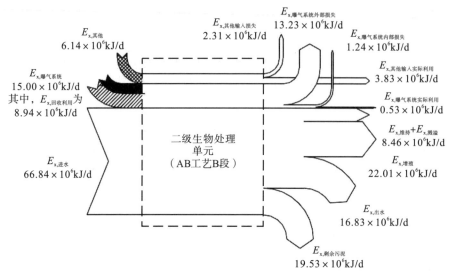

图 4.47　JN 污水处理厂㶲流图

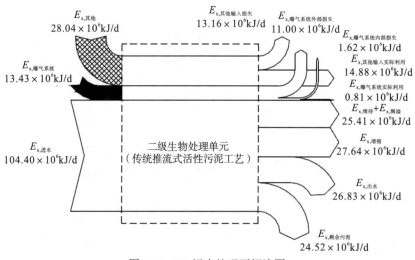

图 4.48　CT 污水处理厂㶲流图

(1)各厂曝气系统供给的氧量普遍大于反应器微生物所需的氧气量。

BQ 污水处理厂和 YHG 污水处理厂由此部分导致的㶲损失分别为 41% 和 52%,JN 污水处理厂、CT 污水处理厂分别为 66% 和 47%。微生物系统所需氧气量与进水浓度、微生物好氧速率、运行方式等相关,目前防止过量曝气的手段通常为有效测量与控制曝气池 DO 浓度。JN 污水处理厂、CT 污水处理厂都装备了这种控制系统,但从㶲分析结果可以知道,这类控制方式并未充分发挥其性能。排除设备故障、控制信号滞后等原因,DO 测控只能保持池中溶解氧浓度不成为污染物降解的限制因素。问题的关键在于微生物利用氧气的速率,即微生物的比耗氧速率决定了需氧量。对于曝气池内 DO 浓度维持在多少为宜,这个问题仍需根据工艺及其需要达到的处理功能来决定。

　　然而要保持曝气池供氧与需氧实时的吻合，以减少无谓的损耗，还必须优化控制方案、提高控制手段的精准性即精准曝气模式，但动态自适应的精准控制仍是值得深入研究的问题。BQ 污水处理厂和 YHG 污水处理厂曝气系统稍有不同，BQ 污水处理厂采用间歇曝气的运行方式，曝气电机通过变频调速来减少过量氧输入，这一方式的效果明显，其㶲损失的比例在各厂中最低。YHG 污水处理厂氧化沟可采用改变曝气转刷浸深的方式调节曝气量，但运行时并未根据进水水质进行调整，致使㶲的损耗过高。

　　(2)曝气系统的㶲损失以外部㶲损失为主。

　　由 JN 污水处理厂、CT 污水处理厂的㶲流图可知，曝气系统㶲损失占其㶲输入的 80%以上，在总的㶲输入中也占到了 7%～15%。电机-鼓风机以及曝气头部分的㶲损失最大，说明节能的关键仍然是提高电机和鼓风机及传质的效率。

　　泵或鼓风机是电机驱动的机械负荷，其效率比电机低，一般在 50%～90%内，因而提高鼓风机的效率更为重要。但是鼓风机效率与其设计有关，因此必须在设计选型阶段就力求采用高效率的鼓风机组。

　　在风管、曝气头处发生的压力降通常不能避免，但通过保持空气过滤装置及曝气头的清洁，可以降低压头的损失。曝气头㶲损失除了与其传质方式有关外，还受到污水水质、设备完好程度的影响。Wesner 等(1978)认为这些部位结垢和堵塞最多可导致 20%的压头损失。图 4.49 为 JN 污水处理厂 B 段曝气池曝气时从液面观察到的情景，图中框线内的区域可看到较大的气泡上浮，说明池底曝气头已发生了堵塞。因此，防止曝气头堵塞是提高其微孔曝气系统传质效率的重要方面。CT 污水处理厂采用的水射流卷吸空气的曝气方式，不容易受堵塞的影响，但供给射流所需的混合液却消耗了大量的电能，这一点将在下面分析。

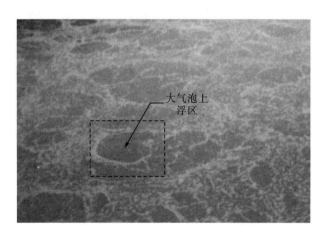

图 4.49　JN 污水处理厂 B 段曝气池工作状况

　　(3)作为工艺辅助而输入的㶲量损失因工艺不同而各异。

　　这部分㶲输入包括混合、回流、剩余污泥排放、沉淀池刮吸泥等过程输入的电能。

　　混合：混合所需的动能与污泥颗粒的大小和曝气池的几何形状有关。为保持污泥呈悬浮状态并与底物和氧气充分接触，一般认为曝气池混合液的速度至少应为 0.15 m/s。不同的曝气系统呈现不同的混合特点。美国水环境联合会(Water Environment Federation，WEF)出版的设计手册推荐鼓风曝气系统采用 0.61 L/(m²·s)，但是也发现洛杉矶某厂在 MLSS 为 1500 mg/L 时采用 0.25 L/(m²·s)的混合强度运行并未发生污泥沉积在曝气头底部的现象。对机械曝气系统，WEF 认为，为保证混合应采用 16～30W/m³ 的电能输入(WEF，1998)。

表 4.23 为各处理厂曝气池实际的混合情况。

表 4.23 各处理厂曝气池混合动力情况

指标	BQ 污水处理厂(动力密度)	YHG 污水处理厂(动力密度)	JN 污水处理厂	CT 污水处理厂
参数	17.6 W/m³	20.8 W/m³	0.997 L/(m²·s)	0.224 L/(m²·s)

根据表 4.23，BQ 污水处理厂和 YHG 污水处理厂可以满足混合要求，其中 BQ 污水处理厂动力密度是通过变频在低于电机额定功率较多的情况下获得的。JN 处理厂 0.997 L/(m²·s)的值大大高于 WEF 的推荐值，说明该厂供给氧气过量较多，与㶲分析的结论吻合。CT 污水处理厂的混合主要依靠曝气器产生的旋流推动混合液，在池中曝气器分布少而流速较慢的区域加装了助推泵。但是由于进水浓度低，实际运转时为节省曝气设备能耗，曝气机采取交替间歇运行的方式。供氧量减少，致使混合强度降低。但即使在混合不足的情况下，供氧仍然过量。

回流与剩余污泥排放：㶲损失主要发生在电机和管路系统上。BQ 污水处理厂的污泥回流利用了泵型叶轮较大提升力的优点，没有专用的污泥回流设备；YHG 污水处理厂污泥主要由转刷推动在池中循环。以上两厂的剩余污泥排放较好地结合了地形，用重力流方式代替了常用的剩余污泥泵。但是在规模较大的厂，要充分利用地形节能，实现难度比规模小的厂大，特别是在地势较为平坦的地区更不容易做到。JN 污水处理厂、CT 污水处理厂都位于我国北方平原地区，其污泥、混合液回流以及剩余污泥排放都由泵来完成，因而降低㶲损失的主要途径仍然在于改善电机性能、优化系统设计。

CT 污水处理厂由于设计考虑不足，不能按进水量调控曝气池的运行单元，工艺辅助部分的㶲输入甚至超过了曝气系统的㶲输入，占总㶲输入的20%。因而，从工艺设计开始就贯彻节能的思想，充分考虑处理系统各单元的灵活性和可调控性，适应不同的水力负荷与污染负荷，是节能降耗的重要内容。

(4)微生物的㶲利用反映了各类工艺的不同特点。

进水底物中用于微生物合成的化学㶲，采用 A²/O 工艺的 JN 厂最高，采用完全混合工艺和传统活性污泥工艺的 BQ 污水处理厂、CT 污水处理厂两厂相仿，而采用氧化沟工艺的 YHG 污水处理厂最低。与此对应，用于微生物维持以及溅溢的化学㶲量正好按相反的顺序排列。这一分析结果说明不同工艺的微生物群体利用能量的方式存在较大差别。例如延时曝气的氧化沟工艺，底物中的化学㶲大部分转化为维持能或者热量溅溢损失，用于生成污泥的㶲量较少。从污染物去除的角度看，处理过程中产生的热逸散到环境中几乎不会产生什么危害，且污泥量减少对降低整个系统的投资是有利的；但从生物合成的角度看，由于污泥化学㶲的浓度要比污水化学㶲的浓度高很多，处理过程同时也是微生物富集有用能量的过程。这部分富集到污泥中的能量可以采用特定的方式回收。化学㶲是高质的能，应尽量避免其贬值为低质的能(如热)。但目前污泥处理的技术和经济条件均存在限制，大多数情况下污泥中能量回收还只是附带的步骤。如何确定工艺最佳的产泥量，取得水流程和泥流程综合的平衡，降低整个系统的能耗，必须进行进一步的优化集成研究。

4. 各案例污水处理厂能量利用评价

1) 能量(焓)平衡技术指标比较

按照各类能量平衡技术指标评价各案例污水处理厂的能量利用情况，结果汇总于表 4.24。各案例污水处理厂能量利用率与比能耗指标对比见图 4.50。

表 4.24　能量平衡技术指标汇总

项目			BQ 污水处理厂	YHG 污水处理厂	JN 污水处理厂	CT 污水处理厂
全入能/(kJ/d)		基质带入能	18.69×10^6	73.29×10^6	67.25×10^6	105.04×10^6
	外界供给能	曝气系统	1.50×10^6	20.74×10^6	15.00×10^6	13.43×10^6
		其他设备	0	0	6.14×10^6	28.04×10^6
	回收利用能		0	0	8.94×10^6	0
	小计		20.19×10^6	94.03×10^6	97.33×10^6	146.51×10^6
总有效能/(kJ/d)	工艺有效能		11.22×10^6	45.32×10^6	31.18×10^6	54.02×10^6
	回收利用能		0	0	8.94×10^6	0
	小计		11.22×10^6	45.32×10^6	40.12×10^6	54.02×10^6
能量利用率/%			55.57	48.20	41.22	36.86
回收率/%			0	0	9.19	0
比能耗/(kW·h/kg COD)			0.40	1.54	0.94	2.05

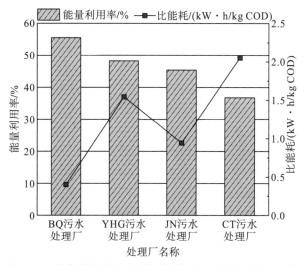

图 4.50　各案例污水处理厂能量利用率与比能耗指标对比

由图 4.50，可得到以下几点认识。

(1) 比能耗指标与能量利用率指标在趋势上有一定的对应关系。能量利用率越高，比能耗指标一般越低。

(2) YHG污水处理厂的比能耗指标高于JN污水处理厂，而能量利用率指标却高于JN污水处理厂。这是因为能量利用率指标考虑了剩余污泥处理可能需要的能量投入，在表达式中减去了 $E_{剩余污泥}$ 项。故对氧化沟这类产泥少、污泥稳定程度高的污水生物处理单元，用比能耗指标难以判断该工序耗能与污泥处理工序耗能的内在联系，而能量利用率则可给出较为客观的、可靠的用能效率评价。

(3) 对于 CT 污水处理厂这类进水水质大大低于设计预计的处理厂，改革运转方式是重要的节能途径。BQ 污水处理厂也长期运行在低浓度进水条件下，实施连续进水间歇曝气的运转方式后，节能效果明显。其能量利用率在与 YHG 污水处理厂、JN 污水处理厂和 CT 污水处理厂的横向对比中是最高的。另外，JN 污水处理厂由于沼气回用于曝气系统，使外界供给的总能量有所降低，这种方式也是污水厂提高能量利用率的有效途径。

2) 㶲平衡指标比较

由于普通㶲效率不能体现污水处理工艺的热力学特点，故本章采用目的㶲效率对各案例污水处理厂二级处理系统的㶲利用状况进行评价。工艺辅助部分输入的㶲作为过程的推动力计入 E_{x,O_2} 中。根据式(3-72)，可得出各厂热力学效率(㶲效率)，见表 4.25。

表 4.25   各处理厂目的㶲效率汇总

污水处理厂	BQ 污水处理厂	YHG 污水处理厂	JN 污水处理厂	CT 污水处理厂
目的㶲效率	$89.32\%=$ $\left(\dfrac{1}{1+11.95\%}\right)$	$75.98\%=$ $\left(\dfrac{1}{1+31.61\%}\right)$	$70.94\%=$ $\left(\dfrac{1}{1+40.96\%}\right)$	$69.5\%=$ $\left(\dfrac{1}{1+43.87\%}\right)$

由于目的㶲效率并不涉及氧传递过程具体方式，只考察为达到特定目的与所付出的推动力这两者的关系，故各厂的㶲效率指标可以在同一基础上比较。从表 4.25 可知，为推动一定量的污染物去除，BQ 污水处理厂的㶲利用效率最高，CT 污水处理厂的㶲利用效率最低，这一结果与能量利用率的结果一致。但目的㶲效率反映的是系统所获得收益与所付出代价的比值，体现了处理设施㶲利用的热力学完善程度。能量利用率反映的是能量的综合利用效果，不涉及热力学意义上的过程进行程度。因为㶲是可自由转化的能量，故节能的主要目的在于提升目的㶲，减少过程和设备的㶲损失。从㶲效率看，各案例污水处理厂，特别是 JN 污水处理厂、CT 污水处理厂还有很大的节能潜力，应致力于降低不必要的、过大的推动力或改变运行方式以减少㶲损失。应当注意，㶲效率不能直接揭示整个系统或设备中㶲损失的分布情况以及每个环节㶲损失所占的比重大小，要发现薄弱环节，仍必须结合㶲平衡分析进行判断。

4.3.4　基于能量分析的工艺节能优化

本节将在前文提出的污水处理厂物料、能量衡算和㶲平衡分析的指导下,进行活性污泥工艺节能运行的生产性试验研究,以验证能量平衡方法的实用性和指导性,并提出可用于实践的处理厂运行方案和节能模式。

1. 试验设备和装置

BQ 污水处理厂工艺流程如图 4.51 所示。BQ 污水处理厂曝气沉淀池结构如图 4.52 所示。进水通过池顶端 $L×B×H$=2400 mm×500 mm×700 mm 的进水槽和槽内三角堰进入离池底 2 m 高处,出水由 3 个 $L×B×H$=4500 mm×180 mm×230 mm 的集水槽(锯齿堰)排入出水渠中。曝气沉淀池的曝气充氧设备为泵 E 型叶轮表面曝气机,叶轮直径为 1560 mm,所配电机为 $Y200L_2$-$6B_5$ 型异步交流电机,其部分技术参数见表 4.26。减速设备为 BLY39-17-22 型摆线针轮减速机。该机组配有 HFV-422 型或 PWM-422 型变频调速机,额定电压为三相 380×(1±15%)V,额定频率为 50 Hz,输出频率范围是 0.5~400 Hz,频率分辨率为 0.01 Hz,输出额定电压为三相 380 V。依靠曝气机的提升力实现污泥回流,剩余污泥静压排放。

表 4.26　曝气电机技术参数

指标	防护等级	转速/(r/min)	额定电流/A	额定功率/kW	效率/%
参数	IP4	970	44.6	22	90.2

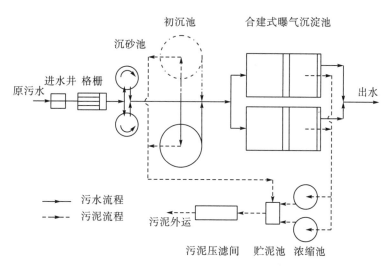

图 4.51　BQ 污水处理厂工艺流程图

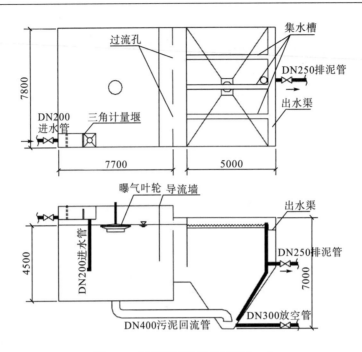

图 4.52　曝气沉淀池结构简图(mm)

曝气批次试验的装置如图 4.53 所示。曝气容器由有机玻璃制作，尺寸为 $L \times B \times H$=300 mm×300 mm×250 mm，有效容积为 18 L。在容器底部和顶盖各设一 $\Phi10$ 的进气管，以适应不同的进气方式。顶盖上还设有电磁搅拌器搅拌连杆的插入孔、溶解氧探头(probe)的插入管、水样的加入管以及供通气用的进气孔。容器底部设 $\Phi10$ 的放空管。曝气所用充氧器为两台 NS8200 型增氧泵。

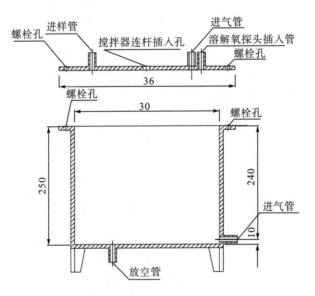

图 4.53　曝气批次试验装置示意图(mm)

2. 原运转方式的能量衡算与㶲平衡分析

按照 BQ 污水处理厂夏季典型的运行条件进行全厂的物料和能量平衡，并选择高能耗的工序进行㶲平衡分析。

1) 运转条件

(1) 污水特性。

夏季典型周进入 BQ 污水处理厂的原污水水量和水质，在一周内的逐日变化见表 4.27 和表 4.28，曝气沉淀池出水水质的逐日变化见表 4.29。曝气沉淀池进水水质比较稳定，采用 8 月 4 日～8 月 10 日三班混合样的平均值；能量平衡采用的水质详见表 4.30。

表 4.27　8 月 4 日～8 月 10 日原污水流量变化

项目	8 月 4 日	8 月 5 日	8 月 6 日	8 月 7 日	8 月 8 日	8 月 9 日	8 月 10 日	平均
流量/(m³/d)	6403.04	6148.68	5980.65	6016.25	6572.84	6779.16	6349.33	6321.42

表 4.28　8 月 4 日～8 月 10 日原污水水质变化

项目	8 月 4 日	8 月 5 日	8 月 6 日	8 月 7 日	8 月 8 日	8 月 9 日	8 月 10 日	平均
水温/℃	26.7	26.7	26.5	26.8	26.6	26.6	26.7	26.66
pH	7.54	7.51	7.49	7.52	7.54	7.55	7.50	7.52
BOD_5/(mg/L)	70	69	78	72	82	69	73	73.29
COD/(mg/L)	250	267	269	258	246	249	243	254.575
SS/(mg/L)	153.4	168.5	166.6	163.2	156.7	145.3	148.3	157.43
TKN/(mg/L)	49.5	52.2	48.4	51.8	50	51.3	54.6	51.11
TP/(mg/L)	6.1	6.3	5.9	6.2	6.1	5.9	6.4	6.1
PO_4^{3-}-P/(mg/L)	3.4	3.3	3.2	3.5	4.1	3.9	3.8	3.6

表 4.29　8 月 4 日～8 月 10 日曝气沉淀池出水水质变化

项目	8 月 4 日	8 月 5 日	8 月 6 日	8 月 7 日	8 月 8 日	8 月 9 日	8 月 10 日	平均
pH	7.65	7.63	7.52	7.61	7.60	7.58	7.57	7.59
BOD_5/(mg/L)	22.3	23.5	22.5	25.6	24.10	16.8	20.1	22.13
COD/(mg/L)	68	74	67	86	80	53	62	70
SS/(mg/L)	35.3	43.8	46.6	34.8	50.1	47.3	43.0	43.0
TKN/(mg/L)	17.2	11.0	13.0	13.7	15.5	13.6	14.3	14.04

表 4.30　能量平衡所采用的污水水量和水质

项目	原污水	曝气沉淀池进水	曝气沉淀池出水
流量/(m³/d)	6321.4	6321.4	6321.4
BOD_5/(mg/L)	73	62	22
COD/(mg/L)	255	197	70
SS/(mg/L)	157	90	43
TKN/(mg/L)	51.1	42.6	14

（2）污泥特性。

假定初沉池中仅存在物理过程，不发生生物化学反应，则初沉池进水污染物的量应等于初沉池出水及初沉池污泥污染物的量之和。初沉池采用间歇排泥的方式运行，平均排泥间隔为 15 d，每次排泥量约 75 m³，折算为每日排泥量 5.0 m³。或按式（4.38）计算（娄金生，1999）：

$$Q_1 = \frac{100 \times (C_0 - C_1) \times Q_w}{10^3 \times (100 - P_w)\gamma_w} \tag{4.38}$$

式中，Q_1 为初沉池污泥量，m³/d；Q_w 为处理的污水流量，m³/d；C_0、C_1 分别为原污水与初沉池出水的 SS 浓度，mg/L；P_w 为污泥含水率，按实测值，为 92.3%；γ_w 为初沉池污泥容重，以 1000 kg/m³ 计。

Q_1 的计算结果为 5.5 m³/d，与第一种算法接近。进行物料平衡时按 5.0 m³/d 计。

二沉池剩余污泥排放量按实测值计。曝气沉淀池污泥龄控制在 20 d 左右，单池剩余污泥流量平均为 3.75 m³/d，其中 SS 浓度平均为 23732 mg/L，VSS 为 7024 mg/L。剩余污泥含水率实测平均为 97.63%。

浓缩池进泥量按曝气沉淀池排泥量计。浓缩后污泥的含水率平均为 93.58%。污泥干化采用板框压滤机。因机械故障等，处理量一直不高。每周平均出泥两三次，每次进泥量约 6.2 m³，含水率为 87%。出泥含水率为 71.2%。贮泥池其余污泥由泥浆泵提升至污泥干化场自然脱水。

假设污泥浓缩和干化不改变污泥的化学焓，仅发生转移。

（3）电耗。

除曝气沉淀池外，其余单元过程机械设备的电耗按实际运行的电机容量乘以每日运转时数确定。测定期间投入运转的曝气沉淀池共 8 座，电机连续运转，其转速为 800 r/min。变频调速器的输入功率实测，取各电机 3 次平均值，为 8.38 kW，则日总耗电量为 1609 kW·h，按曝气机轴功率 6.85 kW 计算为 1305.6 kW·h。

2）物料与能量平衡表

物料与能量平衡如表 4.31 所示，二级处理部分焓平衡分析可见表 4.32。电耗按当量热量 3600 kJ/(kW·h) 计。污水中 COD 化学焓为 13.91 kJ/g；微生物细胞的平均化学能含量为 22.15 kJ/g VSS。

3）能流图

根据物料和能量平衡结果，将输入、输出 BQ 污水处理厂的各类能量按百分比绘制得到全厂的能流图，见图 4.54。图中各项能量均以百分数表示。以污水厂进水的能量（化学焓）为 100%，外界供给的能量以相对进水化学焓的百分数计。

将输入、输出二级处理单元的各类能量按同等比例绘制可得到二级处理部分的能流图（见图 4.55），箭头宽度代表能值大小。各图中基质的能量用白色箭头表示，外界或曝气系统输入的能量用黑色箭头表示。

表 4.31　BQ 污水处理厂物料与能量平衡表

处理单元	参数	物料与能量平衡 污水 输入	污水 输出	污泥 输入	污泥 输出	能耗 /(kW·h/d)	/(kJ/d)	比能耗
1. 预处理 (格栅、沉砂池)	Q/(m³/d)	6321.40	同输入项	—	—	9	32400	5.13 kJ/m³ 污水 1.42×10^{-3} kW·h/m³ 污水
	SS/(kg/d)	992.46						
	BOD_5/(kg/d)	461.46						
	BOD_L/(kg/d)	615.28						
	COD/(kg/d)	1611.96						
	H_{ch}/(kJ/d)	22422321.87						
2. 一级处理 (初沉池)	Q/(m³/d)	6321.40	6321.40	—	5.00	8.80	31680	5.01 kJ/m³ 污水 1.39×10^{-3} kW·h/m³ 污水 455.60 kJ/kgBOD₅ 0.13 kW·h/kgBOD₅
	SS/(kg/d)	992.46	568.93		423.53			
	BOD_5/(kg/d)	461.46	391.93		69.53			
	BOD_L/(kg/d)	615.28	522.57		92.71			
	COD/(kg/d)	1611.96	1245.32		366.64			
	h_{ch}/(kJ/d)	22422920.00	17322342.78		5100577.22			
3. 二级处理 (曝气沉淀池)	Q/(m³/d)	6321.40	6321.40	—	30.00	1609.00	5792400	916.32 kJ/m³ 污水 0.25 kW·h/m³ 污水 22907.90 kJ/kg BOD₅ 6.36 kW·h/kg BOD₅
	SS/(kg/d)	568.93	271.82		711.96			
	BOD_5/(kg/d)	391.93	139.07					
	BOD_L/(kg/d)	522.57	185.43					
	COD/(kg/d)	1245.32	442.50					
	h_{ch}/(kJ/d)	17322342.78	6155147.18		4667448.00			

项目	物料与能量平衡								能耗		比能耗
	污水		污泥								
	输入	输出	输入			输出			/(kW·h/d)	/(kJ/d)	
	Q/(m³/d)	Q/(m³/d)	Q/(m³/d)	SS/(kg/d)	h_{ch}/(kJ/d)	Q/(m³/d)	SS/(kg/d)	h_{ch}/(kJ/d)			
4. 污泥浓缩	—	18.93	30.00	711.96	4667448.00	11.07	711.96	4667448.00	3.00	10800	15169.39 kJ/t 干固体 4.21 kW·h/t 干固体
5. 污泥干化（贮泥池，污泥脱水）		1.21	2.21	287.86	1887126.03	1.00	287.86	1887126.03	51.481	185331.6	64831.86 kJ/t 干固体 178.84 kJ/t 干固体
总计									1681.281	6052611.6	957.48 kJ/m³ 污水 0.266 kW·h/m³ 污水 18774.11 kJ/kg BOD₅ 5.22 kW·h/kg BOD₅

表 4.32 BQ 污水处理厂二级处理部分焓平衡表

项目	输入能量/(kJ/d)	输入能量占总输入能量百分比/%	输出能量/(kJ/d)	输出能量占总输出能量百分比/%
进水	17.32×10^6	74.94		
曝气系统	5.79×10^6	25.06		
出水			6.16×10^6	26.66
剩余污泥			4.67×10^6	20.21
功和热			12.28×10^6	53.13
合计	23.11×10^6	100	23.11×10^6	100

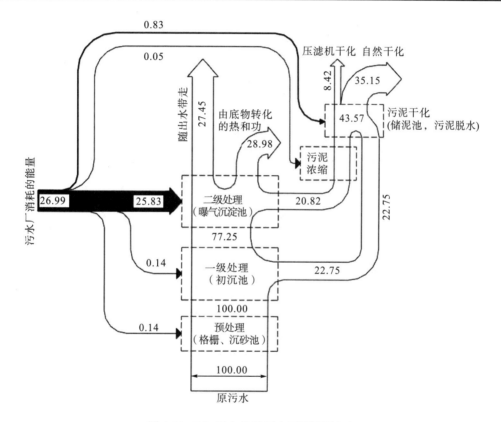

图 4.54 BQ 污水处理厂全厂能流图(%)

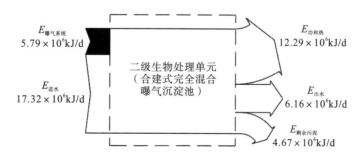

图 4.55 BQ 污水处理厂二级处理部分能流图

4) 㶲平衡与㶲流图

BQ 污水处理厂的二级处理单元占据该厂输入能量的绝大部分,故选取该工序为㶲分析的对象。污水中污染物的化学㶲按 13.825 kJ/g COD 换算。污泥中微生物细胞所包含的能量,采用污泥中挥发性悬浮固体(VSS)的含量计算,即 22.605 kJ/gVSS。

曝气系统的㶲输入:BQ 污水处理厂在原设计运转条件下,25℃、1.013×10^5 Pa 时泵型叶轮表面曝气机的动力效率实测为 1.23 kg O_2/(kW·h)(龙腾锐和高旭,2001)。根据曝气机的日耗电量可计算作为轴功的㶲输入。BQ 污水处理厂曝气系统的供氧量为 1605.89 kg/d。BQ 污水处理厂二级处理系统需氧量按 577.14 kg/d 计算。

BQ 污水处理厂二级处理部分的㶲平衡分析如表 4.33 所示。

表 4.33　BQ 污水处理厂二级处理部分㶲平衡表

项目	输入能量/(kJ/d)	输入能量占总输入能量百分比/%	输出能量/(kJ/d)	输出能量占总输出能量百分比/%
进水	17.22×10^6	74.83		
进水中用于生物合成部分的化学㶲			10.13×10^6	44.03
进水中用于维持部分和溅溢的化学㶲			0.97×10^6	4.20
出水			6.12×10^6	26.59
剩余污泥*			4.76×10^6	20.70
曝气系统	5.79×10^6	25.17		
其他				
由有效需氧量折算的㶲			2.70×10^6	11.74
曝气系统外部㶲损失			3.09×10^6	13.44
合计	23.01×10^6	100	23.01×10^6	100

注:* 用于生物合成的化学㶲包含转移到剩余污泥中的化学㶲。

由㶲平衡分析的结果可绘制㶲流图(图 4.56)。

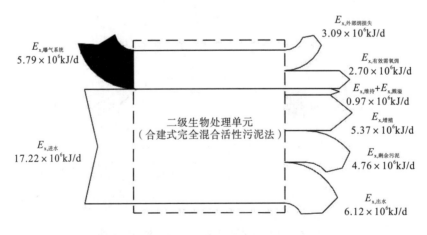

图 4.56　二级处理部分㶲流图

5) 焓平衡与㶲平衡技术指标

(1) 焓平衡技术指标包括二级处理部分和全厂两项，见表 4.34。

表 4.34　焓平衡技术指标汇总

项目			二级处理部分	全厂
全入能/(kJ/d)		基质带入能/(kJ/d)	17.32×10^6	22.42×10^6
	外界供给能	曝气系统/(kJ/d)	5.79×10^6	5.79×10^6
		其他设备/(kJ/d)	0	0.26×10^6
		小计	5.79×10^6	6.05×10^6
	合计		23.11×10^6	28.47×10^6
总有效能/(kJ/d)	工艺有效能/(kJ/d)		6.50×10^6	6.50×10^6
	回收利用能		0	0
	小计		6.50×10^6	6.50×10^6
能量利用率/%			28.12	22.83
COD 计比能耗/(kW·h/kg COD)			2.00	1.44
BOD_5 计比能耗/(kW·h/kg BOD_5)			6.36	5.22

(2) 㶲平衡技术指标：二级处理部分的热力学效率(㶲效率)为 52.24%。

6) 分析与讨论

(1) 从焓分析的结果来看，进水污染物所包含的化学焓有 22.75%转移到初沉池污泥中，27.45%的化学焓随出水带走。20.82%的化学焓转化为剩余污泥的化学能。由于污泥未进行稳定化处理，进入浓缩池和污泥干化两个单元过程的化学能不发生变化，即占进水污染物能量 71.02%的部分最终排放到外界环境中。BQ 污水处理厂全厂的能量利用率仅为 22.83%，二级处理部分不足 30%，说明其活性污泥系统处理能效较低。

(2) 研究结果表明：二级生物处理单元微生物代谢所消耗的㶲量绝大部分(91.26%)用于生物合成，而转移到剩余污泥中的㶲量占到了 $E_{x,代谢}$ 的 42.88%，即通过微生物利用耗散于处理单元内的㶲量较低。

(3) 能流图表明 BQ 污水处理厂能耗(电耗)的绝大部分集中于曝气沉淀系统，该工序消耗了外界供给总能量的 95.7%。从㶲流图可以知道，供需不匹配是 BQ 污水处理厂曝气系统㶲损失的主要原因，由此造成处理系统的推动力过大，降低了目的㶲效率。

(4) 以去除污染物量表示的比能耗 5.22 kW·h/kg BOD_5 或 1.44 kW·h/kg COD，相较于全国平均水平偏高。考虑到 BQ 污水处理厂无污水提升泵房，造成该现象的原因一方面是进水 BOD_5 和 COD 较低，影响了系统的污染物去除效果；另一方面如前文所述，是比能耗指标的局限性。能量利用率指标反映了 BQ 污水处理厂较为真实的用能水平，㶲效率指标表明该厂二级处理系统在热力学上还可进一步完善。

(5)欲提高 BQ 污水处理厂的能源利用效率,可从两条途径入手:第一,BQ 污水处理厂曝气系统提高表曝机能效,防止供氧过量,是节能的主要环节;第二,改变运行方式,改善出水水质,促使进水㶲量在系统中耗散,降低剩余污泥产量。

3. 连续进出水、间歇曝气的生产性试验

利用 BQ 污水处理厂曝气设备的可调节性,通过改变曝气机转速可以达到提高能效的目的,但需对硬件设施进行必要的投资。BQ 污水处理厂现有的 12 套变频调速设备,总投资逾 90 万元,虽然可在长期的运转中通过电耗的节省回收,但对国内同类型的中小型污水处理厂而言,仍有实现的难度。因此改变曝气系统运行方式是 BQ 污水处理厂节能的重点。

1)间歇曝气工艺实施可行性的 OUR 判据

20 世纪 80 年代初,有学者(Palm et al.,1980)发现在生产厂中活性污泥法能在氧不足的条件下有效地运行相当长一段时间(几天),而不会产生大的问题。实验室内间歇曝气与常规方法运行特性的比较则始于 20 世纪 70 年代(王国生,1989)。自 20 世纪 80 年代以来,间歇曝气法在美、日、澳等国得到广泛研究和迅速推广,并形成了 SBR(序批式间歇反应器)、AAA-CMAS(好氧与厌氧交替活性污泥系统)、CAST(循环式活性污泥法)等工艺。间歇法与传统法相比,具有能耗低、容积负荷高、能耐受高浓度的有机废水、能有效控制丝状菌引起的污泥膨胀等优点,对氮、磷的脱除效果也十分显著。SBR 法等对系统自控和管理的手段有较高要求,故而不适于现有处理厂的改造。在 BQ 污水处理厂生产性试验的设想是通过连续进出水、曝气与停曝交替以实现间歇曝气工况,为此,试验前进行了实施的可行性研究。

间歇曝气在曝气池中形成周期性的好氧、缺氧条件,因而试验时比较关心的是活性污泥在氧不足情况下的存活能力和活性污泥中微生物活性的变化。这两者都可用污泥的 OUR 和比污泥耗氧速率(specific oxygen uptake rate,SOUR)来衡量。OUR 是指单位时间氧的利用量,即氧的利用速率(oxygen uptake rate),单位是 mg/(L·h)或 mg/(L·s)。如将该速率与混合液悬浮固体或挥发性悬浮固体的量相联系,则可用 SOUR 表示,其单位是 mg O_2/(gMLSS·h)或 mg O_2/(gMLVSS·h)。OUR 或 SOUR 与微生物对基质的利用速率以及微生物的增殖有很好的相关性,这在许多文献中都有论述(Huang and Cheng,1984;Huang and Cheng,1985;Spanjers, et al.,1996)。可以认为,如在中断曝气一定时间后,活性污泥的 OUR 或 SOUR 无明显降低的话,污泥的活性因停曝所受的影响不大,微生物仍具备对基质的利用能力(Neiva et al.,1996)。试验时,OUR 的测量采用传统的再曝气法。从反应器中取出一定量的待测混合液进行曝气,使其中的溶解氧达到 5~6 mg/L,将待测液移至锥形瓶中,插入溶解氧探头,排出液面上的空气,用橡胶塞密闭瓶口。在搅拌条件下,用溶解氧仪记录瓶中 DO 浓度的变化,作 DO-t 曲线,线形回归可得该直线的斜率,此值即为待测液的 OUR 值。测定时,同时测定待测混合液的 MLSS 和 MLVSS 浓度,可计算得到 SOUR。

试验步骤如下：①从运转正常的曝气沉淀池中取出一批次的活性污泥混合液，取样测 MLSS、MLVSS 及 OUR。将其加入批次试验反应器中至 7L 左右，启动搅拌器，保持污泥的悬浮状态，用增氧泵曝气 4h，使反应器内污泥进入内源代谢阶段，并从反应器底部放空管取样测污泥的内源呼吸率。②向反应器中加入约 7 L 初沉池出水，保持搅拌，使污水与反应器内污泥充分混合后，取样测 MLSS、MLVSS 及 OUR。开增氧泵曝气 5～10 min 后，停止曝气，保持搅拌，开始计时。③分别在停曝 0.5h、1h、2h、3h、4h、6h、8h 时取样测混合液 OUR。④重复以上试验。

混合液曝气 4h 后的 OUR 值即为污泥的内源呼吸率，由于此时混合液中可生物降解的物质大部分已被去除，污泥处于衰减阶段，活性最低。加入初沉池出水后，可生物降解的物质的量不对细菌的增长形成限制，污泥的活性最高，OUR 取得最大值 OUR_{max}（Dold et al., 1980）。试验部分数据详见表 4.35，污泥 SOUR 与停曝时间的关系可见图 4.57 和图 4.58。

由图可见，随着停曝时间的延长，活性污泥的 SOUR 下降。向处于内源呼吸阶段的污泥中加入新鲜污水后，污泥的 SOUR 增至最高。在停曝 1h 后，污泥 SOUR 迅速下降，但仍高于原曝气池中混合液的 SOUR。此后，SOUR 近似于线性地递减。在停曝 4h 后，污泥的 SOUR 比 $SOUR_{max}$ 降低了约 50%，并已低于原曝气池混合液的 SOUR 值。在停曝 8h 后，污泥的 SOUR 衰减了近 70%，缺氧条件已严重抑制了污泥的活性。停曝时间已对污泥活性产生显著影响。

活性污泥对缺氧环境有一定的耐受能力，应充分利用这一能力特性，有效降低系统能耗在 BQ 污水处理厂生产过程中实施间歇曝气运转方式的试验，应保证重新曝气后污泥能较快地恢复活性，不致发生出水水质恶化。由图 4.57、图 4.58 可知，批次试验停曝 4h，污泥 SOUR 比原曝气池混合液的 SOUR 略低 16%～17%，下阶段试验拟选择最长停曝时间为 4h，并在此基础上确定可能导致污染物穿透的停曝时间。

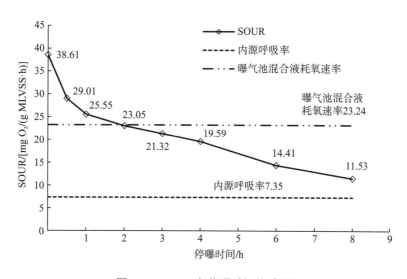

图 4.57　SOUR 与停曝时间关系(a)

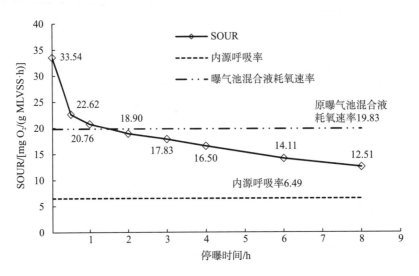

图 4.58 SOUR 与停曝时间关系(b)

表 4.35 OUR、SOUR 与停曝时间关系汇总表

曝气池混合液污泥浓度		曝气池混合液耗氧速率		内源呼吸率		加入新鲜污水后的污泥浓度		OUR/[mg/(L·s)]	SOUR/[mg O₂/(g MLVSS·h)]	停曝时间/h	SOUR衰减率/%
MLSS/(mg/L)	MLVSS/(mg/L)	OUR/[mg/(L·s)]	SOUR/[mg O₂/(g MLVSS·h)]	OUR/[mg/(L·s)]	SOUR/[mg O₂/(g MLVSS·h)]	MLSS/(mg/L)	MLVSS/(mg/L)				
								0.0201	38.61	0	0
								0.0151	29.01	0.5	25
								0.0133	25.55	1	34
11502	3966	0.0256	23.24	0.0081	7.35	5420	1874	0.012	23.05	2	40
								0.0111	21.32	3	45
								0.0102	19.59	4	49
								0.0075	14.41	6	63
								0.006	11.53	8	70
								0.0126	33.54	0	0
								0.0085	22.62	0.5	.33
								0.0078	20.76	1	38
8816	2996	0.0165	19.83	0.0054	6.49	3978	1353	0.0071	18.90	2	44
								0.0067	17.83	3	47
								0.0062	16.50	4	51
								0.0053	14.11	6	58
								0.0047	12.51	8	63

注：曝气池混合液污泥浓度和耗氧速率是指从曝气沉淀池取样测得的相应指标；SOUR 衰减率是指停曝后测得的 SOUR 值相对于最大 SOUR 值减小的百分数。

2) 连续进出水、间歇曝气的生产性试验

结合 BQ 污水处理厂的生产条件和管理水平,试验采用了在曝气沉淀池系统中连续进出水、间歇曝气的方案。选择两个运转正常的曝气沉淀池,维持进出水连续条件,按照一定的曝气-停曝交替的时间组合运转。在停曝期间,不进行曝气区的搅拌混合;曝气期间,表曝机电机转速控制在 700 r/min,这时曝气机的动力效率要高于原转速 800 r/min 的值。单格曝气区原设计流量为 833 m^3/d,水力停留时间 HRT 为 7.6 h,试验中,流量范围为 850~1400 m^3/d,HRT 为 4.47~7.51 h。采用较高的流量是考虑到进水有机污染物的浓度过低,不利于微生物增殖;同时,也是为了考察间歇曝气的运行方式在高水力负荷下的处理能力。这一流量条件下,沉淀区 HRT 为 1.5~2.5 h,表面负荷率为 1.01~1.67 $m^3/(m^2 \cdot h)$,符合一般设计要求(于尔捷和张杰,1996)。

鉴于 BQ 污水处理厂采用表面曝气机提升力-管道回流方式,在生产中可控因素的限制及活性污泥工艺本身的复杂性,试验没有采用传统的正交试验以决定曝气停曝所采用的时间。为便于生产管理,以 1 h 为变化单位,按表 4.36 进行了 14 种曝气-停曝时间组合的运行效果研究,考察每种组合在一个运转周期内的进出水水质和污染指标去除率的情况,以选定合适的组合,达到最佳的节能效果。其中 4~5 工况(即曝气 4 h,停曝 5 h)是为考察污染物穿透情况而设置的组合方式。

表 4.36 试验安排的曝气-停曝时间组合

停曝时间/h	曝气时间/h			
	1	2	3	4
1	✓	✓	✓	✓
2	—	✓	✓	✓
3	—	✓	✓	✓
4	—	✓	✓	✓
5	—	—	—	✓

进出水水质指标为 SS、COD_{Cr}、NH_4^+-N、NO_3^--N、NO_2^--N、TKN、TP、PO_4^{3-}。试验没有采用 BOD 作为水质指标,一方面是考虑到试验周期长,样品的量较多,BOD 测定耗时;另一方面,间歇曝气运行方式,曝气池混合液中微生物种群、微生物的代谢能力等都不同于 BOD 测定中好氧环境、标准条件下的相应情况,BOD 值所反映的好氧条件下可生物降解的污染物量与间歇曝气好氧-缺氧工况能生物降解的污染物量有差别,其指示性并不一定自明。

对每一组合工况,曝气期间以 1 h 为取样间隔,停曝期间以 0.5 h 为取样间隔。在曝气期开始的第一个小时,0.5 h 取样一次,以便于把握水质的变动特性。进水在初沉池出水渠道与曝气池配水廊道交汇处取样,出水在曝气沉淀池沉淀区出水渠处取样。取样时使用 BOD 瓶,取样后立即测定。

对每一工况，安排一组曝气期间的曝气池混合液 SOUR 的测定。从开始曝气起至停止曝气止，每 15～30 min 从曝气区取活性污泥 1 L，用锥形瓶再曝气法测定混合液的 OUR，同时测定污泥的 30min 沉降体积（30min settled sludge volume，SV_{30}）、MLSS、MLVSS，并计算 SOUR、SVI（污泥体积指数）值。

试验期间，每两种曝气-停曝组合之间由于改变了曝气系统的运转方式，对污泥的性能有一定影响，故各工况稳定运行 3～5 d 后开始测定。曝气沉淀池的污泥浓度（MLSS）控制在 5000～7000 mg/L，污泥龄（SRT）控制在 15～20 d。试验在 BQ 污水处理厂的两个曝气沉淀池中交替进行。

表 4.37 为各工况主要运行参数。图 4.59 为各工况在曝气期间的 SOUR 变化。

表 4.37　各工况主要运行参数

测定日期	方式	好氧时间/h	缺氧时间/h	水力停留时间/h	TN 负荷率/[kg/(kg·d)]	COD 负荷率/[kg/(kg·d)]
6 月 30 日	1-1	1	1	5.25	0.032	0.164
7 月 19 日	2-1	2	1	5.25	0.030	0.097
8 月 5 日	2-2	2	2	5.25	0.045	0.167
8 月 12 日	2-3	2	3	5.25	0.043	0.146
8 月 16 日	2-4	2	4	5.25	0.039	0.146
8 月 27 日	3-1	3	1	5.25	0.041	0.146
8 月 29 日	3-2	3	2	7.51	0.025	0.082
8 月 30 日	3-3	3	3	5.25	0.035	0.133
9 月 10 日	3-4	3	4	4.47	0.055	0.211
7 月 21 日	4-1	4	1	5.25	0.042	0.154
7 月 24 日	4-2	4	2	6.24	0.040	0.145
8 月 8 日	4-3	4	3	4.47	0.048	0.148
8 月 14 日	4-4	4	4	5.25	0.044	0.143
8 月 26 日	4-5	4	5	4.47	0.048	0.158

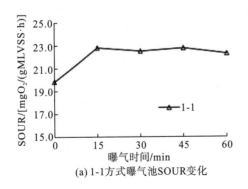

(a) 1-1方式曝气池SOUR变化

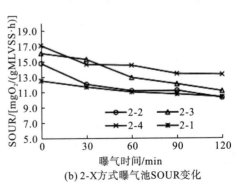

(b) 2-X方式曝气池SOUR变化

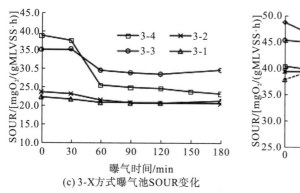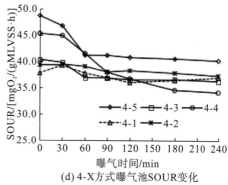

(c) 3-X方式曝气池SOUR变化　　　(d) 4-X方式曝气池SOUR变化

图 4.59　各工况曝气期间 SOUR 变化

3) 间歇曝气运转方式的能量平衡分析

(1) 能量衡算与㶲平衡结果分析。曝气设备的输入功率，700 r/min 时为 5.79 kW。在曝气 3h-停曝 3h 的方式下，日运转时数为 12 h，则单池每日耗电量为 69.48 kW·h。单池流量按试验期间的平均值计，进出水的 BOD$_5$ 按 COD 的 30%计。单个曝气沉淀池的进出水条件及能耗见表 4.38。

表 4.38　间歇曝气工艺曝气沉淀池能耗统计

项目	单池流量 Q/(m^3/d)	BOD$_5$ /(kg/d)	BOD$_L$ /(kg/d)	COD /(kg/d)	化学焓 /(×10^{6}kJ/d)	化学㶲 /(×10^{6}kJ/d)	曝气系统电耗 /(kW·h/d)	比能耗
进水	1125	66.38	88.51	199.13	3.11	3.10	69.48	0.06 kW·h/m^3 污水
出水	1125	14.25	19.00	42.75	0.67	0.66		1.31kW·h/kg BOD$_5$

可以看出，BQ 污水处理厂按照曝气 3h-停曝 3h 方式运行后，以曝气沉淀池为主的二级污水处理部分，采用较低电机转速 (700 r/min) 和间歇曝气工艺，处理单位污水的比能耗由 2.00 kW·h/kg COD (6.36 kW·h/kg BOD$_5$) 降至 0.40 kW·h/kg COD (1.32 kW·h/kg BOD$_5$)，能量利用率由 28.12%提高到 55.54%，表明 BQ 污水处理厂二级处理系统对全入能量的转化利用效率显著提高，用能结构趋于合理；㶲效率由 52.24%增至 88.04%，表明为推动污染物去除，能量的质的利用效率也有 35.8%的提高。

由能流图可以知道，调整电机转速以及间歇曝气使得曝气系统输入能在全入能中的比例由 25.06%降低至 7.43%，这一措施是能耗降低的主要原因。间歇曝气工艺在改善出水水质的情况下，使剩余污泥所包含的化学能输出由占全入能的 20.19%降至 17.16%，即污泥产量减少改善了 BQ 污水处理厂的能量结构。对于不进行污泥生物质能源回收的污水处理厂，减少剩余污泥有利于降低全厂的总能量需求。

从㶲流图还可以得到一些有用的结论：

a. 曝气系统能耗降低主要来自外部㶲损失的减少。由于有效需氧所耗㶲是折算数值，受曝气系统输入㶲大小的影响，故实际减少的外部㶲损失还要高。因此选择合适的曝气量可以有效地节约㶲量。

b. 微生物对底物化学能的利用和分配发生了变化。间歇曝气造成的特殊的混合和溶解氧条件，显然抑制了微生物将能量用于生物合成。为适应停曝时的低氧状况，微生物将更多的能量用于维持细胞结构的稳定。从宏观来看，剩余污泥部分的化学㶲由原运转条件占输入总㶲量的 20.70%降低到目前的 17.61%，如按基质输入㶲计，这一比例分别为 27.64%和 19.01%；而用于维持与溅溢的化学㶲比例则由占总㶲量的 4.20%提高到 35.21%。微生物群体似乎形成了某种记忆，曝气期间底物代谢得到的能量大部分用于应付停曝期间微生物的维持，造成合成的生物量减少。这与多名学者对好氧、厌氧不同条件对微生物增长与能量利用的影响的研究相类似(Ip et al.，1987；Chudoba et al.，1991，1992；Copp and Dold，1998)，好氧与厌氧交替的工艺的确能降低污泥产量，其根本原因在于微生物改变了能量的分配方式，其机理在前面的章节已有讨论。

(2) 曝气期间 SOUR 变化分析。曝气期间 SOUR 的变化反映了物质代谢中的氧消耗强度的波动情况。由于氧是参与有氧生物能量代谢的主要物质，故分析 OUR 的变动也有助于了解间歇工艺的用能特点。

图 4.59 中时间为 0 的点是停曝期结束、曝气开始的点。这时，可发现一个有趣的现象，除曝气 1h-停曝 1h 方式的批次试验，停曝引起污泥活性下降，SOUR 在开始曝气初期时较低，然后逐渐升高外，其他的运行方式在整个曝气期间 SOUR 无一例外都呈逐步降低至稳定的趋势。并且，停曝时间越长，重新开始曝气时测得的 SOUR 越高，最终稳定后的 SOUR 也越高。这似乎说明生产中的间歇曝气工艺对提高污泥的活性有帮助。

批次试验与生产试验不同处在于：批次试验加入初沉池出水后，曝气一定时间后就开始停曝过程，中途未补充底物，停曝时保持搅拌；而生产试验中污水连续进出反应器，停曝时不搅拌。对好氧与缺氧交替的活性污泥系统，已有研究表明，其中的微生物种类、组成、结构和功能都与传统法有差别(王国生，1989；耿安朝和张洪林，1997)。传统法的污泥中以好氧菌胶团形成菌占优势，而在间歇法中，厌氧和低氧的环境促进了兼性菌的繁殖(Gonzalez-Martinez et al.，2016)。这些兼性菌对停曝期间污染物的降解起着重要的作用。研究推测：批次试验的活性污泥基本上代表了连续运行条件时的情况，环境中氧含量的多少对污泥代谢能力的高低有决定性影响，故停曝时间越长，污泥中好氧菌活性受抑制的程度越严重。由于搅拌充分，污泥始终能与底物接触，不外加底物，污泥可吸附的底物是有限的，所以不存在污泥活性突增的可能。生产中，未进行搅拌，处于外层的污泥絮体能与进水的底物接触，随着兼性菌降解能力的发挥，部分底物被利用，连续的进水又可不断补充底物，于是又开始新的吸附水解过程，但显然兼性菌利用底物的速度有限，所以，总体上看，停曝时间越长，对底物的吸附越多，重新曝气后兼性菌单位时间内对氧的需求越大，SOUR 值越高。当然，未被吸附的污染物的量也越多，表现为出水水质逐渐恶化。曝气开始后，停曝时处于"饥饿"状态、位于污泥内层的好氧微生物才有机会与底物接触，表现为对缺氧时积累的溶解性、易降解物质的迅速去除，需消耗更多的氧。随着曝气的进行，这部分溶解性强、易降解的有机物已基本利用完，微生物所需的碳源和能源必须从底物中摄取，由于这一过程存在特定的步骤，底物降解速度下降，对氧的需求就不如开始时那么高。

SOUR 的变动说明微生物耗能速度存在波动：曝气重新开始后，SOUR 值较高，微生物由于分解底物短时间内释放的能量可能要高于其他曝气时段。这部分能量是否如前文所述,被微生物储备以满足后续缺氧阶段维持生命活动,或者是兼性菌群独有的能量代谢特征,对好氧与缺氧交替的工况是否具有决定性影响等,都值得进一步研究。

3)污水二级处理的能效

(1)回流与混合。间歇曝气试验采用的曝气机电机转速为 700 r/min,基于㶲平衡分析和实际效果,该转速下的充氧能力是足够的,更高的转速无助于改善水质,而且由于高转速时能效降低,会造成浪费。另一方面,对 BQ 污水处理厂的曝气管道回流系统,应采用的曝气叶轮转速不仅取决于充氧要求,也取决于曝气机的回流力。污泥由曝气区经沉淀区进入回流管,重回到曝气区这一过程的阻力损失必须小于叶轮的提升高度,才能实现污泥的正常循环和回流。研究(孙慧修等,1983)认为,在回流管中应保证 70~120 mm/s 的污泥流速。在 BQ 污水处理厂 5~10 月的试验中,回流污泥浓度通常在 20000~25000 mg/L,按下式计算回流比(王洪臣,1997):

$$R_w = \frac{X_m}{X_r - X_m} \tag{4.39}$$

式中,R_w 为污泥回流比;X_m 为混合液污泥浓度,mg/L;X_r 为回流污泥浓度,mg/L。

R_w 值为 0.35~0.48,由此可得回流管内污泥流速为 32~53 mm/s,突破了流速限制(孙慧修等,1983)。实际运行中发现,在 700 r/min 的电机转速下,污泥的沉降性能一直较好,SVI 值通常低于 60,沉淀区出水清澈,偶尔出现的细小泥粒上浮是由混合液污泥浓度过高引起,加强排泥即可有效解决。将转速降低至 600 r/min(动力密度为 12.4 W/m³)后,翌日沉淀区就有比较大块的污泥上浮,并伴有气泡上升,推断是污泥回流不畅,导致污泥在沉淀区泥斗内淤积,并在厌氧状态下产气,使得污泥相对密度减小。转速提升到 650 r/min(动力密度为 15.3 W/m³)后,情况有改善,但沉淀区仍有少量污泥上浮。对试验采用的高污泥浓度的活性污泥工艺,看来至少应维持曝气区的动力密度为 17 W/m³ 以上。

对污泥回流系统不同于 BQ 污水处理厂的传统活性污泥法污水处理厂,能效的研究相对复杂一些,合理调节回流比能灵活适应负荷变化,对出水水质及其稳定性都有影响。

(2)热力学推动力。由目的㶲效率的定义可以知道,热力学推动力是相对于一定的目的提出的。为了使底物降解过程以一定的速率进行,这种推动力表现为氧传递速率。如果认为曝气池混合液中维持 2 mg/L 的溶解氧浓度是必要和充分的,那么由一阶传质模式表达氧在污水中的充氧效率为

$$\frac{dc}{dt} = K_L a_w (C_{sw} - C_t) - OUR \tag{4.40}$$

式中,$\frac{dc}{dt}$ 为单位体积氧的传质速率,即单位时间内向单位体积的水中传递的氧量,mg/(L·h);$K_L a_w$ 为污水中的传氧系数,1/h;C_{sw} 为污水的饱和溶解氧值,mg/L;C_t 为时间 t 时水中氧的浓度,mg/L;OUR 为活性污泥的好氧速率或氧吸收率,mg/(L·h)。

$(C_{sw} - C_t)$ 的值一般是确定的,曝气设备供给的㶲主要引起细胞内和细胞外物理㶲的势差,以维持所需反应速度。如需要更快的反应速度,对这种㶲势差的需求越大,推动力也

需要越大，㶲损失也越大。但是，如果使 $(C_{sw}-C_t)$ 值增大，则细胞内外物理㶲的差别增大，保持同样的反应速率需要外界提供的物理㶲显然就会减小，㶲损失减小，能效提高。深井曝气和纯氧曝气正是利用这一原理提高传质效率。因此，创造有利于氧传递的浓度条件，可降低热力学推动力损失。

间歇曝气试验中，污泥的 SOUR 在曝气初期较高这一特点有利于氧的传递。式(4.40)可改写为

$$\text{OUR} = K_L a_w \left(C_{sw} - C_t \right) - \frac{\mathrm{d}c}{\mathrm{d}t} \tag{4.41}$$

OUR 值是 SOUR 与 MLVSS 的乘积。显然，SOUR 值高，OUR 值也随之提高。在曝气开始阶段，曝气池中溶解氧浓度接近于零(一般小于 0.1~0.2 mg/L)，$(C_{sw}-C_t)$ 值较大，所需的㶲势差低。污泥的 SOUR 值高，能迅速将溶入的氧利用掉，使得传质的阻力减小，这一特点不仅提高了曝气系统的氧转移效率，而且曝气初期的㶲损失也减少。对连续曝气系统，由于混合液中的溶解氧浓度的影响，氧转移效率总低于最大值，而且溶解氧浓度越高，氧转移效率越低。由图 4.58，SOUR 值逐渐下降趋于平稳，约需 1h，这 1 h 是间歇曝气工艺的高能效段，系统对推动力的利用相对比较充分。实际运行的出水水质要优于原运行方式的出水水质，则间接地反映了㶲效率提高的具体效果。

本章首先建立了污水污泥元素分析、能值和热值测定方法，并通过构建常规水质指标与能值、热值指标的对应关系，为进行污水处理厂能质、能效分析奠定了基础；引入化工过程热力学分析方法，分别定义了污水处理单位比能耗和综合比能耗，能源利用效率和能源回收效率，能源的等价热量和当量热量，污染物化学㶲、一次能源㶲和二次能源㶲等概念。在此基础上，建立了污水处理厂能量衡算模型和㶲平衡分析方法，可分别用于评估污水处理厂全厂及其各工艺单元的用能的数量效率和能量的结构、形态变化、损耗和流向等能量的质的效益。典型城市污水处理厂案例研究表明，能量衡算模型和㶲平衡分析方法具有较强的能量学指示性和实用的可靠性，可以方便地确定一次能源和二次能源在处理系统或设备中转化、传递和散失的情况，从理论上可以计算不同的工艺或工艺要实现的不同功能，及其对能源的量和质的需求的差异，因而可以精准地明确处理厂节能的主要环节、关键技术和实现路径。

术 语 表

符号	含义	单位
C	碳元素	—
H	氢元素	—
O	氧元素	—
N	氮元素	—
S	硫元素	—
A	灰分	—
W	水分	—
P_C	可燃物中所含碳的质量分数	%

符号	含义	单位
P_H	可燃物中所含氢的质量分数	%
P_O	可燃物中所含氧的质量分数	%
P_N	可燃物中所含氮的质量分数	%
P_S	可燃物中所含硫的质量分数	%
P_A	可燃物中所含灰分的质量分数	%
P_w	可燃物中所含水分的质量分数	%
P_A''	实测灰分质量分数	%
CO_2	二氧化碳	—
NO_x	氮氧化合物	—
ΔTe	燃烧前后的温度变化值	℃
Q_x	欲测物质发生的热效应	J
Q_q	在测热量计水当量时的热效应	J
ΔT	热量计中发生热效应时所测得的温升	℃
ΔT_e	在测热量计水当量时的温升	℃
K_w	热量计的水当量	J/K
$Q_{高(干)}$	干燥基高位热量	kJ/g
TCD	热导检测器	—
AD	绝对误差	%
SD	标准偏差	%
RSD	变异系数	%
$Qgr.ad$	分析试样的高位发热量	J/g
$Qb.ad$	分析试样的弹筒发热量	J/g
$Sb.ad$	由弹筒洗液测得的煤的含硫量	%
α	硝酸校正系数	—
P_C	每克样品干燥基中 C 的质量分数	%
P_H	每克样品干燥基中 H 的质量分数	%
P_O	每克样品干燥基中 O 的质量分数	%
P_N	每克样品干燥基中 N 的质量分数	%
P_S	每克样品干燥基中 S 的质量分数	%
P_v	挥发分	%
P_A'	通过元素总量推算出的样品灰分含量	%
E_r	拟合误差	—
P_n	自变量个数	—
n	样本容量	—
S_U	方程的回归平方和	—
S_Q	方程的残差平方和	—
F	检验的统计量	—

符号	含义	单位
R	回归方程的全相关系数	—
P_w	污水污泥的平均含水率	%
M_w	污水污泥质量	g
E_w	污水处理厂能量	kJ
$\sum W_s$	系统对外或外界对系统所做的轴功	kJ
$\sum E_1$	进入系统的能量	kJ
$\sum E_2$	基质离开系统时带走的能量	kJ
$\sum Q$	系统向周围环境散失或由外界供给的热量	kJ
$E_{有用物}$	基质所包含的能量转化到副产物的部分	kJ
$E_{热和功}$	功和热损失的能量	kJ
$E_{基质}$	基质带入的能量	kJ
$\sum E^+$	进入生物反应器的能量总和	kJ/d
$\sum E^-$	离开反应器的能量总和	kJ/d
$E_{储存}$	生物反应器中积累的能量	kJ/d
$E_{有用}$	处理过程所获得的有用的能量输出	kJ/d
$E_{废弃}$	输入系统的能量中废弃到环境中的部分	kJ/d
$E_{x,Q}$	输出反应器微生物系统的热量㶲	kJ/d
$E_{无用物}$	无用副产物具有的能量	kJ/d
VSS	挥发性悬浮固体浓度	mg/L
primary energy	一次能源	—
secondary energy	二次能源	—
energy recovery	能量回收	—
O_2^a	碳化需氧量	kg/d
Q_w	平均日流量	m³/d
BOD_5	五日生化需氧量	kg/m³
BOD_L	总生化需氧量	kg/m³
S_0	流入曝气沉淀池污水的 BOD_L 浓度	kg/m³
S_e	流出曝气沉淀池污水的 BOD_L 浓度	kg/m³
O_2^b	剩余污泥氧当量	kg/d
X_w	每日生成的活性污泥量	kg/d
O_2^c	氨氮硝化需氧量	kg/d
TKN	总凯氏氮	mg/L
NK_0	流入曝气池污水的 TKN 浓度	kg/m³
NK_e	流出曝气池污水的 TKN 浓度	kg/m³
O_2^d	反硝化脱氮所放出的氧当量	kg/d
NO_0	流入曝气沉淀池污水的 NO_3^--N 浓度	kg/m³

续表

符号	含义	单位
NO_e	流出曝气沉淀池污水的 NO_3^--N 浓度	kg/m^3
O_{02}	标准条件下处理系统需氧量	kg/d
O_2	实际条件下处理系统需氧量	kg/d
$C_{s(20)}$	20℃时水中饱和溶解氧浓度	mg/L
$C_{s(T)}$	温度 T 时水中的饱和溶解氧浓度	mg/L
C_s	水中的溶解氧浓度	mg/L
T	设计温度	℃
α	修正系数	—
β	修正系数	—
G_o	供氧量	kg/d
G_s	供气量	m^3/d
P_0	鼓风机入口 0 处的空气所具有的压强	Pa
P_1	出口 1 处的风压	Pa
P_2	曝气池中微孔曝气头的背压	Pa
P_3	曝气头出口处风压	Pa
P_4	溢出液面时的风压	Pa
Q_r	微生物的实际需氧量	mg/L
N_e	有效功率	kW
W_s	输入鼓风机的轴功率	kW
g	重力加速度	N/m
h	水深	m
ρ	污水密度	mg/L
Q_{wi}	鼓风机系统供给的风量	m^3/h
Q_1	初沉池污泥量	m^3/d
Q_w	污水流量	m^3/d
C_0	原污水出水的 SS 浓度	mg/L
C_1	初沉池出水的 SS 浓度	mg/L
P_w	污泥含水率	%
γ_w	初沉池污泥容重	以 1000 kg/m^3 计
survival capacity	存活能力	—
microbial activity	微生物活性	—
OUR	单位时间的氧利用量/氧的利用率	$mg/(L·h)$ 或 $mg/(L·s)$
SOUR	比污泥耗氧速率	$mg\ O_2/(g\ MLSS·h)$ 或 $mg\ O_2/(g\ MLVSS·h)$
reaeration	再曝气法	—
MLSS	曝气沉淀池的污泥浓度	mg/L
HRT	水力停留时间	h
SRT	污泥龄	d

符号	含义	单位
X_m	混合液污泥浓度	mg/L
X_r	回流污泥浓度	mg/L
R_w	污泥回流比	—
C_t	时间 t 时水中氧的浓度	mg/L
dc/dt	单位体积氧的传质速率	mg/(L·h)
K_La_w	污水中的传氧系数	1/h
C_{sw}	污水的饱和溶解氧值	mg/L
S	熵	J/K
SV_{30}	污泥沉降比	%
SVI	污泥体积指数	mL/g

第5章 基于微生物代谢的零能耗污水处理与模型

传统污水生物处理工艺为了减少剩余污泥产量以能(供氧)耗能(有机物)的形式,将大部分有机物(包括细胞内物质)氧化分解为 CO_2 和 H_2O,小部分有机物用于微生物合成,这样使得氧化分解产生的大部分能量以热的形式耗散。因此,从能量循环利用的角度看,传统污水处理方式有悖节能降耗理念。此外,作为污水生物处理过程的必然产物——污泥(新生细胞)所含的生物质能并没有得到有效利用。因此,传统生物处理方式并不能实现对污水中污染物化学能的有效回收和利用。基于微生物物质能量转化特征,通过调控用于分解代谢和合成代谢的基质比例(污染物),在分解代谢产能满足合成代谢和维持代谢的前提下,最大限度地使污水中的基质用于合成代谢(产生大量的污泥),使污水中污染物化学能大部分转化为污泥的生物质能,然后通过厌氧消化使该生物质能进一步转化为电能,所产生的电能反馈供给污水处理和污泥处理工艺所需的耗能。若能实现能量自给率达到100%,则能实现完全意义上的零能耗运行(无须外部能量),甚至还可能使污水厂向外部输出能量。这种以有效利用污泥中的生物质能为核心的污水处理厂内部能源循环利用方式将使污水处理系统从“能量输入处理工艺”向“能源自立、资源输出型的工艺”转变。

5.1 零能耗污水处理的概念及碳流分析

污水处理是能源密集型行业(Li et al.,2015)。污水处理需要消耗大量电能,从而导致大量碳排放。污水处理能耗问题已受到全球社会广泛关注。近几十年来,在日益严格的污水排放标准限制下,污水处理厂(wastewater treatment plant,WWTP)一直致力于提高污染物去除率,这显著地增加了污水生物处理过程中的能源消耗。目前,面对全球气候变暖,污水处理厂在减少碳足迹方面作出了巨大努力。总的来说,减少污水处理厂的能源输入是可持续污水处理的主要目标。污水处理过程会消耗电能、天然气或燃油,电能在其中占比最大,能够达到90%以上(Ganora et al.,2019)。在美国,一般3%~4%的电能用于水和污水的收集和处理(Cogert et al.,2019)。截至2018年数据显示,中国城市污水处理厂污水处理的能耗量约占总产能量的0.27%(Yang and Chen,2021)。因此,绝大多数研究都集中在污水处理的电能消耗上。由于统计口径与基准问题,目前关于各地区污水处理能耗数据存在较大学术争议。但现有报道出的数据在某种程度上能够反映污水处理能耗水平。目前,在实际工程中衡量污水处理能耗的指标主要有两种形式,一是处理单位体积污水所需的能耗,单位为 $kW \cdot h/m^3$;二是去除单位质量COD所需的能耗,单位为 $kW \cdot h/kg\ COD$。后者更能反映能耗对污水水质的响应。有文献报道:中国污水处理厂的污水处理平均能耗为 $0.88\ kW \cdot h/kg\ COD$,意大利为0.80

kW·h/kg COD，奥地利为 0.65 kW·h/kg COD（Li et al.，2023；Ranieri et al.，2021）。

尽管污水于排放环境而言被视为废物，但是污水本身也是能源的载体，如有机物化学能、热能等。城市污水中的污染物含有大量的化学能，在可持续发展和循环经济概念的诠释下，这种化学能是一种可再生能源。污染物所含化学能是污水处理能耗的 9～10 倍，约为 17.8～28.7 kJ/g COD（Heidrich et al.，2011）。因此，从污水中回收能源具有巨大的潜力。在未来的污水处理系统中，污水处理必定与能源转化过程相耦合，即在降解污染物的同时获取能源。污水处理过程中，污染物所含化学能的一部分被转化为生物质能，而其余的能量则以热能的形式耗散。生物质能可以转化为高品位能源，直接用于抵消污水处理过程中消耗的电能，这种能量回收方式已受到了多方利益相关者的高度关注。目前，污水处理厂回收污染物化学能最可行的方法就是通过污泥厌氧消化产生高品位化学能源 CH_4，CH_4再作为生物燃料通过热电联产方式发电和供热（Sanscartier et al.，2012）。厌氧消化是一种成熟且强大的技术，通常用于有机物中回收能量（Schwarzenbeck et al.，2008；Huang et al.，2019）。在美国，热电联产（combined heat and power，CHP）厌氧消化每年可节省电量 6.28亿～49.4 亿千瓦时（Stillwell et al.，2010）。在欧洲，2014 年通过污泥厌氧消化产生的能量为 4.97×10^{13} kJ（Silvestre et al.，2015）。

如果通过污染物化学能回收所产生的电能和热能能够满足污水处理自身的能耗需求，这时则不需要外部能量输入；因此，污水处理具有"净零能耗"特征并形成一个能量中和的污水处理系统，这便是零能耗污水处理的核心理念（Yan et al.，2017）。此外，如果污染物化学能回收所产生的电能和热能大于污水处理能耗需求，污水处理厂还能向外部输出能量，实现污水系统从"处理工艺"向"能源自立资源输出型生产工艺"的转化。目前已实现零能耗污水处理的实际工程案例如表 5.1 所示。绝大部分污水处理厂均通过污泥厌氧消化结合热电联产得以实现零能耗。其中芬兰 Kakolanmäki 污水处理厂的能量自给率高达333%，可以向外部输出能量（郝晓地等，2021）。德国 Koehlbrandhoeft 污水厂的能量自给率达到 100%，基本实现能量自给（Thierbach and Hanssen，2003）。

表 5.1 零能耗污水处理的工程案例

国家	污水处理厂	处理规模/(m³/d)	工艺	能源回收形式	能源自给率/%	参考
芬兰	Kakolanmäki污水处理厂	89280	A/O+升流慢速砂滤池	厌氧消化-热电联产；污水余温热能回收；太阳能产电	333	（郝晓地等，2021）
德国	Koehlbrandhoeft污水处理厂	450000	传统活性污泥法+生物脱氮	厌氧消化-热电联产	100	（Thierbach and Hanssen，2003）
荷兰	Dokhaven污水处理厂	121000	A/B+SHARON/厌氧氨氧化	厌氧消化-热电联产	115	（Lotti et al.，2015）
美国	Sheboygan污水处理厂	70000	A/O+水解-酸化、浓缩一体化工艺	厌氧消化-热电联产	90～115	（郝晓地等，2014a）
美国	Howard Curren污水处理厂	363400	A²/O 活性污泥法	厌氧消化-热电联产	110	（Mo and Zhang，2012）
丹麦	Marselisborg污水处理厂	27500	硝化/反硝化工艺+侧流厌氧氨氧化	厌氧消化-热电联产	>140	（Thomsen et al.，2018）
奥地利	Strass 污水处理厂	27500	A/B+侧流厌氧氨氧化	厌氧消化-热电联产	108	（郝晓地等，2014a）
芬兰	Mikkeli 污水处理厂	90000	化学沉淀+生化曝气池+砂滤池	厌氧消化-热电联产	200	（Hao et al.，2019a）

　　污水生物处理的实质是微生物从污水中摄取营养物质,通过系列复杂的生物化学反应实现物质分解和能量转化,并不断进行自我增殖。在这个过程中,微生物对一部分有机物进行氧化分解(分解代谢),最终形成 CO_2 和 H_2O 等稳定的简单物质,并伴随着热量的耗散。另一部分有机物被微生物用于合成新细胞质(合成代谢),所需能量来自分解代谢。传统污水生物处理为了减少剩余污泥产量(降低污泥处理处置费用),以能(供氧)耗能(有机物)的形式,将大部分有机物(包括细胞内物质)氧化分解为 CO_2 和 H_2O,小部分有机物用于微生物合成,这样使得氧化分解产生的大部分能量以热的形式耗散[图 5.1(a)]。因此,从能量循环利用的角度分析,传统污水处理方式有悖节能降耗和能源可持续利用的理念。此外,作为污水生物处理过程的必然产物——污泥(新细胞)所含的生物质能并没有得到有效利用。因此,传统生物处理方式并不能实现对污水中污染物化学潜能的有效回收与利用。

　　在实际工程中,化学需氧量(COD)已被普遍用于表征生活污水中有机物的含量。传统污水处理通过“以能消能”的方式将污染物矿化或进行污染物转化(菌体及生物量)等,也就是进水中大部分 COD 通过好氧方式转化为 CO_2,其余部分以剩余污泥等方式排出系统。以某大型污水处理厂为例。图 5.1(a)展示了以传统活性污泥法作为核心工艺的 COD 质量流。进水中 75.54%的 COD 被微生物氧化分解,形成 CO_2 和 H_2O 等稳定的简单物质,

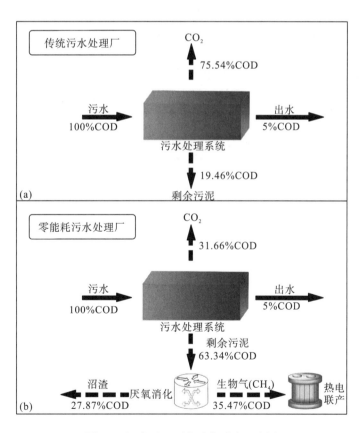

图 5.1　污水处理厂的碳物质流示意图

(a)传统污水处理模式;(b)零能耗污水处理模式

19.46%的 COD 被微生物用于合成新细胞质。采用零能耗污水处理模式的 COD 质量流如图 5.1(b)所示。进水中 31.66%的 COD 通过好氧方式转化为 CO_2，63.34%的 COD 以剩余污泥的形式存在。剩余污泥通过厌氧消化将 35.47%的 COD 转化为高品位化学能源 CH_4，CH_4 再作为生物燃料通过热电联产(CHP)发电和供热，剩余 27.87%的 COD 以沼渣的形式存在。相较于传统污水处理厂，零能耗污水处理厂的进水中较少的 COD 被氧化为 CO_2，更多的 COD 被微生物用于合成新细胞质。剩余污泥中更多的 COD 通过厌氧消化转化为 CH_4，CH_4 产量增加使得通过热电联产产生的电能和热能能够满足污水处理自身的能耗需求，实现污水处理厂的零能耗。以本案例为例，零能耗污水处理厂进水中被用于合成新细胞质的 COD 较传统污水处理厂多 43.88 个百分点，剩余污泥产量增加。剩余污泥通过厌氧消化将 35.47%的 COD 转化为 CH_4，CH_4 作为生物燃料通过热电联产产生的能量满足污水处理自身的能耗需求，实现污水处理厂的能量自给。

5.2　零能耗污水处理模型构建

为推动零能耗污水处理的实际工程应用，需要在此概念下，对污水处理系统的能量平衡进行理论评估(Yan et al.，2017)。有效的能量平衡模型是评估污水处理厂能量回收潜力的关键工具。目前，基于质量和能量平衡相关研究已经建立了许多模型来评估使用污泥厌氧消化的污水处理厂潜在的能量回收率和自给率(这些模型相关的案例研究总结在表 5.2 中)。现有的能源自给评估模型大多基于静态模型、灰箱模型和生命周期评价(life cycle assessment，LCA)。LCA 用于评估整个生命周期内污水处理全过程的能量平衡，以确定污水处理全过程的净能量平衡状态(Houillon and Jolliet，2005；Rodriguez-Garcia et al.，2011；Chen and Chen，2013；Hao et al.，2019b)。静态模型也用来确定典型活性污泥法城市污水处理厂的能耗和回收率(Hao et al.，2015)。ENERWATER 方法旨在提供标准化污水处理厂的能源状态信息。但是上述模型方法都无法有效揭示微观物质能量转化与能量回收效率之间的关系。生命周期评价过程复杂，通常涉及污水处理厂在建设阶段、运营阶段和拆除阶段的能量和质量输入输出，不利于揭示污水处理工艺运行过程中能量回收的直接利益，因此，简单有效的污水处理厂能源自给评价模型仍然十分缺乏。

表 5.2　现有污水处理厂能量回收评估模型的应用案例

调查对象	处理规模/(m³/d)	主要工艺	理论方法	特点	能量回收形式	能量自给率/%	参考
某5座污水处理厂	21074~29086	活性污泥法	基于物质和能量平衡的模型	不同物质流(碳、氮和硫)的能量评估，以实现最大能量自给	化学能(有机物)	39.0~76.0	(Silvestre et al.，2015)
某座污水处理厂	246393	—	基于多能量系统的输入输出模型	从生命周期的角度对三种能量回收方法进行集成分析	化学能、营养元素和水	110.0	(Mo and Zhang，2012)

调查对象	处理规模 /(m³/d)	主要工艺	理论方法	特点	能量回收形式	能量自给率/%	参考
某座污水处理厂	50	厌氧反应器+滤床	生命周期评价	计算整个生命周期内的净能量平衡	化学能(有机物)	100.0	(Chen and Chen，2013)
某座污水处理厂	600000	AAO	基于物质和能量平衡的静态模型	计算 COD 和 N 的质量平衡，并用于能源消耗和回收	化学能、热能和太阳能	53.0	(Hao et al.，2015)
某座污水处理厂	—	—	基于关键性能指标的方法	用于交互有关污水处理厂能源状况的标准化信息	化学能(有机物)	61.0	(Longo et al.，2019)
某座污水处理厂	18925	活性污泥法	基于单元工艺的物质平衡的模型	用 COD 作为参考值来计算不同处理配置的潜在能量需求/回收率	化学能(有机物)	48.0~225.0	(Sarpong et al.，2019)
某座污水处理厂	100000	高负荷活性污泥法	基于物质和能量平衡的模型	基于进水 COD 简化的物质和能量平衡	化学能(有机物)	最大为 176.0	(Guven et al.，2019)
某座污水处理厂	400000	A-AAO	基于微生物代谢和能量平衡的零能耗污水处理模型	优化合成代谢和分解代谢之间物质分配以实现能量回收最大化	化学能(有机物)	58.3~110.6	(Yan et al.，2020)

通常，污水生物处理过程中的物质和能量转化依赖于微生物代谢。现有的研究只关注宏观物质和能量流动，主要考虑污水处理厂整体能量平衡和环境特征，而忽略建立微生物代谢中物质能量转化特征与污水处理厂能量回收的有效关系(Zhang et al.，2010；Rodriguez-Garcia et al.，2011；Panepinto et al.，2016)。因此，污水处理厂从污水中回收化学能的边界条件仍不清楚。目前需要一种有效的方法来精细刻画能源自给状态，以进一步优化污染物化学能的利用途径，实现污水处理厂能量回收的最大化。笔者提出了一种基于微生物代谢原理和能量平衡的零能耗污水处理模型，以优化污染物化学能的利用途径。此外，建立了污水中化学能回收的边界条件，以评估污水处理厂最大的能源自给率。该理论模型能够评估污水处理厂化学能回收的潜力并优化分解代谢与合成代谢之间的基质分配，可用于预测不同进水条件下污水处理厂的能量回收/产能潜力。

5.2.1　零能耗污水处理模型构建思路与方法

基于污泥厌氧消化和热电联产(CHP)耦合技术回收污水中的化学能，并构建具有内部能量循环(无外部能量输入)的可持续污水处理系统(图 5.2)。在该系统中，污染物化学能首先通过生物合成转化为生物质能，然后将生物质能转化为含有高品位化学能的 CH_4。CH_4 中的化学能通过热电联产转化为电能和热能。所产生的电能和热能反补污水处理过程中的能量消耗。当能量产生和消耗之间达到平衡时，污水处理系统处于零能耗(net-zero energy，NZE)状态，即产生的电能 P_e 抵消污水处理(E_n)和污泥消化(E_{diges})所需的能耗。

同时，厌氧消化耦合热电联产的产电量(P_e)和热回收量(P_h)至少要满足厌氧消化过程的电消耗量(E_{diges})和热消耗量(H_t)（$P_e \geqslant E_{diges}$和$P_h \geqslant H_t$），即厌氧消化耦合热电联产必须是一个净产能单元。采用污泥厌氧消化和CHP耦合技术回收化学能，能够获得零能耗污水处理模型。

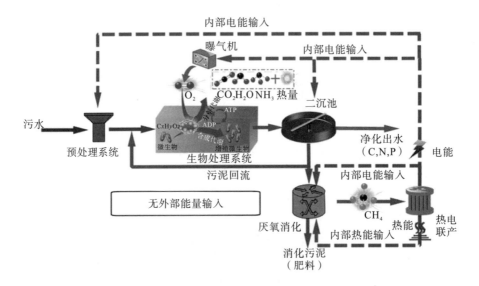

图 5.2　零能耗污水处理模式概念图

5.2.2　零能耗污水处理模型的数学推导

1)污水处理过程微生物代谢的物质流

在零能耗污水处理模型中，物质能量转化的核心是微生物代谢。在好氧条件下微生物将部分基质进行分解代谢产生能量和简单、稳定物质如CO_2、H_2O；剩余的基质参与合成代谢用于合成结构分子，进一步合成细胞物质。合成代谢所需的能量由分解代谢释放的能量提供。在生物处理单元中，为了保证微生物的正常代谢行为，参与合成代谢的基质不能超过总基质的2/3(Rittmann and McCarty, 2020)。其中化学需氧量(COD)可以用来表示污水处理过程中有机物的含量。有机物的总量(M_o)被分为两部分：一部分通过分解代谢消耗，即M_{cata}；另一部分通过合成代谢消耗，即M_{ana}。它们的定量关系用式(5.1)描述。此外，M_o的总有机质量与进水COD(COD_{in},mg/L)、出水COD(COD_{ef},mg/L)和污水流量(Q_w, m^3/d)的定量关系被简化描述如式(5.2)。

$$M_o = M_{cata} + M_{ana} \tag{5.1}$$

$$M_o = \frac{Q_w(COD_{in} - COD_{ef})}{10^3} \tag{5.2}$$

其中，M_o、M_{cata}和M_{ana}的单位为kg COD/d。

污泥量M_{ts}(kg/d)与污泥有机质M_{vs}(kg/d)、无机物M_{is}(kg/d)的关系如式(5.3)、式(5.4)所示：

$$M_{ts}=M_{vs}+M_{is} \tag{5.3}$$

$$M_{vs}=fM_{ts} \tag{5.4}$$

式中，M_{vs} 为微生物合成代谢产生的污泥量；f 为混合液挥发性悬浮固体(MLVSS)与混合液悬浮固体(MLSS)含量之比。

生物量组成用 $C_5H_7O_2N$ 表示(Mazlum，2009)。1.00g $C_5H_7O_2N$ 相当于 1.42 g COD。因此，污泥的 M_{ana} 可表示为式(5.5)：

$$M_{ana}=1.42M_{vs} \tag{5.5}$$

2）能量消耗

定义比能耗 μ 为去除单位 COD 所需的电能消耗(kW·h/kg COD)，如式(5.6)所示：

$$\mu = \frac{E_n}{M_o} \tag{5.6}$$

式中，E_n 为污水处理过程耗电量，kW·h。

3）能量回收

厌氧消化过程产生的能量可以表示为可生物降解有机物质量(M_{ana})的函数。总能量回收 P_t (kW·h)的计算方法如式(5.7)所示：

$$P_t=M_{ana}\eta_a G_{AS}E_c \tag{5.7}$$

其中，η_a 表示厌氧消化效率(%)。通常污泥厌氧消化产气率(G_{AS})为 0.35 m^3/kg COD，热值(E_c)为 11 kW·h/m^3 (Cano et al.，2015)。

产电量 P_e(kW·h)和产热量 P_h(kJ)的计算如式(5.8)式(5.9)所示：

$$P_e = P_t\eta_e = M_{ana} \cdot \eta_a \cdot \eta_e \cdot G_{AS} \cdot E_c \tag{5.8}$$

$$P_h = P_t\eta_r = 3.6\times10^3 \cdot M_{ana} \cdot \eta_a \cdot \eta_r \cdot G_{AS} \cdot E_c \tag{5.9}$$

其中，η_e 和 η_r 表示热电联产机组的产电效率和产热效率。

污泥厌氧消化本身存在两个能量消耗环节，分别是消化过程中的搅拌和加热。消化过程中搅拌所需能量(E_{diges})与污泥输入量 Q_s(m^3/d)和消化时间 T_d(d)有关，计算方法如式(5.10)所示：

$$E_{diges} = 24\,(h/d) \cdot T_d \cdot Q_s \cdot J \tag{5.10}$$

式中，J 为单位体积搅拌所需能量(典型值为 0.008 kW/m^3) (Zupančič and Roš，2003)。

Q_s 可由式(5.11)计算：

$$Q_s = \frac{M_{ts}}{\rho_s(1-P_w)} \tag{5.11}$$

其中，ρ_s 为污泥密度；P_w 为污泥含水率。

将式(5.11)代入式(5.10)，得到式(5.12)：

$$E_{diges} = 24 \cdot T_d \cdot M_{ts} \cdot \frac{M_{ts}}{\rho_s(1-P_w)} \cdot J \tag{5.12}$$

热量消耗包括消化池的热量损失和提高进泥温度所需的热量。消化池的热量损失通常是污泥所需热量的 2%~8%(Zupančič and Roš，2003)。因此，根据式(5.13)(假设热损失为 8%)，可以得到污泥消化所需的总热量 H_t(kJ)。

$$H_t = (1+8\%)\cdot\rho_s\cdot Q_s\cdot C_{sh}\cdot\Delta t = 1.08\cdot\frac{M_{ts}}{(1-P_w)}\cdot C_{sh}\cdot\Delta t \tag{5.13}$$

式中，C_{sh} 为污泥比热容；Δt 为输入污泥温度与消化温度之间的温差；Q_s 为污泥输入量。

4) 零能耗污水处理数学模型

当能量产生和消耗之间达到平衡时，污水处理系统达到零能耗(NZE)状态。假设在污水处理过程中能源自给率为 100%。产电量 P_e 可以抵消耗电量 E_n 和 E_{diges}[式(5.14)]。同时，在满足厌氧消化能耗(E_{diges} 和 H_t)的前提下，利用污泥厌氧消化和 CHP 耦合技术进行能量回收。这些关系可以用式(5.15)和式(5.16)表示。根据式(5.14)($E_n\geqslant0$)，不等式(5.16)总是成立的。因此，本模型中不考虑不等式(5.16)。将式(5.6)、式(5.8)、式(5.9)、式(5.12)、式(5.13)代入式(5.14)、式(5.15)，得到式(5.17)、式(5.18)。

$$P_e = E_n + E_{diges} \tag{5.14}$$
$$P_h \geqslant H_t \tag{5.15}$$
$$P_e \geqslant E_{diges} \tag{5.16}$$
$$\mu = \frac{M_{ana}}{M_o}\left[\eta_a\cdot\eta_e\cdot G_{AS}\cdot E_c - \frac{24\cdot T_d\cdot J}{1.42 f\rho_s(1-P_w)}\right] \tag{5.17}$$
$$\eta_a \geqslant \frac{0.21\cdot C_{sh}\cdot\Delta t}{f(1-P_w)\eta_r\cdot G_{AS}\cdot E_c}\times10^{-3} \tag{5.18}$$

A 为 η_a 下限值，通常，在消化池中，η_a 的典型值在 25%到 60%之间(Carrère et al.，2010)。由此可得到 η_a 的不等式(5.19)：

$$A\leqslant\eta_a\leqslant60\% \tag{5.19}$$

如果 $\dfrac{0.21\cdot C_{sh}\cdot\Delta t}{f(1-P_w)\eta_r\cdot G_{AS}\cdot E_c}\times10^{-3}\leqslant25\%$ 或 $60\%\leqslant\dfrac{0.21\cdot C_{sh}\cdot\Delta t}{f(1-P_w)\eta_r\cdot G_{AS}\cdot E_c}\times10^{-3}\geqslant60\%$，$A=25\%$；如果 $25\%\leqslant\dfrac{0.21\cdot C_{sh}\cdot\Delta t}{f(1-P_w)\eta_r\cdot G_{AS}\cdot E_c}\times10^{-3}\leqslant60\%$，$A=\dfrac{0.21\cdot C_{sh}\cdot\Delta t}{f(1-P_w)\eta_r\cdot G_{AS}\cdot E_c}\times10^{-1}\%$。

最终，式(5.17)和不等式(5.19)构成了 NZE 理论模型基础。

其中，μ 为比能耗(kW·h/kg COD，为去除每单位质量 COD 的能耗)；M_{ana} 是通过合成代谢消耗的底物，kg COD/d；M_o 为去除有机物的总质量，kg COD/d；η_a 为厌氧消化效率，%；η_r 和 η_e 分别为 CHP 的产热效率和产电效率，%；G_{AS} 为厌氧消化产气率，m³/kg COD；E_c 为 CH_4 的热值，kW·h/m³；f 为混合液挥发性悬浮固体(MLVSS)与混合液悬浮固体(MLSS)含量的比值；T_d 为厌氧消化时间，d；J 为厌氧消化池单位体积搅拌所需能量，kW/m³；ρ_s 为污泥密度，kg/m³；P_w 为污泥含水率，%；Δt 为剩余污泥温度与消化温度的温差，℃；C_{sh} 为污泥的比热容，kJ/kg℃。

5.3　零能耗污水处理的可行性分析

5.3.1　零能耗污水处理的评估

为了验证零能耗污水处理的可行性，运用该模型对某大型污水处理厂的化学能回收潜力进行案例评估，该污水处理厂服务面积约为 91.30 km^2，服务人口约为 92 万人。污水处理厂处理规模为 40×10^4 m^3/d。该污水处理厂采用缺氧-厌氧-缺氧-好氧(A-A^2/O)工艺(图 5.3)。其污水和污泥工艺线的运行参数列于表 5.3。污水处理厂所在区域的气候属亚热带季风湿润气候。一整年污水处理厂的运行数据(水质、气候、能耗等)如表 5.4 和表 5.5 所示。将每个参数的月平均值用于零能耗污水处理模型的统计分析。

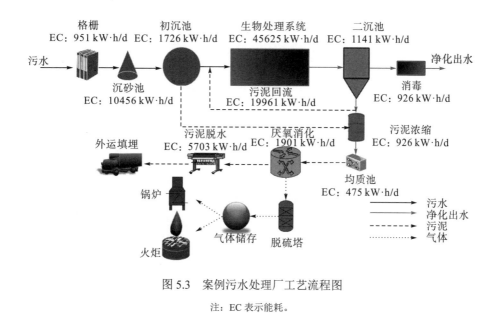

图 5.3　案例污水处理厂工艺流程图

注：EC 表示能耗。

表 5.3　案例污水处理厂的运行参数

处理单元	运行参数	单位	参数值
	MLVSS/MLSS	mg/mg	0.6
	MLSS	mg/L	4200
污水生物处理单元	SRT	d	15
	规模	×10^{4}m^3/d	40
	剩余污泥产量	m^3/d	6850
	污泥含水率	%	96
厌氧消化单元	运行温度	℃	35
	消化时间	d	20

表 5.4　案例污水处理厂全年运行参数

月份	Q_w/ (×10⁴m³/d)	剩余污泥量/ (m³/d)	剩余污泥浓度/ (mg/L)	Q_s/ (m³/d)	厌氧消化进泥浓度/ (mg/L)	生物气产量/ (m³/d)	CH_4含量/%	MLVSS /MLSS	ΔCOD /(×10³kg/d)	ΔSS /(×10³ kg/d)	ΔTP /(×10³ kg/d)	ΔTN /(×10³ kg/d)	平均环境温度/℃
1	39.68	6250	9270	1603.6	36128.9	14743.4	64.0	0.60	158.72	105.55	1.85	14.52	7.8
2	37.69	6520	9540	1542.1	40335.1	13967.0	65.0	0.62	146.99	87.44	1.67	12.78	9.5
3	42.73	6850	9720	1478.6	45029.4	15615.4	63.0	0.67	150.41	135.45	2.44	15.85	13.6
4	46.20	7280	9410	1627.1	42101.5	16681.9	64.0	0.63	154.77	118.73	2.37	14.55	18.4
5	44.43	7370	8582	1532.6	41268.4	14874.9	65.6	0.60	135.07	83.08	1.67	13.02	22.3
6	52.21	7350	7480	1624.8	33836.1	13578.6	68.2	0.50	133.14	77.79	1.55	12.11	25.1
7	47.44	7320	7510	1497.0	36722.2	13037.0	67.7	0.53	132.36	66.42	1.40	11.91	28.1
8	41.98	7090	7860	1563.2	35649.6	13895.8	66.9	0.52	127.32	81.75	1.43	13.95	28.4
9	44.54	6870	7260	1631.7	30567.0	13707.5	68.3	0.52	132.98	78.33	1.39	13.57	23.6
10	45.58	6650	8480	1448.4	38934.9	13354.9	67.8	0.57	134.18	77.08	1.39	12.47	18.6
11	46.33	6390	8450	1605.3	33636.5	14956.8	63.0	0.61	148.26	87.10	1.59	14.04	14
12	41.73	6220	9830	1560.3	39185.6	14427.0	64.1	0.62	142.30	91.81	1.52	12.52	9.3

表 5.5　案例污水处理厂能量消耗

月份	污水处理电耗 E_n /(kW·h/d)	曝气/ (kW·h/d)	污泥回流/ (kW·h/d)	浓缩脱水/ (kW·h/d)	厌氧消化/ (kW·h/d)	污水预处理/ (kW·h/d)	投药/ (kW·h/d)
1	123,212	64,810	23,780	10,103	3,573	19,221	1725
2	94,331	47,354	21,507	8,207	2,170	13,772	1321
3	104,267	52,342	24,190	8,446	2,085	16,057	1147
4	101,677	48,500	20,437	9,354	1,627	20,030	1729
5	82,818	38,428	19,876	5,466	1,159	16,481	1408
6	73,857	34,565	14,845	5,170	1,182	16,692	1403
7	60,633	28,073	13,218	4,366	909	13,097	970
8	57,558	26,880	12,778	4,087	748	12,030	1036
9	79,031	37,698	17,150	6,243	1,344	15,727	869
10	82,015	40,105	17,223	5,085	1,722	16,403	1476
11	105,138	52,674	21,553	7,885	2,734	18,925	1367
12	98,088	50,417	19,814	6,768	3,041	17,067	981

1) 污水处理厂能耗分析

(1) 污水处理厂比能耗季节变化特征。

该污水处理厂规模为 $40×10^4 m^3/d$，平均用电量为 14200 kW·h/d，其一年内比能耗的变化趋势如图 5.4(a) 所示。μ 的变化范围为 0.45～0.78 kW·h/kg COD，平均值为 (0.62±0.10) kW·h/kg COD。表 5.6 中总结了该污水处理厂和其他污水处理厂的耗电量。如在意大利一座处理规模为 $61.5×10^4 m^3/d$ 的大型污水处理厂，μ 为 0.87 kW·h/kg COD (Panepinto et al.，2016)。案例污水处理厂 μ 在一年中冬季高，夏季低。其最大值和最小值为 0.78 kW·h/kg COD 和 0.45 kW·h/kg COD，分别在 1 月和 8 月获得。污水处理厂所在区域的月平均气温见图 5.4(b)。温度与比能耗 μ 呈相反的变化趋势。月平均环境温度介于 7.8～28.4℃，平均值为 (18.2±7.3)℃。最高和最低月平均气温分别出现在 8 月和 1 月。污水处理比能耗 μ 与环境温度之间具有显著的相关性。

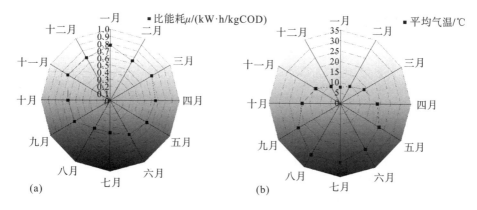

图 5.4　全年比能耗 μ(a) 和环境温度(b)的变化

表 5.6　污水处理比能耗

污水处理厂	规模/(×10⁴ m³/d)	比能耗/(kW·h/kg COD)	参考文献
西班牙的 24 座污水处理厂	—	0.68	(Rodriguez-Garcia et al.，2011)
意大利 SMAT Castiglione Torinese 污水处理厂	61.5	0.87	(Panepinto et al.，2016)
荷兰 Dutch 污水处理厂	—	1.86	(Wang et al.，2016)
中国的 11 座污水处理厂	—	0.45	(Wang et al.，2010)
案例污水处理厂	44	0.62	本研究

　　通过使用 Pearson(皮尔逊)相关性分析(图 5.5)发现，比能耗与环境温度和污染物去除(ΔCOD、ΔSS、ΔTP 和 ΔTN)之间均存在显著相关性[图 5.5(a)]，其 Pearson 相关系数的绝对值均超过 0.6。比能耗 μ-环境温度和比能耗 μ-ΔCOD 的 Pearson 相关系数为 −0.916 和 0.855，其绝对值显著大于 μ-ΔSS、μ-ΔTP 和 μ-ΔTN 的绝对值。这些结果表明，气候条件(环境温度)和出水水质要求(污染物去除)是影响污水处理厂能耗的关键因素，应当重点关注。此外，温度和 ΔCOD 对 μ 的影响大于 ΔSS、ΔTP 和 ΔTN。一般来说，环境温度被认为是影响营养物质去除的重要因素。一般来说，环境温度被认为是影响营养物质去除的重要因素。然而，相较于 ΔSS、ΔTP 和 ΔTN，环境温度与 ΔCOD 之间的相关性更好，这可能是化学强化除磷和外加碳源强化脱氮降低了环境温度对 ΔTP 和 ΔTN 的影响。ΔCOD、ΔSS、ΔTP 和 ΔTN 之间也存在显著的相关性；ΔSS 和 ΔTP 的 Pearson 相关系数为 0.94。这种现象与颗粒磷是废水中磷的主要存在形式密切相关(Maurer and Boller，1999)。

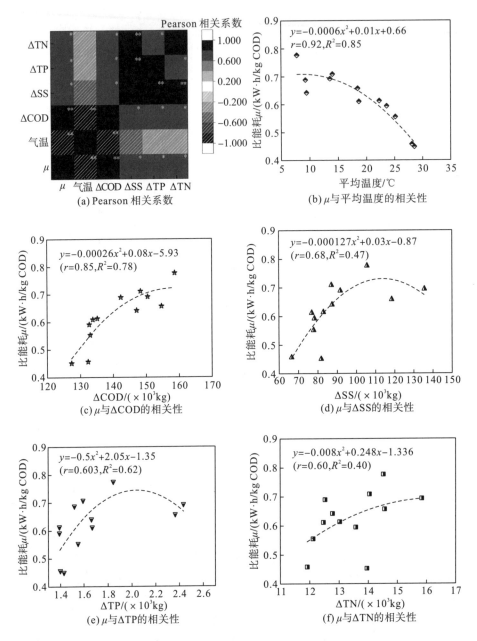

图 5.5　比能耗 μ 与环境温度、营养物去除率的关系

μ 与环境温度、ΔCOD、ΔSS、ΔTP 和 ΔTN 之间的相关性分析如图 5.5(b)～(f)所示。比能耗 μ 和温度之间呈现负的线性相关[$r=0.92$，$R^2=0.85$，图 5.5(b)]。温度通过影响微生物活性，进而影响微生物的底物分解和转化。温度与微生物活性在适当范围内存在正相关关系(Painter and Loveless，1983)。高活性微生物具有更高的底物利用率，这有利于污泥絮体中的传质(Shizas and Bagley，2004)。因此，增强微生物活性和传质效率会提高氧气的利用效率，从而降低污水处理厂的能耗。

与比能耗和 ΔSS、ΔTP、ΔTN 之间的相关性相比，COD 去除量与比能耗之间的相关性更为显著。这表明，有机物降解所需供氧是污水处理厂主要能源消耗过程(van Loosdrecht and Brdjanovic，2014)。溶解氧通常由污水处理厂的曝气系统提供(WEF，2009)，曝气占污水处理厂总能耗的 50%～75%(Gude，2015)。因此，COD 去除量(ΔCOD)是影响比能耗的主要因素。此外，比能耗 μ 与 ΔSS 相关，这表明初级处理也是影响能耗的重要因素。μ 与污染物去除(ΔCOD、ΔSS、ΔTP 和 ΔTN)之间为二次多项式关系，这表明最大比能耗可以通过改变出水水质要求(ΔCOD、ΔSS、ΔTP 和 ΔTN)获得。因此，通过优化污水处理厂出水水质可以优化污水处理能耗，提高能效而实现节能。

(2)污水处理厂能耗的组成特征。

城市污水处理厂通常由初级处理和二级处理组成。与二级处理相比，初级处理的能量密集程度较低，并且通常受设计和运行的影响更大。二级处理的能耗主要取决于所使用的污水处理工艺。污水处理系统中不同处理单元的能耗如图 5.6(a)所示。曝气约占总能耗的一半(48.8%)。污泥回流和污水预处理分别占总能耗的 21.4%和 18.8%。污泥浓缩脱水、厌氧消化和加药分别占总能耗的 7.5%、2%和 1.5%。全年内各处理单元能耗的变化特征如图 5.6(b)所示。5 月至 10 月，污水预处理能耗占总能耗的比例较高，这可能是大量雨水渗入管网导致污水处理厂进水流量增加。该地区的降水主要发生在 5 月至 10 月之间。曝气和厌氧消化的能耗占比在夏季较低，冬季较高。由于环境温度高，微生物活性和传质的增加降低了夏季曝气能耗，从而降低了曝气对总能耗的贡献。在环境温度较低的情况下，曝气能耗增加，导致曝气对总能耗的贡献增大。较高的环境温度能够减少沼气池的热损失和提升污泥温度所需的能耗。夏季的环境温度高于冬季，导致厌氧消化在夏季占总能量消耗的比例较低。这些结果表明，气候条件(温度和降水)对污水处理厂中各处理单元的能耗占比有着显著的影响。

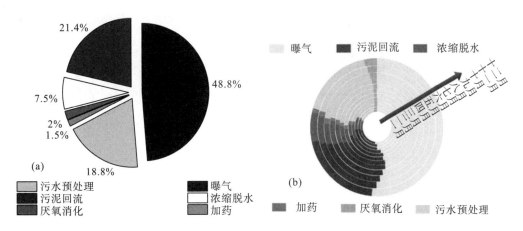

图 5.6　污水处理厂的能源消耗构成(a)及全年内的变化特征(b)

2)污水处理厂能量回收特征

沼气和能源产生特征如图 5.7 所示。在该污水处理厂中，沼气产量为 13037～

16681 m³/d,全年平均值为(14403±1039) m³/d[图 5.7(a)]。CH₄ 的产量为 8826～10676 m³/d,平均值为(9438±480) m³/d,沼气中 CH₄ 含量为 63.0%～68.3%,全年平均值为 65.6%±2.0%。沼气通常由 60%～70% 的 CH₄ 和 30%～35% 的 CO_2 及其他气体组成(Appels et al.,2008)。6 月至 10 月期间,沼气和 CH₄ 的产量较低,这与低进水 COD 浓度导致低剩余污泥量有关(表 5.4)。沼气和 CH₄ 的产率变化如图 5.7(a)所示。在该污水处理厂中,CH₄ 产率的范围为 228.8～276.9 ml/g VSS,平均值为(254.0±18.4) ml/g VSS。在全年中,CH₄ 的产率先增加后降低。夏季 CH₄ 产率最高,而冬季最低。结果表明:尽管厌氧消化池运行温度始终保持一致,但是环境温度和消化池温度之间存在温差,产甲烷菌的代谢活性随季节而变化,从而导致厌氧消化池运行不稳定。

平均发电量为(37413±2204) kW·h/d,产热量为(168361±9918)MJ/d[图 5.7(b)]。发电量和产热量的变化与 CH₄ 产量变化相似。在全年中,每月的电自给率和热自给率变化呈准正态分布。电自给率和热自给率分别从 31.5% 和 88.4% 提高到 61.8% 和 343.2%,然后在 12 月分别降到 38.5% 和 93.8%。平均电自给率和热自给率分别为 43.9%±8.5% 和 174.9%±86%。电自给率为 31.5%～61.8%,这说明在污水处理厂现有运行条件下,污水处理无法实现零能耗状态。冬季(即 12 月、1 月和 2 月)由于维持厌氧消化池温度和污泥升温加热的能耗增加,其热自给率低于 100%,表明污水处理厂的热自给率受气候的影响较大。有趣的是,夏季(5 月至 10 月)获得了最高的电和热自给率。特别是,7 月和 8 月的电自给率和热自给率明显高于其他月份。这表明,5 月至 10 月能耗的减少远超过了能源产量的减少。

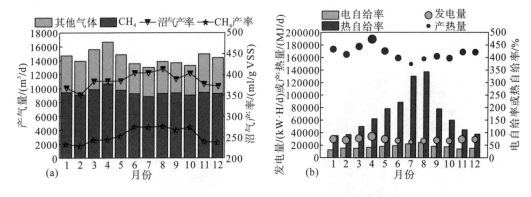

图 5.7　污水处理厂沼气(a)和能源(b)产生特征

3)零能耗污水处理模型的应用

(1)零能耗污水处理曲线。

零能耗理论模型涉及的实际运行参数和计算参数见表 5.3 和表 5.7。将污水处理厂月平均数据代入零能耗模型来评估污水处理厂每月实现零能耗的潜力。相关参数代入式(5.18)和式(5.19)来确定 η_a 的取值范围。基于 NZE 模型,在 η_a 值确定的情况下,μ 与 M_{ana}/M_o 之间的关系可用式(5.17)来表示。显然,在 A 到 0.6 的范围内,每一个特定的 η_a 都对应一条由 μ 和 M_{ana}/M_o(基质分配率)构成的 NZE 曲线。因此,η_a 在 A 到 0.6

的范围内变化，就可以得到 NZE 曲线簇(图 5.8)，簇的边界就是 η_a 在极值处所获得的零能耗曲线。在每个月的 NZE 曲线簇中，通过改变 M_{ana}/M_o 的值来调整能量回收潜力，使其满足污水处理的能量需求。

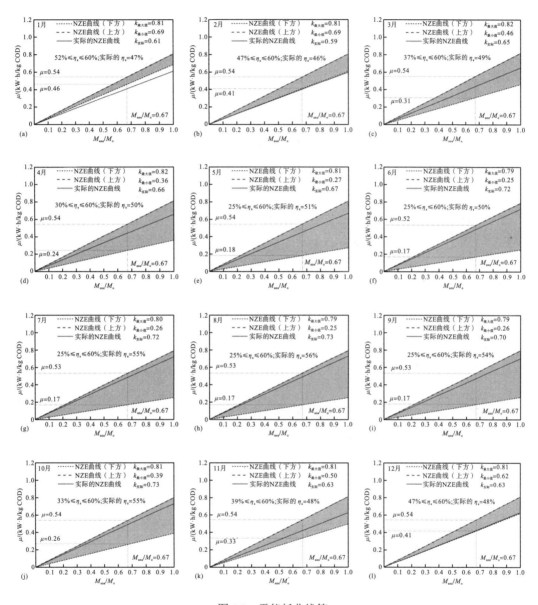

图 5.8　零能耗曲线簇

表 5.7　零能耗污水处理模型计算参数取值

处理单元	参数	单位	取值
生物处理单元	生物质 COD 转化系数	gCOD/g $C_5H_7O_2N$	1.42
	COD_{ana}/COD 最大值	kg/kg	0.67

续表

处理单元	参数	单位	取值
厌氧消化系统	搅拌能量密度	kW/m³	0.008
	生物气产率	m³/kg COD	0.35
	外层热损失	%	8
	污泥比热容 c_s	kJ/(kg · ℃)	4.187
	污泥密度	kg/m³	1000
CHP 系统	生物气热值	kW · h/m³	11
	热效率	%	50
	电效率	%	40

将污水处理厂参数的月平均值输入NZE模型，得到污水处理厂该月的实际NZE曲线。全年中由于只有 1 月和 2 月污水处理厂实际的 η_a 不在 A 到 0.6 的范围内，即 1 月和 2 月的实际NZE曲线也不在NZE曲线簇内[图 5.8(a)和(b)]。这表明，该污水处理厂无法在 1 月和 2 月实现NZE运行，而 3～12 月在理论上可能实现污水处理厂NZE运行[图 5.8(c)～(l)]。有趣的是，最小 η_a 所对应的NZE曲线的斜率($k_{最小值}$)相对于温度变化展现出相反的趋势，即 $k_{最小值}$ 在夏季低，冬季高。这表明，夏季的实际NZE曲线更容易落到理论NZE曲线簇内，污水处理厂夏季实现NZE的可行性高于冬季(Basrawi et al.，2010)。这可能是最小 η_a 与环境温度和消化温度的温差密切相关所引起的[式(5.19)]。

(2)污水处理厂零能耗分析。

通过样本点与相应的零能耗曲线之间的位置关系来评估污水处理厂实现 NZE 的可行性。首先，剔除 1 月和 2 月的NZE 曲线，因为实际曲线并不位于 NZE 曲线簇之内[图 5.8(a)、(b)]。3～12 月的样本点与 NZE 曲线的位置关系如图 5.9(a)～(j)所示。M_{ana}/M_o 最大值为 2/3(0.67)(Cano et al.，2015)，因此，将 0.67 代入实际 NZE 曲线时，就能得到实现 NZE 所需的最大比能耗 μ。显然，当实际 μ 小于实现 NZE 的最大 μ 时，污水处理厂就能实现 NZE。实现 NZE 的可能性分为三类。Ⅰ区表示通过调节 M_{ana}/M_o，污水处理厂可以实现100%的能量自给，但 M_{ana}/M_o 不能超过最大值(0.67)。Ⅱ区表示污水处理厂不仅可以实现 NZE 运行，而且还能输出额外能量。Ⅲ区表示污水处理厂无法实现 100%能源自给，需要外部输入能源。Ⅱ区没有样本点，说明按照目前的运行模式，污水处理厂无法达到 NZE 状态。大多数样本点位于Ⅲ区，只有 7 月和 8 月的样本点位于Ⅱ区。这表明在一年的大部分时间里，污水处理厂无法通过优化物质分配(M_{ana}/M_o)实现 NZE 状态。只有在 7 月和 8 月通过调整 M_{ana}/M_o 才有可能实现 NZE。这说明污水处理厂现有的运行状态并不适合能量回收。

(3)基于零能耗模型的污水处理能量回收优化策略。

基于 NZE 模型，通过调节 η_a 来改变实际零能耗曲线的斜率进而调控污水处理厂实现 NZE 的可行性[图 5.9(a)～(j)]。比如通过增大 η_a 来增大 NZE 曲线的斜率能够提高污水处理厂实现 NZE 状态的可能性。减小 NZE 曲线的斜率会导致相反的结果。这是因为能量产生取决于厌氧消化率 η_a。随着 η_a 的增大，产能增大。因此，污水处理厂实现 NZE 的可能性增加。但遗憾的是，所有样本点都位于具有最高 $k_{最大值}$ 的 NZE 曲线上方[图 5.9(a)～(j)]，这表明，仅通过提高厌氧消化率无法实现 NZE 状态。在污水处理的物质能量循环中，化学能包含在污染物中，化学能的分配与细胞新陈代谢物质流密切相关。

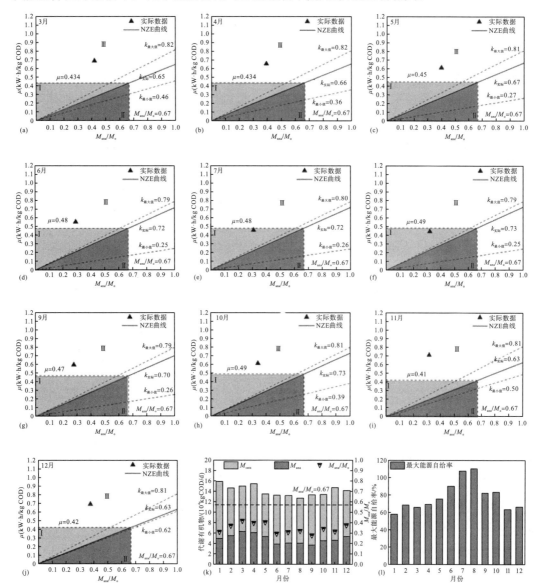

图 5.9　(a～j) 3 月至 12 月的零能耗曲线、(k) 现有运行模式下污水处理厂基质分配特征和(l)污水处理厂
每月的最大能源自给率

(区域 I 表示污水处理厂通过调整 M_{ana} 能实现零能耗；区域 II 表示污水处理厂不仅能够实现零能耗，还能向外部输出额外的
能量；区域 III 表示不能实现零能耗，需要外部能源)

　　当 M_{ana}/M_o 为 0.67 时，可以最大限度地实现能量回收。每月污水处理厂的分解代谢和
合成代谢的基质流如图 5.9(k) 所示。污水处理厂每月的 M_{ana}/M_o 为 0.28～0.42（平均值为
0.35）。这些 M_{ana}/M_o 值远低于 0.67（极值）。结果表明，通过提高污水处理厂的 M_{ana}/M_o 值
来减少化学能的损失具有很大的潜力。为了避免能源浪费，污水处理厂需要优化合成代谢

和分解代谢之间的底物分配，以获得最大限度的能量回收。NZE 模型则提供了一种优化底物分配的方法。经过优化基质分配后，每月最大能量自给率范围为 58.3%～110.6%，平均值为 78.8% ± 17.0%[图 5.9(1)]。这表明，污水处理厂能量回收的潜力很大。特别是在 7 月和 8 月，污水处理厂的最大能源自给率均高于 100%，这表明污水处理厂能实现 NZE 并向外输出电能。因此，增加参与合成代谢的基质量将促进污染物化学能的回收。在实际运行中追求 M_{ana}/M_0 的值尽可能地提升并接近 0.67，就可能达到最大限度的能量自给。

上述结果表明：虽然实现污水处理厂的 NZE 运行较为困难，但是通过优化运行策略是可以实现这一目标的。毫无疑问，从经济和实用的角度来看，在工艺方案中，运行操作层面的干预明显更可行。在运行层面的优化措施可能涉及污水处理厂内几乎所有运行单元。但是，NZE 模型为相关利益者提供了更有效的优化方向。基于 NZE 模型，提高厌氧消化率和优化分解代谢与合成代谢之间的能量分配能够增加实现 NZE 或最大能量回收的可能性。

通过微生物的代谢来优化化学能回收与利用的途径分两步：①将有机物中的化学能高效定向地转化为污泥中的生物质能(Silvestre et al.，2015；Fernández-Arévalo et al.，2017)；②将污泥所含的生物质能高效转化为 CH_4 的高品位化学能(Nowak et al.，2015；Huang et al.，2020)。一般来说，厌氧消化可以通过优化相关工艺配置和运行参数来提高污泥消化率和沼气产量(Huang et al.，2019)。因在高底物条件下有利于 CH_4 生成，与传统的活性污泥+厌氧消化相比，耦合厌氧消化的高负荷活性污泥工艺和上流式厌氧污泥床反应器能够有效提高生物能源的产量。

高污泥负荷和低污泥停留时间的高负荷接触稳定反应器，因具有 CO_2 产量低、污泥产量高和 CH_4 产量高的优点，其能将进水中 36%的化学能以 CH_4 的形式回收(Meerburg et al.，2015)。此外，存在于接触阶段和稳定阶段之间的底物梯度能够强化微生物在厌氧消化过程中对底物的利用(Maspolim et al.，2015)。分解代谢和合成代谢之间的底物分配可以通过诱导细菌利用不同的电子受体来调控，这有利于增加污泥产量并促进污水处理过程中对化学能的回收(Yan et al.，2018)。好氧工艺的污泥产量明显大于缺氧和厌氧工艺(Copp and Dold，1998)。在污水处理过程中，可以通过好氧/缺氧或厌氧交替来调节底物分配，但该策略实施的约束条件是必须满足出水水质稳定达标。

5.3.2　零能耗污水处理的温室气体减排潜力

污水处理厂可以通过能源回收降低单位碳排放量，本章只计算来自电能消耗产生的温室气体(greenhouse gas, GHG)排放量，计算方法如式(5.20)所示。不同运行模式下污水处理厂的温室气体排放量如图 5.10 所示。污水处理厂的温室气体排放量在调查年度内呈现先下降后上升的趋势。夏季温室气体排放量低，冬季温室气体排放量高。在实际运行条件下，污水处理厂的温室气体排放量在 0.53～0.91 kg CO_2 e/kg COD 范围内变化[平均值为 (0.72 ± 0.11) kg CO_2 e/kg COD]。白龙岗污水处理厂采用 A^2O 工艺，处理规模为 200×10^4 m³/d，温室气体排放量为 0.10 kg CO_2 e/kg COD(Wang et al.，2016)。另一个采用 A^2O 工艺规模为 23×10^4 m³/d 的污水处理厂，其温室气体排放量为 0.32 kg CO_2 e/kg

COD(Yan et al., 2014)。施泰因霍夫污水处理厂规模为 $6×10^4$ m³/d,温室气体排放量为 0.43 kg CO_2 e/kg COD(Wang et al., 2016)。在实际运行过程中,该污水处理厂的平均温室气体排放量大于文献所报道出的结果。在实际运行条件下,若进行化学能回收,污水处理厂的温室气体排放量为 0.20~0.62 kg CO_2 e/kg COD[平均值为(0.41±0.12)kg CO_2 e/kg COD]。在能量回收最佳运行条件下,其温室气体排放量范围为-0.04~0.38 kg CO_2 e/kg COD[平均值为(0.17±0.13)kg CO_2 e/kg COD]。最优运行条件下,7 月和 8 月的温室气体排放量为负,这是因为 7 月和 8 月的最高能源自给率高于 100%。在实际运行工况和最佳运行工况下,该污水处理厂采用能量回收的温室气体减排率分别为 42.5%和 76.4%。

污水处理厂的温室气体排放量采用公式(5.20)计算:

$$G_E = \frac{e_f E_n}{M_0} \tag{5.20}$$

其中,e_f 是电能的温室气体排放系数,中国的典型值为 1.17 kg CO_2 e/kW·h;E_n 是电能消耗量;G_E 是污水处理厂的温室气体排放量(kg CO_2 e/kg COD)。

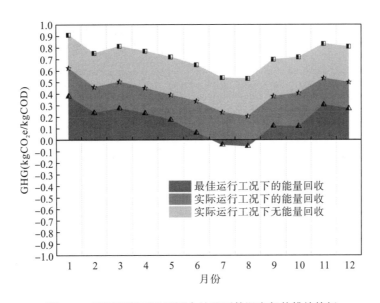

图 5.10　不同运行工况下污水处理厂的温室气体排放特征

5.3.3　零能耗污水处理模型的工程意义

污水处理厂能源自给评估的相关文献总结在表 5.8 中。一些评价模型是基于宏观物质和能量流、灰箱模型和 LCA 建立的。灰箱模型不能有效地揭示微观物质能量转化与能量回收效率之间的关系。LCA 通常用于分析污水处理厂在施工阶段、运行阶段和拆除阶段的能量流输入输出。因此,LCA 无法充分考虑污水处理厂运营者的实际利益。此外,选择合适的能耗指标是开展能量平衡评估的先决条件。尽管现有大多数研究将比能耗(kW·h/m³)定义为处理单位体积污水所消耗的能量,但在这种定义下,能量平衡评估具有一定的局限性,例如所评估的污水处理厂的进水水质相似。进水水质存在差异,会影响能量平衡评估的精确性。此外，目前大部分文献对于能量回收评估基于污水处理厂现有运行条件和预设情景，而污水处理厂污水中化学能回收的边界条件因工艺差异而不同，尚不清楚。

表 5.8　现有污水处理厂能源自给率评估案例

污水处理厂	处理规模/(m³/d)	进水COD/(mg/L)	主要工艺	能量资源	特定的能源消耗	能量回收过程	方法	特征	能源自给率/%	参考
5个位于西班牙的污水处理厂	21074~29086	571~1046	活性污泥法	化学能	—	厌氧消化+热电联产	基于能量平衡的方法	碳、氮、硫的能量流分析和物质流分析	39.0~76.0	(Silvestre et al.，2015)
中国某小型生活污水处理厂	50	100~400	厌氧反应器+滤床	化学能	0.11(kW·h/m³)	厌氧反应器+热电联产	生命周期清单分析	生命周期评估	100.0	(郝晓地等，2014)
西班牙SMAT污水处理厂	615000	—	AO	化学能	0.30(kW·h/m³)	厌氧消化+热电联产	多步骤的方法与清单的机电设备	工厂所有运行的机电设备的清单评估操作机电设备的效率	—	(Rodriguez-Garcia et al.，2011)
北京某污水处理厂	600000	400	A²O	化学能	—	厌氧消化+热电联产	质量和能量平衡的静态模型	内部循环不在质量平衡中考虑剩余污泥的流量	53.0	(Hao et al.，2015)
土耳其GASKI污水处理厂	222000	661.32	活性污泥法	化学能	0.10(kW·h/m³)	厌氧消化+热电联产	热力经济学方法	基于能量分析的第一定律	48.0	(Yan et al.，2014)
某城市污水处理厂	74500	671	活性污泥法	化学能	0.33(kW·h/m³)	厌氧消化+热电联产	基于能量平衡的计算	使用理论和经验值	80.5	(Garrido et al.，2013)
重庆某污水处理厂	400000	350	A-A²/O	化学能	0.62(kW·h/kgCOD)	厌氧消化+热电联产	基于微生物代谢和能量平衡的净零能耗污水处理厂模型	通过调节合成代谢和分解代谢之间的底物分配，从污染物中回收化学能	58.3~110.6	本研究

　　NZE 理论模型基于微生物代谢中物质转化和能量平衡原理建立。NZE 理论模型通过调节分解代谢和合成代谢之间的基质分配，来优化污染物化学能的利用途径。通过该模型建立了污水中化学能回收的边界条件。NZE 模型为利益相关者提供了更明确的优化方向。更重要的是，研究结果表明，节能和能量回收对于实现 NZE 都很重要。较低的比能耗有利于实现污水处理厂的能源自给。高效曝气技术可实现有效、精确的供氧(Bell and Abel，2011)，从而显著降低污水处理的能耗。因此，降低污水处理能耗的同时，强化污水处理厂对化学能的回收有利于污水处理厂实现能源自给。面对能源中和，环境工程师和政策制定者必须重新思考传统的设计原则，并调整污水处理厂的基本设计参数，以节约能耗和回收能源。应选择合适的处理工艺和运行参数，以最大限度地减少能耗并提高能量回收。通过优化污水处理厂的布局和运行模式包括曝气设备、泵和污泥处理可以实现节能(Plappally and Lienhard，2012)。高速率活性污泥工艺可以促进能量回收。污泥与有机废物的共消化可以通过提高有机负荷和水解速率来提高沼气产量和能量回收率(Shen et al.，2015)。NZE 理论模型不仅可以估算污水处理厂的能耗，还可以降低设计阶段的不确定性。

同时，NZE 理论模型可以为零能耗污水处理的标准化实施提供理论支持。预测不同水质和不同地区的污水处理厂的能耗和能量回收潜力是一项巨大的挑战。在实际应用中，模型参数的取值应根据实际情况进行调整。污水中包含的热能、化学能和重力势能（水力发电）都可以抵消废水处理厂的能源消耗。因此，基于不同能量模式的综合能量回收策略有利于在污水处理厂中实现 NZE 状态或获得最大能量自给。不同种类能量回收的最佳组合需要根据不同地区的实际情况来确定。此外，还需要开发更全面的能耗指标，将污水量与污染物质去除量相结合，以建立零能耗污水处理的基准评价方法与框架。

5.4　基于零能耗评估的中国零能耗城市污水处理厂地理分布

前面章节分析表明：影响污水处理耗能水平和能量回收的因素较多，如进水 COD（Hao et al.，2015）、处理规模（O'connor et al.，2021）、处理工艺（Huang et al.，2019）和气候条件（Yan et al.，2020）等。这些因素会直接影响污水处理厂实现零能耗的可能性以及能量自给率。污水处理厂所处地区的经济水平、人口特征、居民生活习惯和气候条件也可以通过进水 COD 和污水处理工艺选择影响污水处理厂能量自给率。如在对某个污水处理厂进行零能耗评估时，污水处理厂所处地域的差异，会导致采用相同工艺的污水处理厂能量消耗水平和能量回收存在差异，进而使得能量自给结果表现出多样性。因此，这给我国总结污水处理厂能源回收的区域特征带来了巨大挑战。我国幅员辽阔，包括五个时区和五个气候区，具有显著的地理多样性和气候多样性。这些差异不可避免地导致我国污水处理厂能源回收和能源自给具有典型地域特征。然而，迄今为止，对不同地区污水处理厂的特征及其对污水处理厂能源自给的潜力仍缺乏深入探究。这一点关系到我国污水处理如何通过优化化学能转化途径以最大限度地实现能量回收。这可能也是厌氧消化在我国较少或盲目应用的一个重要原因。因此，对不同地区污水处理厂应用厌氧消化实现能源自给的潜力进行详细评估，能够从国家层面上为污水处理厂制定合适的能源回收策略提供良好的理论基础。本节将甄别我国（分四个地区：东部、西部、中部和东北）污水处理厂能源回收和消耗的因素。基于上述四个地区的经济发展水平和气候分布特征，应用 NZE 模型评估来自上述四个地区的污水处理厂能源消耗特征和污水处理厂实现能源自给的可行性，确定污水处理厂能源自给潜力的地理空间分布，并探索我国不同地区实现能量中和的普适性和多样性。其结果可为国家层面制定污水处理碳中和政策提供理论基础。

5.4.1　案例城市污水处理厂及其特征

本章节调查了我国 28 个省份的 71 座污水处理厂，以确定污水处理厂能源自给潜力的空间分布。所使用的大部分数据是从公开报道的文献中获取的。其余数据是通过实地调研获得的，每个参数采用的是平均值。表 5.9 和表 5.10 列出了各污水处理厂的运行和模型计算参数。

表 5.9　案例城市污水处理厂的零能耗污水处理模型计算参数

处理单元	计算参数	单位	取值
生物处理单元	MLVSS/MLSS	t MLVSS/t MLSS	0.75
	生物质 COD 转化系数	gCOD/gC$_5$H$_7$O$_2$N	1.42
	COD$_{ana}$/COD 最大值	kg/kg	0.67
厌氧消化系统	污泥含水率	%	96
	环境温度	℃	15
	运行温度	℃	50
	消化时间	d	25
	搅拌能量密度	kW/m^3	0.008
	外层热损失	%	8
	污泥比热容 c_s	kJ/(kg·℃)	4.187
	污泥密度	kg/m^3	1000
	生物气产率	m^3/kg COD	0.35
CHP 系统	生物气热值	kW·h/m^3	11
	热效率	%	50
	电效率	%	40

　　根据被调查污水处理规模(10^4 m^3/d)，将污水处理厂按规模分为五类：<5、5~10、10~20、20~50 和>50，见表 5.10。根据二级处理工艺的不同，将污水处理厂按工艺分为以下六类：厌氧-缺氧-好氧(anaerobic-anoxic-oxic，AAO 或 A^{2}O)、氧化沟(oxidation ditch，OD)工艺、序批式活性污泥(sequencing batch reactor，SBR)工艺、缺氧-好氧(anoxic-oxic，AO)工艺，常规活性污泥(conventional activated sludge，CAS)法和其他处理工艺，见表 5.11。

表 5.10　污水处理规模分类

规模类别/(10^4 m^3/d)	污水处理厂	处理规模/(10^{4}m^3/d)	参考文献
<5	重庆 4	3	调研
	重庆 7	1	调研
	重庆 8	3	调研
	重庆 9	1	调研
	山东 1	4	调研
	山东 2	3	调研
	黑龙江 2	4	调研
	天津 1	1	(曹术云，2008；罗中和黄志树，2008)
	天津 4	1	(刘景彬，2015)
	河南 2	2	(徐峰等，2012)
	四川 2	1	(李卫，2016)
	四川 3	3	(唐菠，2014)

续表

规模类别/(10^4 m³/d)	污水处理厂	处理规模/(10^4 m³/d)	参考文献
	浙江 2	3	(刘名贵，2004)
	江苏 1	3	(杨昊等，2010)
	安徽 3	2	(方龙胜，2013)
	湖南 1	4	(汪芳，2016)
	湖南 2	2	调研
<5	上海 3	3	(刘超等，2009)
	宁夏	2	(刘欢，2006)
	新疆 1	1	(吴得意，2013)
	新疆 2	4	调研
	青海	3	调研
	重庆 5	9	调研
	重庆 3	6	调研
	重庆 2	5	调研
	重庆 6	5	调研
	重庆 10	5	调研
	黑龙江 3	10	(李卫，2016)
	辽宁 2	8	(乔晓时，2004；苏静和张新洋，2009)
	辽宁 3	10	(Li and Liu，2014)
	河北	8	(许志欣，2016)
	山西 1	5	调研
	山西 2	10	(宋玉兰和杨宇斌，2014)
	山东 3	8	(李娟，2011)
	山东 4	8	(陆迎君，2013)
	河南 1	7	(张文星，2012)
5~10	四川 1	10	(刘少非，2017)
	贵州 1	5	调研
	贵州 2	5	调研
	广东 2	6	(熊代群等，2009)
	广东 3	10	(王磊，2007)
	江苏 2	5	(杨薇兰等，2012；蒋岚岚等，2013)
	湖北 2	9	(陈亚力等，2008)
	安徽 1	10	调研
	安徽 2	10	(刘昌俊等，2016；徐康等，2018)
	上海 4	8	(曹隽和庞一敏，2019)
	福建 1	6	(陈常益，2012)
	内蒙古 1	8	调研
	内蒙古 2	7	(肖作义等，2007)

规模类别/($10^4 m^3/d$)	污水处理厂	处理规模/($10^4 m^3/d$)	参考文献
10～20	吉林 1	15	(张文华等，2017)
	吉林 2	15	调研
	陕西 1	15	(王社平等，2001)
	陕西 2	17	(王社平等，2017；王社平等，2018)
	广东 1	20	(冯绮澜等，2017)
	湖北 1	18	(李利蓉等，2013)
	上海 2	14	(俞蓓琼，2014)
	福建 2	20	(赵国志，2010)
20～50	重庆 1	44	调研
	上海 1	40	调研
	黑龙江 1	30	(张海洋，2009)
	辽宁 1	25	(刘佳宁，2012)
	辽宁 4	36	(刘创喜，2009)
	天津 3	45	(胡大卫等，2001；袁冀，2007)
	广西	48	(朱翠英，2012)
	浙江 1	25	(赵璋等，2019)
	甘肃	30	调研
	海南	30	(潘伯寿等，2006)
＞50	北京 3	91	调研
	北京 2	61	(杨岸明，2012；Hao et al.，2015)
	北京 1	58	(杨岸明，2012)
	天津 2	55	(张玲玲等，2019)

表 5.11　污水处理工艺分类

类别	包含处理工艺
厌氧–缺氧–好氧工艺(AAO 或 A²O)	AAO，UTC，A-AAO
氧化沟工艺(OD)	OD
序批式活性污泥(SBR)	SBR，DAT-IAT，CASS，MSBR
缺氧–好氧工艺(AO)	AO，Biolak
传统活性污泥法(CAS)	CAS
其他工艺	AAO-MBR，AAO-MSBR，MBR，BAF，BDP，MBBR，CASS-MBBR-AAO，AAO-OD

注：UTC 工艺(university of cape town，UCT)，缺氧-厌氧-缺氧-好氧工艺(anoxic-anaerobic-anoxic-oxic，A-AAO)，连续流间歇曝气法(demand aeration tank-intermittent aeration tank，DAT-IAT)，循环活性污泥法(cyclic activated sludge system，CASS)，改良式序列间歇反应器(modified sequencing batch reactor，MSBR)，缺氧-好氧工艺(anoxi-oxic，AO)百乐克工艺(biolak)，膜生物反应器(membrane bio-reactor，MBR)，曝气生物滤池(biological aerated filter，BAF)，生物倍增工艺(biological doubling process，BDP)，移动床生物膜反应器(moving-bed biofilm reactor，MBBR)

我国有五个气候区(热带季风气候、亚热带季风气候、温带季风气候、温带大陆性气候和高山气候)。我国东部为季风气候,可分为亚热带季风气候、温带季风气候和热带季风气候。温度从北向南升高。我国南部和东部大部分地区为亚热带季风气候。我国西北部为温带大陆性气候,青藏高原为高山气候。我国有一条重要的地理分界线,称为秦岭-淮河线(Liu et al.,2020),这是亚热带和暖温带之间的分界线(张强等,2015)。秦岭-淮河线以北,气候温和,以季风为特征,温度较低,年降水量较低(Wang et al.,2019)。秦岭-淮河线以南,气候属亚热带,降水频率高(Piao et al.,2010)。不同地区的经济基础和发展水平存在显著差异。根据国家"十一五"规划,我国被划分为四个经济区域(西部、东部、中部和东北),以科学地反映不同区域的社会和经济发展(国家统计局,2011)。在东部,自 1978 年我国改革开放以来,高度全球化和强大的区域竞争力促进了经济发展。然而,由于自然条件和政策引导的限制,我国西部和中部地区的经济发展速度相对较慢,整体经济水平较低。

5.4.2 我国城市污水 COD 特征与能量回收潜力

COD 表示污水中有机物的含量。第 4 章的理论研究表明:污水中污染物的产能及产能潜力与 COD 去除量密切相关。图 5.11(a)、(b)统计分析了 COD 去除量与污泥产量、产能的关系。COD 去除量与污泥产量的相关系数为 0.984,COD 去除量与能量产量的相关系数为 0.986。这些结果表明,有机质消耗越多,能量回收潜力越大。去除更多的有机物可以显著地促进微生物的生长繁殖,获得更多的生物量(生物质能),这些生物质能可以通过厌氧消化转化为高品位能量。因此,有机物去除能力强的污水处理厂则表现出更大的能量回收潜力。此外,处理规模也与能量产量呈高度的正相关[图 5.11(c)]。

与发达国家相比,由于污水收集不足、化粪池的广泛应用和地下水的渗入,我国污水处理厂进水的 COD 浓度较低(Yang et al.,2015)。在本研究中,进水 COD 在 130~650 mg/L 范围内波动(图 5.12)。我国北方污水处理厂平均进水 COD 为 430.49 mg/L,南方则为 301.00 mg/L。我国南方污水处理厂的平均进水 COD 低于北方。COD 的这种区域差异可能是由大量地下水长期渗漏到污水管网造成的(樊玲凤等,2016;Niu et al.,2019)。与北方相比,南方水系更为发达,地下水位也较高(Niu et al.,2019)。地下水很容易通过老化的污水管渗入到排水管网中,从而稀释了污水中有机物的浓度(Verstraete and Vlaeminck,2011;Roehrdanz et al.,2017)。特别是南方地区降水较多,充沛的降水可持续 7 个月(Sun et al.,2016)。雨水补充了地下水,加速了污水中 COD 的稀释(Gibrilla et al.,2017)。此外,居民的生活习俗和消费习惯也会影响污水的水质(Sun et al.,2016)。经济水平高、人口密集的华东地区 COD 浓度也较高,这可能与该地区居民生活水平较高、人口密集有关(Sun et al.,2016;Zhang et al.,2016;Gibrilla et al.,2017)。随着经济水平的提高,人们越来越注重对富含蛋白质食物的摄入(Bolzonella et al.,2005)。因此,污水的处理量和污水中的有机物含量显著增加。总体而言,北方污水处理厂污水中化学能高于南方污水处理厂。因此,北方的污水处理厂表现出更大的能源回收潜力。

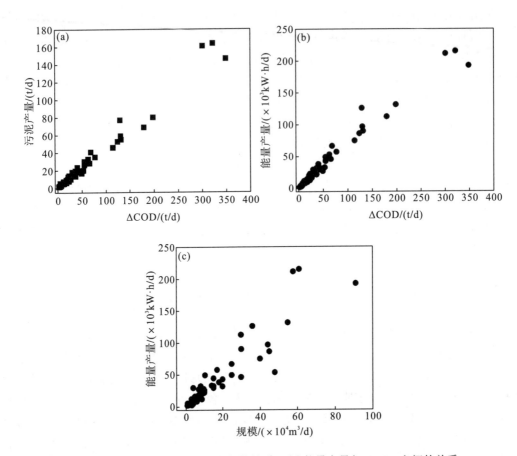

图 5.11 （a）污泥产量与 ΔCOD 之间的关系，（b）能量产量与 ΔCOD 之间的关系，
（c）规模与能量产量之间的关系

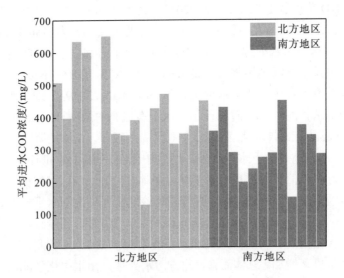

图 5.12 我国进水 COD 浓度的地区分布

5.4.3　城市污水处理能耗影响因素分析

1) 污水处理规模对能量消耗与回收的影响

污水处理厂的规模是影响能耗和污泥产量的关键因素。不同规模的污水处理厂其能耗与回收率存在显著差异。在能耗方面，污水处理厂规模与比能耗 μ 呈负相关，比能耗 μ 代表去除单位质量 COD 所消耗的能量(kW·h/kg COD)(Xiong et al.，2021)。污水处理厂规模越大，去除每千克 COD 所消耗的能量越少，其运行条件越稳定，设备利用率越高。因此，这类污水处理厂具有更大的节能潜力。在处理规模和能量产生之间也观察到较强的相关性[图 5.11(c)、$r = 0.951$，$P < 0.001$]，这表明污水处理规模是污水处理厂能量回收的重要影响因素。随着污水处理规模的增加，能量产量增大。因此，规模较大的污水处理厂具有更大的能量回收潜力，甚至可以向外部输出多余的能量。

由于我国发展不平衡，污水处理厂规模呈现出明显的地理分布特征(图 5.13)。在已有研究中，被调查的污水处理厂的处理能力为 $0.88 \times 10^4 \sim 91 \times 10^4$ m³/d。规模较大的污水处理厂主要分布在人口密度和经济水平较高的东部地区。这些地区污水管网较为发达，污水收集率较高。规模较小的污水处理厂大多分布在西部，尤其是西北地区，其处理水量仅占全国污水总量的 5%(Zhang et al.，2016)。污水处理厂的能量自给率与规模之间的关系如图 5.14 所示(为了提高统计分析结果的可靠性，额外增加了 18 座污水处理厂来提高样本数量，其数据见表 5.12)。结果表明，由于高能量产量和相对较低的能量消耗，污水处理厂实现零能耗的可能性随着污水处理规模的增加而增加。特别是，当污水处理厂的规模低于 5×10^4 m³/d 时，不利于实现零能耗。对于规模较小的污水处理厂(小于 5×10^4 m³/d)，其污泥产量低、基础设施投资大、运行条件不稳定，这些因素都不利于通过污泥厌氧消化耦合热电联产(CHP)来实现零能耗污水处理。这类污水处理厂没有足够的有机物(化学能)进行能量回收(Grobelak et al.，2019)。可持续污泥减量技术不需要额外的能量和化学品投

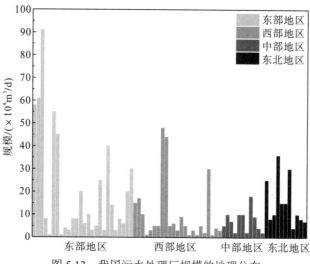

图 5.13　我国污水处理厂规模的地理分布

入，通过调节微生物代谢来减少污泥产量。因此，采用可持续污泥减量技术减小污泥产量，进而减小污泥处理处置的能耗，应成为这类规模较小的污水处理厂减少碳足迹的主要途径。对于大型污水处理厂来说，利用污泥厌氧消化和热电联产(CHP)耦合技术是实现能源自给的一种经济且有效的策略(Shen et al.，2015)。当污水处理厂规模超过 11×10^4 m³/d 时，能量自给率接近 100%。$21\times10^4\sim50\times10^4$m³/d 的平均能量自给率高达 104.47%，最大可达 184.09%。大型污水处理厂通过雇用训练有素的操作人员，以保证整个系统的稳定和高效的运行，并使用高效的设备，使其实现零能耗并减少其碳足迹。因此，对大型污水处理厂来说，实现零能耗的潜能更大。

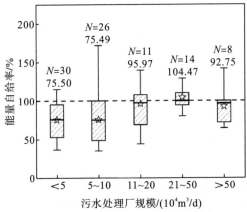

图 5.14　不同规模污水处理厂的能量自给率

(N 代表样本量，数字代表自给率平均值)

表 5.12　89 个污水处理厂的参数特征

污水处理厂编号	国家	规模/(m³/d)	能源自给率/%	参考文献
1	约旦	267000	95.00	
2	法国	2112000	100.00	
3	荷兰	121000	44.00	(Hao et al.，2015)
4	美国	363400	110.00	
5	美国	70000	115.00	
6	德国	15140	100.00	
7	奥地利	18925	100.00	
8	美国	41635	100.00	
9	美国	49205	100.00	
10	捷克	158970	94.00	
11	瑞士	253595	100.00	(Mo and Zhang，2013)
12	美国	264950	100.00	
13	美国	662375	100.00	
14	英国	757000	96.00	
15	美国	1135500	97.00	
16	美国	50000	100.00	

污水处理厂编号	国家	规模/(m³/d)	能源自给率/%	参考文献
17	德国	12833	88.00	(Macintosh et al.，2019)
18	奥地利	10250	115.00	
19		580000	98.62	
20		610000	176.84	
21		910000	80.52	
22		150000	47.39	
23		150000	139.67	
24		300000	88.25	
25		40000	66.87	
26		100000	74.34	
27		250000	94.49	
28		80000	69.51	
29		100000	76.37	
30		360000	136.95	
31		80000	75.57	
32		50000	44.52	
33		100000	103.96	
34		150000	72.15	
35		170000	99.54	
36		10000	73.04	
37		550000	64.24	
38		450000	184.10	
39	中国	10000	79.82	本研究
40		40000	48.92	
41		30000	50.17	
42		80000	105.32	
43		80000	54.76	
44		70000	57.18	
45		20000	95.38	
46		100000	171.56	
47		10000	73.72	
48		30000	75.24	
49		50000	43.60	
50		50000	48.57	
51		480000	99.98	
52		200000	68.80	
53		60000	48.55	
54		100000	186.43	
55		250000	79.90	
56		30000	86.02	
57		30000	50.16	
58		50000	35.10	
59		180000	97.07	
60		90000	52.19	

续表

污水处理厂编号	国家	规模/(m³/d)	能源自给率/%	参考文献
61		100000	105.95	
62		100000	78.76	
63		20000	66.87	
64		40000	37.23	
65		20000	36.70	
66		400000	96.76	
67		140000	107.80	
68		30000	52.66	
69		80000	36.07	
70		60000	74.94	
71		200000	98.93	
72		440000	109.25	
73		50000	98.72	
74	中国	60000	74.98	本研究
75		30000	74.93	
76		90000	81.03	
77		50000	80.67	
78		10000	76.34	
79		30000	76.93	
80		10000	91.48	
81		50000	94.25	
82		80000	48.28	
83		70000	106.14	
84		20000	44.10	
85		300000	39.16	
86		10000	98.32	
87		40000	62.40	
88		300000	128.88	
89		30000	51.90	

2)污水处理工艺对能量消耗与回收的影响

采用不同处理工艺的污水处理厂在能量消耗和生产方面也表现出不同的特征(Singh et al.,2016;Gu et al,2017a)。不同处理工艺的平均比能耗 μ 如图 5.15 所示。氧化沟工艺(OD)比能耗最大值为 1.15 kW·h/kgCOD。在氧化沟工艺中,需要消耗大量的电能来保持混合液的流动,用曝气器和潜水叶轮推动混合液体通过沟渠,但这些沟渠的动力效率很低(Yang et al.,2010)。在 AO 和 AAO 工艺中,平均比能耗较低。在实际应用中,厌氧段和好氧段的灵活配置保证了工艺的高效运行。图 5.16(a)描述了不同处理工艺能量自给的情况。我国采用 OD、AAO 这两种污水处理工艺的污水处理厂占所有污水处理厂的一半以上。OD 工艺实现能源自给的可行性较低,采用该工艺的污水处理厂的平均自给率为74.10%[图 5.16(a)]。在该工艺中,较长的污泥停留时间(sludge retention time,SRT)是保证有效去除 COD 的必要条件。但由于内源性呼吸过程增强,其剩余污泥产量减少和污泥中有机物含量降低(Van Loosdrecht and Henze，1999)，从而降低了生物质能的产量。结果表明，在 SRT 较长(35~45d)的污水处理工艺中，沼气产量显著下降(Yao et al.，2020)。因此，在利用污泥厌氧消化实现能量回收和达到 NZE 状态时，OD 工艺是不合适的。AAO 和 AO 处理工艺已被广泛采用，其水质适应性强，维护操作方便。本研究发现，这些处理工艺具有较高的能源自给率，其平均值大于 85%。在这些工艺中，水力停留时间短，去除效率高，最大限度地提高了污泥中有机物的浓度，使其可通过回收能源来抵消能源消耗。这些处理工艺运行能耗低，碳足迹少，是一种可行的可持续污水处理方法。传统活性污泥法应用于城市污水处理已有一个多世纪的历史。与其他工艺相比，该工艺实现 NZE 的可行性较低。该处理工艺有两个主要特点：能耗要求高，化学能捕获能力低。此外，氧气供需矛盾突出。池首供氧不足，池尾供氧大于需氧，造成能量浪费，这都不利于实现零能耗。对于采用相同处理工艺的污水处理厂来讲，能量消耗随规模而变化。此前有研究报道，采用传统活性污泥法的污水处理厂规模为 $10 \times 10^4 \sim 20 \times 10^4$ m³/d 时，比大于 20×10^4 m³/d 的污水处理厂能更有效地利用能源(Grobelak et al.，2019)。因此，有必要对工艺和规模的最佳组合进行评估。图 5.16(b) 是对不同规模下不同工艺实现能量自给的可能性的综合评价。如前所述，对于小型污水处理厂(规模小于 5×10^4 m³/d)来说，使用任何处理工艺都很难实现零能耗。规模在 5×10^4 m³/d 以下的污水处理厂均不能实现 100% 的能源自给，自给率主要在 65% 左右。使用 AAO 和 AO 工艺的污水处理厂在规模更大的情况下，实现 NZE 的潜力更大。当污水处理厂规模超过 51×10^4 m³/d 时，该工艺的最大能量自给率为 141.46%。处理工艺的比能耗随着处理规模的增大而降低(Yang et al.，2010)。因此，对于小型污水处理厂来说，较低能量利用效率和较高的运行能耗降低了其实现能源自给的可能性。此外，对于小型处理厂来讲，采用污泥厌氧消化+CHP 耦合技术会增加能量消耗和基础设施成本，但对于大型污水处理厂来讲却是节能和经济的。针对中小型污水处理厂，由于 SBR

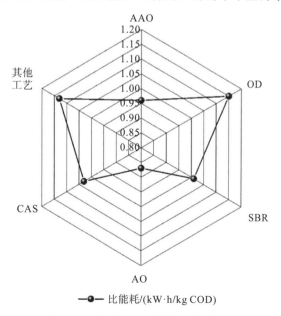

图 5.15　不同处理工艺的平均比能耗

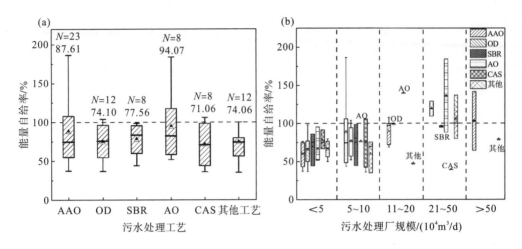

图5.16   不同处理工艺(a)和不同规模(b)条件下的能量自给率

工艺可灵活控制的特点，其相对于其他工艺更易于实现 NZE。因此，NZE 模型为识别和确定实现 100%能量自给时，考虑适合能量回收的污水处理规模、选择合适的污水处理工艺和在某一特定规模下的能源回收的可行路径，提供了理论依据。

5.4.4   不同区域零能耗污水处理实现的潜力

通过将数据输入 NZE 模型获得相应的 NZE 曲线。图 5.17(a)～(e)显示了全国和四个区域样本点与 NZE 曲线之间的位置关系。可以看出，当 μ 超过将最大 M_{ana}/M_0(0.67)输入 NZE 模型获得的最大 μ 时，污水处理厂将无法达到 NZE 状态。根据实现 NZE 的可行性，污水处理厂分为三种类型：Ⅰ类污水处理厂不能实现 NZE，需要消耗外部能量；对于Ⅱ类污水处理厂，通过调节基质分配即 COD_{ana}/COD_t 比值，使更多的有机质用于合成代谢，其可以实现 100%的能源自给，但 COD_{ana}/COD_t 最大值不能超过 0.67，Ⅲ类污水处理厂当前运行条件下，能量自给率大于 100%并能够向外部输出能量。

所有案例污水处理厂的比能耗 μ 范围为 0.33～1.90 kW·h/kg COD。根据图 5.17(a)，50%的污水处理厂样本点为Ⅰ类，31%的污水处理厂样本点为Ⅱ类，其余 19%为Ⅲ类。这些结果表明，大多数被调查的污水处理厂在其现有运行条件下能源自给率无法达到 100%。因此，目前我国污水处理厂的运营策略并不利于能量回收。一些污水处理厂可以通过调节微生物代谢的底物分配来实现零能耗。只有 19%的污水处理厂能够产生足够的能量来抵消其现有运行条件下的能量消耗。图 5.17(b)～(e)显示了这三种类型污水处理厂在我国四个区域的分布特征。在我国东部[图 5.17(b)]和东北地区[图 5.17(c)]污水处理厂实现零能耗运行的潜力相对较高。在上述地区Ⅲ类污水处理厂的比例分别为 23%和 27%。在所有被调查的污水处理厂中最大能量自给率为 186.43%，该污水处理厂位于东部地区。在我国西部，Ⅱ类污水处理厂的比例为 39%[图 5.17(d)]，而其他地区为 27%。因此，在我国西部，通过增大 COD_{ana}/COD_t，实现能源自给的潜力很大。与西部相比，东部和东北地区大型污水处理厂及其训练有素的操作人员带来了更好的节能效果。此外，这些发达地区的生活水平较高，污水处理厂进水有机物含量较高，其可转化为更多的污泥，能量回收潜力巨大。总的来说，在发达地区，能源回收和能源自给的潜力更大。此外，考虑到热电联产装置的成本，对通过回收污泥的能量实现污水处理零能耗而言，发达地区具有更高的可行性。

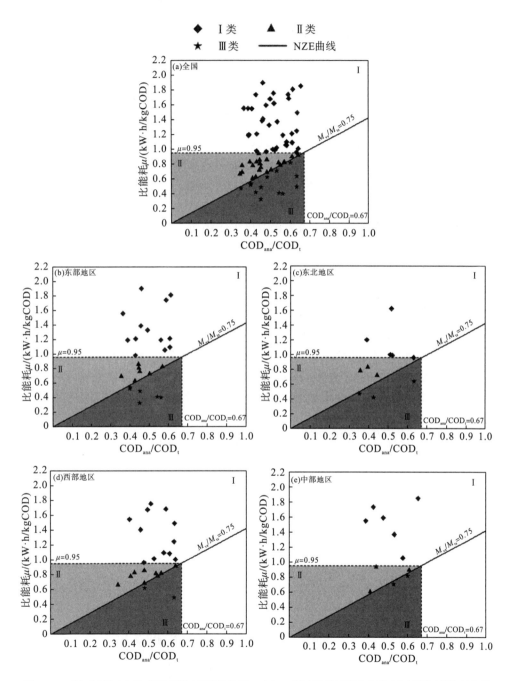

图 5.17　(a)我国污水处理厂零能耗模型曲线，(b)～(e)不同地区污水处理厂零能耗模型曲线

(I 区代表不能实现零能耗状态，污水处理厂需要外部能源；II 区代表污水处理厂可以通过调整 M_{ana}/M_o 达到零能耗状态；III 区代表污水处理厂可以达到零能耗状态并输出多余能量)

　　图 5.18 显示了所调查的污水处理厂在现有运行工况下的能源自给率分布。我国东部和东北地区实现零能耗的可能性较高。东部地区能源自给率为 35.10%～186.43%，平均为 86.26%。东北地区则为 47.39%～139.66%，平均为 86.20%。这两个地区污水处理厂获得较高能量自给率与其运行参数和经济发展水平等因素有关。如与其他区域相比，上述地区的污水进水 COD 浓度和 COD 去除量较高，这表明上述污水处理厂具有较大的能量回收潜力。这些结果与之前的研究结果是一致的，即在东部和东北部地区污水处理厂总 COD 去除量大于 50%(Huang et al.，2020)。污泥产量随着 COD 去除量的增加而增加，厌氧消化产生更多的沼气用于转化为电能。此外，大型污水处理厂主要分布在东部和东北部地区，具有更稳定、更有效的运行状态。因此，这两个地区实现 NZE 的潜力更大。但是位于高纬度、年平均气温较低的我国北方地区的污水处理厂，其能量回收性能相对较差。低温导致微生物活性和传质速率显著降低(Lin et al.，2017)，即低温抑制了微生物对有机物的分解转化并降低了氧的利用效率，从而导致污泥产率下降。同时，低温也会增加污水处理过程的能量消耗(以热量的形式耗散)，特别是厌氧消化过程会增加提升污泥温度所需的能量和厌氧消化过程中的热损失(通常厌氧消化温度大于环境温度)。此外，环境温度和消化温度的差异导致的环境温差波动也会抑制产甲烷菌的代谢活性，进而导致甲烷产率降低。因此，运行的不稳定和较低的能量回收性能，也给我国北方地区污水处理厂实现零能耗状态带来了更大的挑战(Panepinto et al.，2016)。

　　综上所述，在分析厌氧污泥消化耦合 CHP 技术回收能量的适用性和可行性时，应考虑实际的环境温度。西部地区人均国内生产总值和污水处理设施投资相对较低(Grill et al.，2018)。污水管网建设的滞后性导致这一地区污水处理效率较低(Verstraete and Vlaeminck，2011)。平均能源自给率为 79.94%，主要集中在 50%～100%内。受地理环境和经济水平的限制，区域人口比例较低，污水处理厂规模较小，能量消耗较高，能源回收率较低。此外，在某些情况下，污水处理厂是在非设计流量下运行的，负荷不足，污水处理厂设备的实际运行参数偏离最佳运行范围(如泵)(Krzeminski et al.，2012)，这导致了较高的能量消耗。此外，我国西北地区地域辽阔，人口稀少，分散式污水处理系统应用较多，比能耗较高，能量回收效率较低，实现零能耗污水处理的潜力较小。

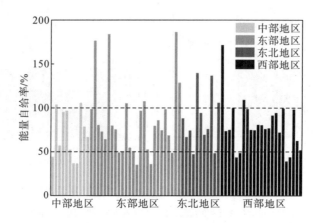

图 5.18　全国污水处理厂自给率

5.4.5　我国污水处理厂能量回收优化策略

节能和能源回收对能源自给的实现具有重要影响。有机负荷被认为是提高能源回收性能的一个制约因素，由于经济、环境和社会因素的影响，有机负荷表现出区域性差异。在污水处理厂进水 COD 含量较低的地区，可以通过提高初沉污泥的收集来提高污泥的有机质含量。利用传统的初沉池可以从污水中捕获有机颗粒，但效率较低。化学强化一级处理是一种通过添加混凝剂促进有机物絮凝的方法。采用该方法可显著提高初沉污泥的收集效率和有机质含量(Gonzalez-Martinez et al.，2016)。然而，为了保证反硝化和营养物去除过程有足够的碳源，我国大多数情况下都拆除了初沉池(Niu et al.，2019)。一些提高污水中化学能捕获的技术如高负荷活性污泥法，在我国具有较强的适用性(Huang et al.，2019)。在这个工艺中，化学能是通过吸附而不是通过微生物代谢来捕获的，这促进污水中更多的化学能转移到污泥生物质能中(Dai et al.，2016)。除了提高有机物捕获能力外，还可以通过增加污泥预处理和共消化的手段来解决由于有机负荷低而导致沼气产量低的问题(Silvestre et al.，2015)。餐余垃圾是最理想的共消化基质，因为它含有丰富的可生物降解物质。餐余垃圾可直接运往污水处理厂进行共消化，也可通过安装在厨房的研磨机研磨后，随污水一起进入污水收集系统，但这些方法在我国仍处于实验性探索阶段(Mattsson et al.，2014；Wang et al.，2016；Gu et al.，2017a；Wang et al.，2020；Gaballah et al.，2020)。

在污水处理系统方面，一些污水处理工艺以去除碳和营养物质为目标，并没有考虑能源回收。污染物的去除一般以消耗能量为代价，不适合能源回收。污水处理新技术在降低能源消耗和提高能源回收方面具有很大的潜力。新型 AB 工艺中，A 阶段采用厌氧移动床生物膜反应器进行 COD 捕获，B 阶段采用集成固定膜活性污泥序批式反应器(Cogert et al.，2019)。该工艺能够产生 0.28 kW·h/m^3 的能量(Cogert et al.，2019)。选择合适的处理工艺可显著提高能源自给的可行性。在实际应用中，CHPs 的基础设施和安装成本较高。因此，应该向经济不发达地区提供大量的经济支持。除必要的经济投资外，为了缓解"技术贫困"，还应提供相应的技术扶持和指导，以弥补能量回收技术的滞后。为了实现零能耗污水处理，必须将污水处理厂的选址、二级处理工艺的能量利用效率和能量回收潜力考虑进去。对污水处理厂的运行条件、处理工艺和管理模式进行优化，进而实现能量有效的节省和回收。

在我国不同地区，能源回收表现出地域特征。通过 NZE 模型来确定我国不同地区污水处理厂实现零能耗的可能性并分析其环境(气候条件)、经济和社会(人口密度)等因素对实现零能耗的影响，能够为全国不同地区实现高效的能源自给提供参考。在我国东部，焚烧是一种处理污泥的主流技术，但其投资较高。在过去几十年来，我国东部一直是温室气体(GHG)排放的主要贡献者(Wei et al.，2020)。通过零能耗模型研究表明，在东部地区，污泥厌氧消化+CHP 系统是一种有前途的能源回收方法。考虑到东部地区污水处理厂规模大的特点，AAO 和 AO 工艺可能是一种更适合的实现环境可持续的工艺。鉴于该地区的综合实力，需要根据污水处理厂的实际情况，采用先进的节能和能量回收处理技术进一步优化污水中的能源和资源利用。同样，在我国东北地区，通过污水处理厂采用厌氧消化工艺并对整个工艺的参数进行调整，可实现 100% 的能源自给。但是，东北部地区纬度高，平均气温低，厌氧消化温度和环境温度之间温差大，导致厌氧消化的能量回收性能差(Feng et al.，2019)。因此，还需要采用先进技术去解决环境温度低而导致的能量利用效率低和能量产率低的问题，进而实现能源自给。有机废物(农作物残渣)可添加到厌氧消化反应器以增加有机负荷，从而提高厌氧消化效率(Shen et al.，2015；Tandukar and Pavlostathis，2015)。例如，在已实现能源自给的 Strass 污水处理厂，食品加工残渣和剩余污泥被输送到消化池中产甲烷发电，实现了 20% 的能量盈余(Reardon，2014)。我国中部地区，秸秆资源丰富，利用秸秆协同污泥厌氧消化是该地区污水处理厂提高能源自给率的有效途径。在我国西部，应提供经济和技术支持帮助污水处理厂实现节能降耗和能量回收。模型结果表明调整代谢底物分配可以显著提高在污水处理过程中实现 NZE 状态的可行性。尽管人们越来越追求能源回收和零能耗，但应结合实际情况采取适宜的方法去实现污水处理厂的环境可持续性。例如，针对污泥产量少、出水水质差的小规模污水处理厂，其能耗较高，回收潜力较低，改善出水水质并采用可持续污泥减量方法和节能措施可能是一个实现可持续性的更好选择。除了化学能回收外，还应考虑其他适合的能源回收途径，如我国西北地区太阳能丰富，污水处理过程可考虑对太阳能的利用，此外，西南地区地势高差大，可考虑基于重力势能利用的尾水发电回收能量。

术　语　表

符号	含义	单位
WWTP	污水处理厂	—
AD	厌氧消化	—
CHP	热电联产	—
LCA	生命周期评价	—
NZE	零能耗	—
CH_4	甲烷	—
P_e	厌氧消化耦合热电联产的产电量	$kW \cdot h$
E_n	污水处理所需的电能	$kW \cdot h$
E_{diges}	污泥消化所需的电能	$kW \cdot h$
P_h	产热量	kJ
M_{cata}	通过分解代谢消耗的有机物	kg COD/d
M_{ana}	通过合成代谢消耗的有机物	kg COD/d
M_o	有机物的总量	kg COD/d
COD_{inf}	进水 COD	kg COD/d，mg/L
COD_{eff}	出水 COD	kg COD/d
Q_w	污水流量	m^3/d
M_{ts}	污泥量	kg/d
M_{vs}	污泥有机质	kg/d
M_{is}	污泥无机物	kg/d

符号	含义	单位
f	混合液挥发性悬浮固体(MLVSS)与混合液悬浮固体(MLSS)含量之比	mg /mg 或%
MLVSS	混合液挥发性悬浮固体	mg/L
MLSS	混合液悬浮固体	mg/L
μ	比能耗	kW · h/kg COD
P_t	总能量回收	kW · h
η_a	厌氧消化效率	%
G_{AS}	污泥产气率	m^3/kg COD
η_e	热电联产机组的产电效率	%
η_r	热电联产机组的产热效率	%
E_{diges}	消化过程中搅拌所需能量	kW · h/d
Q_s	污泥输入量	m^3/d
T_d	厌氧消化时间	d
ρ_s	污泥密度	kg/m^3
P_w	污泥含水率	%
H_t	污泥消化所需消耗的总热量	kJ
C_{sh}	污泥比热容	kJ/(kg·℃)
Δt	输入污泥与消化温度之间的温差	℃
Q_s	污泥输入量	m^3
t_s	输入污泥的最终温度	℃
t_0	输入污泥的初始温度	℃
E_c	CH_4 的热值	kW · h/m^3
J	厌氧消化池单位体积搅拌所需能量	kW/m^3
A-A^2O	缺氧-厌氧-缺氧-有氧工艺	—
ΔCOD	COD 去除量	kg/d
ΔSS	SS 去除量	kg/d
ΔTP	TP 去除量	kg/d
ΔTN	TN 去除量	kg/d
k_{lower}	最小 ηa 所对应的 NZE 曲线的斜率	—
k_{upper}	最大 ηa 所对应的 NZE 曲线的斜率	—
GHG	温室气体	—
e_f	电能的温室气体排放系数	—
G_E	污水处理厂的温室气体排放量	kg CO_2 e/kg COD
Biolak	百乐克	—
MBR	膜生物反应器	—
BAF	曝气生物滤池	—
BDP	生物倍增工艺	—
MBBR	移动床生物膜反应器	—

续表

符号	含义	单位
AAO	厌氧-缺氧-好氧	—
OD	氧化沟	—
SBR	序批式活性污泥	—
AO	缺氧-好氧	—
CAS	常规活性污泥	—
SRT	污泥停留时间	d
N	样本量	—
COD_{ana}	分配给微生物合成代谢的底物	kg

参 考 文 献

曹隽, 庞一敏, 2019. 改良型两段活性污泥工艺在污水厂升级改造中的应用[J]. 工业水处理, 39(10): 107-110.

曹术云, 2008. 改良 Carrousel 2000 AC 工艺处理小城镇城市污水的研究: 以武清区第二污水处理厂为例[D]. 天津: 南开大学.

陈常益, 2012. 浅议杏林污水处理厂的节能降耗措施[J]. 经营管理者(14): 395-396.

陈和平, 周篁, 1999. 我国中长期节能目标及行动方案探讨[J]. 中国能源, 21(8): 6-10.

陈文敏, 1993. 煤的发热量和计算公式[M]. 2 版. 北京: 煤炭工业出版社.

陈文威, 李沪萍, 蒋丽红, 等, 1999. 热力学分析与节能[M]. 北京: 科学出版社.

陈亚力, 汪昌旺, 雷智丰, 等, 2008 滗水器在污泥调节池中的应用[J]. 中国给水排水, 24(14): 25-27.

城冢正, 须藤雅夫, 1987. 能量化学工程学[M]. 高仲江等, 译. 北京: 清华大学出版社.

崔凤海, 2003. 中国主要褐煤矿区高位发热量的计算[J]. 洁净煤技术, 9(4): 47-49, 59.

迪安 J A, 1991. 兰氏化学手册[M]. 13 版. 尚久方等, 译. 北京: 科学出版社.

樊玲凤, 胡家忠, 欧亮, 2016. 城市污水处理厂进水浓度偏低原因分析及对策研究[J]. 环境科学与管理, 41(3): 132-135.

范良政(L. T. Fan), 1981. 从热力学角度对化学过程系统的分析与合成(英) [Z]. 1981 年 6 月在华东化工学院讲学的讲义.

方龙胜, 2013. 小城镇污水处理厂 BOT 运作模式实证分析: 以无为县污水处理厂为例[J]. 宁夏农林科技, 54(2): 55-56, 59.

冯绮澜, 麦锦欢, 何赞端, 2017. 广东某城镇污水厂的能耗分析评价及节能途径探讨[J]. 广东化工, 44(12): 199-201.

高旭, 1999. 合建式完全混合活性污泥工艺的节能技术研究[D]. 重庆: 重庆建筑大学.

耿安朝, 张洪林, 1997. 废水生物处理发展与实践[M]. 沈阳: 东北大学出版社.

顾夏声, 1993. 废水生物处理数学模式[M]. 2 版. 北京: 清华大学出版社.

国家统计局, 2011. 东西中部和东北地区划分方法[EB/OL]. (2011-06-13)[2011-06-13]. https://www.stats.gov.cn/zt_18555/zthd/
    sjtjr/dejtjkfr/tjkp/202302/t20230216_1909741.htm

国家质量监督检验检疫总局, 中国国家标准化管理委员会, 2009. 煤的发热量测定方法: GB/T 213—2008[S]. 北京: 中国标准
    出版社.

国家质量监督检验检疫总局, 中国国家标准化管理委员会, 2015. 煤的元素分析: GB/T 31391—2015[S]. 北京: 中国标准出版
    社.

郝晓地, 程慧芹, 胡沅胜, 2014a. 碳中和运行的国际先驱奥地利 Strass 污水厂案例剖析[J]. 中国给水排水, 30(22): 1-5.

郝晓地, 魏静, 曹亚莉, 2014b. 美国碳中和运行成功案例: Sheboygan 污水处理厂[J]. 中国给水排水, 30(24): 1-6.

郝晓地, 赵梓丞, 李季, 等, 2021. 污水处理厂的能源与资源回收方式及其碳排放核算: 以芬兰 Kakolanmäki 污水处理厂为例[J].
    环境工程学报, 15(9): 2849-2857.

胡大卫, 姚念民, 郭淑琴, 2001. 天津市咸阳路污水处理厂设计的技术要点[J]. 给水排水, 37(1): 8-10, 1.

蒋楚生, 何耀文, 孙志发, 等, 1990. 工业节能的热力学基础和应用[M]. 北京: 化学工业出版社.

蒋岚岚, 陈豪, 胡邦, 等, 2013. 城镇污水处理厂 MBR 工程调试运行及分析[J]. 中国给水排水, 29(4): 103-108.

李娟, 2011. 海泊河污水处理厂改扩建项目投资收益分析[D]. 青岛: 中国海洋大学.

李利蓉, 邹惠君, 石亚军, 等, 2013. 武汉市龙王嘴污水处理厂改扩建工程设计[J]. 中国给水排水, 29(8): 48-51.

李卫, 2016. 城镇污水处理厂运行能耗分布特征及工况控制研究[D]. 成都: 西南交通大学.

刘昌俊, 郝文胜, 2016. 蚌埠杨台子污水处理厂二期工程设计[J]. 工业用水与废水, 47(6): 71-74.

刘超, 汪喜生, 陈传运, 等, 2009. 低负荷 A/O 工艺城镇污水处理厂的运行模式探讨[J]. 中国给水排水, 25(24): 91-94.

刘创喜, 2009. 我国 BAF 污水处理厂运行费用数学模型的建立[D]. 沈阳: 沈阳航空工业学院.

刘欢, 2006. SBR 工艺脱氮除磷的应用研究[D]. 西安: 西安建筑科技大学.

刘佳宁, 2012. 改良的 SBR 新工艺在抚顺市三宝屯污水处理厂的应用[J]. 黑龙江环境通报, 36(2): 44-46.

刘景彬, 2015. 武清区第七污水处理厂可行性研究[D]. 天津: 天津大学.

刘名贵, 2004. 浙江某市城区污水处理厂概念设计[J]. 工程设计与研究(2): 41-44.

刘少非, 2017. 成都市第四污水处理厂 A2O 工艺处理效果研究[D]. 成都: 西南交通大学.

刘雨, 赵庆良, 郑兴灿, 2000. 生物膜法污水处理技术. "九五"国家重点科技攻关成果: 给水和废水处理新技术丛书[M]. 北京: 中国建筑工业出版社.

龙腾锐, 高旭, 2001. 泵型叶轮表面曝气机的性能评价新方法[J]. 水处理技术, 27(5): 277-280.

娄金生, 1999. 水污染治理新工艺与设计[M]. 北京: 海洋出版社.

陆迎君, 2013. 浅谈蓬莱市碧海污水处理厂二期工程设计及运行[J]. 城市建设理论研究(13).

罗慧中, 黄志树, 2008. MHA 工艺在城市污水处理工程中的应用[J]. 中国环保产业(3): 48-50.

潘伯寿, 卢志, 孙传志, 2006. 海口市污水处理厂污泥消化的运行分析[J]. 中国给水排水, 22(24): 91-94.

乔晓时, 2004. 马栏河污水处理厂 BIOFOR 曝气生物滤池工艺运行效果评价[D]. 大连: 大连理工大学.

山道茂, 1987. 生物热力学导论[M]. 屈松生, 黄素秋, 译. 北京: 高等教育出版社.

宋玉兰, 杨宇斌, 2014. 除磷脱氮鼓风曝气氧化沟工艺运行经验及管理[J]. 山西建筑, 40(4): 117-119.

苏静, 张新洋, 2009. 曝气生物滤池工艺在大连马栏河污水处理厂二期工程中的应用[J]. 硅谷, 2(23): 162.

孙慧修, 龙腾锐, 郝以琼, 1983. 管道回流表面曝气池处理印染废水设计和运行总结[J]. 重庆建筑工程学院学报, 5(2): 64-69.

唐菠, 2014. 城市生活污水处理厂运行效能评价指标体系研究[D]. 成都: 西南交通大学.

汪芳, 2016. 浏阳市污水处理厂改扩建工程设计与探讨[J]. 绿色科技(14): 90-92.

王国生, 1989. 间歇性活性污泥法述评[J]. 给水排水(1): 40-44.

王洪臣, 1997. 城市污水处理厂运行控制与维护管理[M]. 北京: 科学出版社.

王磊, 2007. 深圳某污水处理厂节能试验及能效评价[D]. 哈尔滨: 哈尔滨工业大学.

王社平, 王尊学, 郑琴, 等, 2001. 西安市邓家村污水处理厂改造工程设计[J]. 给水排水, 27(5): 1-5.

王社平, 赵恩泽, 韩芸, 等, 2017. 西安市第五污水处理厂运行能耗分析与节能措施研究[J]. 水处理技术, 43(2): 127-130.

王社平, 赵恩泽, 韩芸, 等, 2018. 西安第五污水处理厂污泥消化及沼气利用效果分析[J]. 中国给水排水, 34(9): 15-19, 25.

魏复盛, 2002. 水和废水监测分析方法[M]. 4 版. 北京: 中国环境科学出版社.

吴得意, 2013. 新疆和静县污水处理厂升级优化设计[D]. 乌鲁木齐: 新疆大学.

武汉大学, 2017. 分析化学(第 6 版)[M]. 北京: 高等教育出版社.

肖作义, 王利平, 范荣华, 等, 2007. 包头市北郊水质净化厂工艺设计与运行[J]. 水处理技术, 33(3): 85-88.

信泽寅男, 1987. 能源工程中的焓释[M]. 朱明善等, 译. 北京: 化学工业出版社.

熊代群, 汪群慧, 刘惠成, 等, 2009. 惠阳污水厂的 CAST 工艺管理和运行[J]. 工业水处理, 29(7): 72-75.

徐峰, 雷培树, 李满囤, 2012. 百乐克工艺处理城市污水的应用[J]. 市政技术, 30(1): 111-113.

徐康, 王美荣, 李丽华, 等, 2018. 蚌埠市杨台子污水处理厂入河排污口设置论证实例[J]. 治淮(12): 50-51.

徐旭常, 毛健雄, 曾瑞良, 等, 1990. 燃烧理论与燃烧设备[M]. 北京: 机械工业出版社.

许保玖, 1990. 当代给水与废水处理原理[M]. 北京: 高等教育出版社.

许保玖, 龙腾锐, 2000. 当代给水与废水处理原理[M]. 2 版. 北京: 高等教育出版社.

许志欣, 2016. 污水处理厂节能分析与优化运行研究[D]. 邯郸: 河北工程大学.

杨岸明, 2012. 城市污水处理厂曝气节能方法与技术[D]. 北京: 北京工业大学.

杨昊, 杭世珺, 钱明达, 2010. 无锡市梅村污水处理厂 MBR 工艺优化运行研究[J]. 给水排水, 46(12): 32-35.

杨薇兰, 陈豪, 陈虎, 2012. MBR 工艺在无锡城北污水处理厂的应用[J]. 中国给水排水, 28(22): 117-120.

叶大钧, 1990. 能源概论[M]. 北京: 清华大学出版社.

于尔捷, 张杰, 1996. 给水排水工程快速设计手册 2 排水工程[M]. 北京: 中国建筑工业出版社.

俞蓓琼, 2014. 上海松江东北部污水处理厂改扩建工程设计与运行[J]. 城市道桥与防洪(8): 169-172, 15.

袁冀, 2007. 天津咸阳路污水处理厂各单元工艺阶段除磷脱氮分析[D]. 天津: 南开大学.

张海洋, 2009. BIOSTYR 曝气生物滤池及其相关工艺应用的研究[D]. 哈尔滨: 哈尔滨工业大学.

张玲玲, 尚巍, 孙永利, 等, 2019. 高标准下天津市津沽污水处理厂提标改造效果分析[J]. 给水排水, 55(10): 37-41.

张强, 韩兰英, 郝小翠, 等, 2015. 气候变化对中国农业旱灾损失率的影响及其南北区域差异性[J]. 气象学报, 73(6): 1092-1103.

张润霞, 肖继昌, 1993. 企业热平衡与节能技术[M]. 北京: 石油工业出版社.

张文华, 赵鹤, 索坤, 等, 2017. 吉林市污水厂二期工程实例[J]. 长春工程学院学报(自然科学版), 18(2): 77-82.

张文星, 2012. 某市污水处理厂工艺耗分析[J]. 中国电子商务(13): 244.

张自杰, 周帆, 1989. 活性污泥生物学与反应动力学[M]. 北京: 中国环境科学出版社.

赵国志, 2010. 福州市洋里污水处理厂一、二期工程的设计及运行[J]. 中国给水排水, 26(2): 31-36, 41.

赵庆祥, 2002. 污泥资源化技术[M]. 北京: 化学工业出版社.

赵璋, 朱成豪, 戴一鸣, 2019. 温州市西片污水处理厂提标改造及扩建工程设计要点[J]. 净水技术, 38(4): 40-45.

周夏海, 2003. 斯图加特污水处理厂污泥焚烧工艺研究[D]. 北京: 北京工业大学.

朱翠英, 2012. 南宁市江南污水处理厂二期工程的设计与运行[J]. 城镇供水(3): 27-30.

朱明善, 1988. 能量系统的分析[M]. 北京: 清华大学出版社.

朱明善, 陈宏芳, 1992. 热力学分析[M]. 北京: 高等教育出版社.

祖元刚, 1990. 能量生态学引论[M]. 长春: 吉林科学技术出版社.

龟山秀雄, 吉田邦夫, 1979. 標準エクセルギーについて[J]. 化学工学, 43(7): 20-23.

山内繁, 1980. エネルギー有効利用のための化学热力学序论[J]. 化学工业(日), (3).

Abusoglu A, Demir S, Kanoglu M, 2012. Thermoeconomic assessment of a sustainable municipal wastewater treatment system[J]. Renew able Energy, 48: 424-435.

Appels L, Baeyens J, Degrève J, et al., 2008. Principles and potential of the anaerobic digestion of waste-activated sludge[J]. Progress in Energy and Combustion Science, 34(6): 755-781.

Baehr H D, 1968. Zur Definition Exergetischer Wirkungsgrade[J]. BWK, 20(5): 197.

Bailey J E, Ollis D F, 1986. Biochemical engineering fundamentals[M]. 2nd ed. New York: McGraw-Hill Publishing.

Basrawi F, Yamada T, Nakanishi K, 2010. Effect of ambient temperature on the energy balance of anaerobic digestion plants[J]. Journal of Environment and Engineering, 5(3): 526-538.

Battley E H, 1987. Energetics of microbial growth[M]. New York: Wiley Publishing.

Bell K Y, Abel S, 2011. Optimization of WWTP aeration process upgrades for energy efficiency[J]. Water Practice and Technology, 6(2): 1-2.

Benefield L D, Randall C W, 1984. 废水生物处理过程设计[M]. 刑建, 段宁, 译. 北京: 中国建筑工业出版社.

Bolzonella D, Pavan P, Battistoni P, et al., 2005. Mesophilic anaerobic digestion of waste activated sludge: influence of the solid retention time in the wastewater treatment process[J]. Process Biochemistry, 40(3-4): 1453-1460.

Cano R, Pérez-Elvira S I, Fdz-Polanco F, 2015. Energy feasibility study of sludge pretreatments: A review[J]. Applied Energy, 149: 176-185.

Carrère H, Dumas C, Battimelli A, et al., 2010. Pretreatment methods to improve sludge anaerobic degradability: A review[J]. Journal of Hazardous Materials, 183(1-3): 1-15.

Chen S Q, Chen B, 2013. Net energy production and emissions mitigation of domestic wastewater treatment system: A comparison of different biogas–sludge use alternatives[J]. Bioresource Technology, 144: 296-303.

Chudoba P, Chevalier J J, Chang J, et al., 1991. Effect of anaerobic stabilization of activated sludge on its production under batch conditions at various So/Xo ratios[J]. Water Science and Technology, 23(4-6): 917-926.

Chudoba P, Chudoba J, Capdeville B, 1992. The aspect of energetic uncoupling of microbial growth in the activated sludge process - OSA system[J]. Water Science and Technology, 26(9-11): 2477-2480.

Cogert K I, Ziels R M, Winkler M K H, 2019. Reducing cost and environmental impact of wastewater treatment with denitrifying methanotrophs, anammox, and mainstream anaerobic treatment[J]. Environmental Science & Technology, 53(21): 12935-12944.

Copp J B, Dold P L, 1998. Comparing sludge production under aerobic and anoxic conditions[J]. Water Science and Technology, 38(1): 285-294.

Dai X H, Chen Y, Zhang D, et al., 2016. High-solid anaerobic co-digestion of sewage sludge and cattle manure: The effects of volatile solid ratio and pH[J]. Scientific Reports, 6(1): 35194.

Dold P L, Ekama G A, Marais G R, 1980. A general model for the activated sludge process[J]. Progress in Water Technology, 12(6): 47-77.

Dold P L, Ekama G A, Marais G R., 1976. The activated sludge proeess Part Ⅰ: Steady state behvaior[J]. Water SA, 2(4): 85-92.

Ekama G A, 2009. Using bioprocess stoichiometry to build a plant-wide mass balance based steady-state WWTP model[J]. Water Research, 43(8): 2101-2120.

Feng Q, Song Y C, Kim D H, et al., 2019. Influence of the temperature and hydraulic retention time in bioelectrochemical anaerobic digestion of sewage sludge[J]. International Journal of Hydrogen Energy, 44(4): 2170-2179.

Fernández-Arévalo T, Lizarralde I, Fdz-Polanco F, et al., 2017. Quantitative assessment of energy and resource recovery in wastewater treatment plants based on plant-wide simulations[J]. Water Research, 118: 272-288.

Gaballah E S, Abomohra A E F, Xu C, et al., 2020. Enhancement of biogas production from rape straw using different co-pretreatment techniques and anaerobic co-digestion with cattle manure[J]. Bioresource Technology, 309: 123311.

Ganora D, Hospido A, Husemann J, et al., 2019. Opportunities to improve energy use in urban wastewater treatment: a European-scale analysis[J]. Environmental Research Letters, 14(4): 44028.

Garrett R H, Grisham C M, 2002. Biochemistry[M]. 北京: 高等教育出版社.

Garrido J M, Fdz-Polanco M, Fdz-Polanco F, 2013. Working with energy and mass balances: A conceptual framework to understand the limits of municipal wastewater treatment[J]. Water Science and Technology, 67(10): 2294-2301.

Gibrilla A, Adomako D, Anornu G, et al., 2017. δ18O and δ2H characteristics of rainwater, groundwater and springs in a mountainous region of Ghana: Implication with respect to groundwater recharge and circulation[J]. Sustainable Water Resources Management, 3(4): 413-429.

Gonzalez-Martinez A, Rodriguez-Sanchez A, Lotti T, et al., 2016. Comparison of bacterial communities of conventional and A-stage activated sludge systems[J]. Scientific Reports, 6: 18786.

Gonzalezmartinez S, Staud R, Wilderer P A, et al., 1987. Alternating aerobic and anaerobic operation of an activated sludge plant[J]. Journal Water Pollution Control Federation, 59(2): 65-71.

Grill G, Li J, Khan U, et al., 2018. Estimating the eco-toxicological risk of estrogens in China's rivers using a high-resolution contaminant fate model[J]. Water Research, 145: 707-720.

Grobelak A, Grosser A, Kacprzak M, et al., 2019. Sewage sludge processing and management in small and medium-sized municipal wastewater treatment plant-new technical solution[J]. Journal of Environmental Management, 234: 90-96.

Gu J, Xu G J, Liu Y, 2017a. An integrated AMBBR and IFAS-SBR process for municipal wastewater treatment towards enhanced energy recovery, reduced energy consumption and sludge production[J]. Water Research, 110: 262-269.

Gu Y F, Li Y, Li X Y, et al., 2017b. The feasibility and challenges of energy self-sufficient wastewater treatment plants[J]. Applied Energy, 204: 1463-1475.

Gude V G, 2015. Energy and water autarky of wastewater treatment and power generation systems[J]. Renewable and Sustainable Energy Reviews, 45: 52-68.

Guiot S R, Nyns E J, 1986. Quantitative method based on energy and mass balance for estimating substrate transient accumulation in activated sludge during wastewater treatment[J]. Biotechnology and Bioengineering, 28(11): 1637-1646.

Guven H, Ersahin M E, Dereli R K, et al., 2019. Energy recovery potential of anaerobic digestion of excess sludge from high-rate activated sludge systems co-treating municipal wastewater and food waste[J]. Energy, 172: 1027-1036.

Hao X D, Li J, van Loosdrecht M C M, et al., 2019a. Energy recovery from wastewater: Heat over organics[J]. Water Research, 161: 74-77.

Hao X D, Liu R B, Huang X, 2015. Evaluation of the potential for operating carbon neutral WWTPs in China[J]. Water Research, 87: 424-431.

Hao X D, Wang X Y, Liu R B, et al., 2019b. Environmental impacts of resource recovery from wastewater treatment plants[J]. Water Research, 160: 268-277.

Heidrich E S, Curtis T P, Dolfing J, 2011. Determination of the internal chemical energy of wastewater[J]. Environmental Science & Technology, 45(2): 827-832.

Heijnen J J, van Dijken J P, 1992. In search of a thermodynamic description of biomass yields for the chemotrophic growth of microorganisms[J]. Biotechnology and Bioengineering, 39(8): 833-858.

Henze M, Grady Jr C P L, Gujer W, et al., 1987. Activated sludge model No 1[M]. London: IAWPRC.

Henze M, Harremoes P, Jansen J C, et al., 1997. Wastewater Treantment-Biological and Chemical Processes(Second Edition) [M]. C Springer-Verlag: Berlin Heidelberg.

Henze M, van Loosdrecht M C M, Ekama G A, et al., 2008. Biological wastewater treatment: Principles, modelling and design[M]. London: IWA Publishing.

Hoijnen J J, van Loosdrecht M C M, Tijhuis L, 1992. A black box mathematical model to calculate auto- and heterotrophic biomass yields based on Gibbs energy dissipation[J]. Biotechnology and Bioengineering, 40(10): 1139-1154.

Houillon G, Jolliet O, 2005. Life cycle assessment of processes for the treatment of wastewater urban sludge: Energy and global warming analysis[J]. Journal of Cleaner Production, 13(3): 287-299.

Huang B C, Li W W, Wang X, et al., 2019. Customizing anaerobic digestion-coupled processes for energy-positive and sustainable treatment of municipal wastewater[J]. Renewable and Sustainable Energy Reviews, 110: 132-142.

Huang B C, Lu Y, Li W W, 2020. Exploiting the energy potential of municipal wastewater in China by incorporating tailored anaerobic treatment processes[J]. Renewable Energy, 158: 534-540.

Huang J Y C, Cheng M D, 1984. Measurement and new applications of oxygen-uptake rates in activated - sludge processes[J]. Journal Water Pollution Control Federation, 56(3): 259-265.

Huang J Y C, Cheng M D, Mueller J T, 1985. Oxygen uptake rates for determining microbial activity and application[J]. Water Research, 19(3): 373-381.

Ip S Y, Bridger J S, Mills N F, 1987. Effect of alternating aerobic and anaerobic conditions on the economics of the activated sludge system[J]. Water Science and Technology, 19(5-6): 911-918.

Krzeminski P, van der Graaf J H J M, van Lier J B, 2012. Specific energy consumption of membrane bioreactor (MBR) for sewage treatment[J]. Water Science and Technology, 65(2): 380-392.

Li J Z, Tang W Z, Gu L, 2023. Energy efficiency assessment of China wastewater treatment plants by unit energy consumption per kg COD removed[J]. Environmental Technology, 44(2): 278-292.

Li W W, Yu H Q, Rittmann B E, 2015. Chemistry: Reuse water pollutants[J]. Nature, 528(7580): 29-31.

Li Y F, Liu J J, 2014. The application of flocculation precipitation MBR contact oxidation process of wastewater treatment plants located in cold areas[J]. Technology Water Treatment, 40: 128-131.

Lin L, Li R H, Yang Z Y, et al., 2017. Effect of coagulant on acidogenic fermentation of sludge from enhanced primary sedimentation for resource recovery: Comparison between FeCl$_3$ and PACl[J]. Chemical Engineering Journal, 325: 681-689.

Liu J, Yang Q S, Liu J, et al., 2020. Study on the spatial differentiation of the populations on both sides of the "Qinling-Huaihe Line" in China[J]. Sustainability, 12(11): 4545.

Liu Y, 1996a. Bioenergetic interpretation on the S0/X0 ratio in substrate-sufficient batch culture[J]. Water Research, 30(11): 2766-2770.

Liu Y, 1996b. A growth yield model for substrate-sufficient continuous culture of microorganisms[J]. Environmental Technology, 17(6): 649-653.

Loll U, 1974. Stabilisierung hochkonyentrierter organischer Abwasser and Abwasserschlamme durch aerobthermophile Abbauprozesse[M]. Darmstadt: Selbstverlag.

Longo S, Mauricio-Iglesias M, Soares A, et al., 2019. ENERWATER-A standard method for assessing and improving the energy efficiency of wastewater treatment plants[J]. Applied Energy, 242: 897-910.

Lotti T, Kleerebezem R, Hu Z, et al., 2015. Pilot-scale evaluation of anammox-based mainstream nitrogen removal from municipal wastewater[J]. Environmental Technology, 36(9): 1167-1177.

Low E W, Chase H A, 1999. The effect of maintenance energy requirements on biomass production during wastewater treatment[J]. Water Research, 33(3): 847-853.

Low E W, Chase H A, Milner M G, et. al, 2000. Uncoupling of metabolism to reduce biomass production in the activated sludge process[J]. Water Research, 34(12): 3204-3212.

Macintosh C, Astals S, Sembera C, et al., 2019. Successful strategies for increasing energy self-sufficiency at Grüneck wastewater treatment plant in Germany by food waste co-digestion and improved aeration[J]. Applied Energy, 242: 797-808.

Maspolim Y, Zhou Y, Guo C H, et al., 2015. Comparison of single-stage and two-phase anaerobic sludge digestion systems–Performance and microbial community dynamics[J]. Chemosphere, 140: 54-62.

Mattsson J, Hedström A, Viklander M, 2014. Long-term impacts on sewers following food waste disposer installation in housing areas[J]. Environmental Technology, 35(21): 2643-2651.

Maurer M, Boller M, 1999. Modelling of phosphorus precipitation in wastewater treatment plants with enhanced biological phosphorus removal[J]. Water Science and Technology, 39(1): 147-163.

Mazlum S, 2009. Biological wastewater treatment - principles, modeling and design[J]. Clean, 37(8): 611-612.

McCarty P L, 1965. Thermodynamics of biological synthesis and growth[J]. Air and Water Pollution, 9(10): 621-639.

McCarty P L, 1971. Organic compounds in aquatic environments[M]. New York: Marcel Dekker.

McCarty P L, 2007. Thermodynamic electron equivalents model for bacterial yield prediction: modifications and comparative evaluations[J]. Biotechnology and Bioengineering, 97(2): 377-388.

Meerburg F A, Boon N, Van Winckel T, et al., 2015. Toward energy-neutral wastewater treatment: A high-rate contact stabilization process to maximally recover sewage organics[J]. Bioresource Technology, 179: 373-381.

Mitchell P, 1961. Coupling of phosphorylation to electron and hydrogen transfer by a chemi-osmotic type of mechanism[J]. Nature, 191: 144-148.

Mo W W, Zhang Q, 2012. Can municipal wastewater treatment systems be carbon neutral?[J]. Journal of Environmental Management, 112: 360-367.

Mo W W, Zhang Q, 2013. Energy–nutrients–water nexus: Integrated resource recovery in municipal wastewater treatment plants[J]. Journal of Environmental Management, 127: 255-267.

Neiva M R, Galdino L A Jr, Catunda P F C, et al., 1996. Reduction of operational costs by planned interruptions of aeration in activated sludge plants[J]. Water Science and Technology, 33(3): 17-27.

Niu K Y, Wu J, Qi L, et al., 2019. Energy intensity of wastewater treatment plants and influencing factors in China[J]. Science of the Total Environment, 670: 961-970.

Nowak O, Enderle P, Varbanov P, 2015. Ways to optimize the energy balance of municipal wastewater systems: Lessons learned from Austrian applications[J]. Journal of Cleaner Production, 88: 125-131.

O'Connor S, Ehimen E, Pillai S C, et al., 2021. Biogas production from small-scale anaerobic digestion plants on European farms[J]. Renewable and Sustainable Energy Reviews, 139: 110580.

Owen W F, 1982. Energy in wastewater treatment[J]. Englewood Cliffs, N. J, Prentice hall, lnc.

Owen W F, 1989. 污水处理能耗与能效[M]. 章北平, 车武, 译. 北京: 能源出版社.

Painter H A, Loveless J E, 1983. Effect of temperature and pH value on the growth-rate constants of nitrifying bacteria in the activated-sludge process[J]. Water Research, 17(3): 237-248.

Palm J C, Jenkins D, Parker D S, 1980. Relationship between organic loading, dissolved oxygen concentration, and sludge settleability in the completely-mixed activated sludge process[J]. Journal Water Pollution Control Federation, 52(10): 2484-2506.

Panepinto D, Fiore S, Zappone M, et al., 2016. Evaluation of the energy efficiency of a large wastewater treatment plant in Italy[J]. Applied Energy, 161: 404-411.

Perry R H, 1992. 化学工程手册(Perry's Chemical Engineering's Handbook)[M]. 6th Edition. 北京: 化学工业出版社.

Piao S L, Ciais P, Huang Y, et al., 2010. The impacts of climate change on water resources and agriculture in China[J]. Nature, 467: 43-51.

Pirt S J, 1975. Principles of Microbe and Cell Cultivation. [M]. Oxford: Blackwell Scientific Publications.

Plappally A K, Lienhard V J H, 2012. Energy requirements for water production, treatment, end use, reclamation, and disposal[J]. Renewable and Sustainable Energy Reviews, 16(7): 4818-4848.

Porges N, Jasewicz L, Hoover S R, 1956. Principles of biological oxidation. Biological Treatment of Sewage and Industrial Wastes[M]. New York: Rheinhold Publishing.

Ranieri E, Giuliano S, Ranieri A C, 2021. Energy consumption in anaerobic and aerobic based wastewater treatment plants in Italy[J]. Water Practice and Technology, 16(3): 851-863.

Rant Z, 1956. Exergy, a new word for "technical work capavity"[J]. Forsch. Ing. Wes, 22-36.

Reardon R, 2014. Separate or combined sidestream treatment: that is the question[J]. Florida Water Resources Journal, 52-58.

Rittmann B E, McCarty P L, 2020. Environmental Biotechnology: Principles and Applications[M]. Second edition. New York: McGraw-Hill Education.

Rodriguez-Garcia G, Molinos-Senante M, Hospido A, et al., 2011. Environmental and economic profile of six typologies of wastewater treatment plants[J]. Water Research, 45(18): 5997-6010.

Roehrdanz P R, Feraud M, Lee D G, et al., 2017. Spatial models of sewer pipe leakage predict the occurrence of wastewater indicators in shallow urban groundwater[J]. Environmental Science & Technology, 51(3): 1213-1223.

Roels J A, 1983. Energetics and kinetics in biotechnology[M]. Amsterdam: Elseveier.

Sanscartier D, MacLean H L, Saville B, 2012. Electricity production from anaerobic digestion of household organic waste in Ontario: Techno-economic and GHG emission analyses[J]. Environmental Science & Technology, 46(2): 1233-1242.

Sarpong G, Gude V G, Magbanua B S, 2019. Energy autarky of small scale wastewater treatment plants by enhanced carbon capture and codigestion–A quantitative analysis[J]. Energy Conversion and Management, 199: 111999.

Schwarzenbeck N, Pfeiffer W, Bomball E, 2008. Can a wastewater treatment plant be a powerplant? A case study[J]. Water Science and Technology, 57(10): 1555-1561.

Shen Y W, Linville J L, Urgun-Demirtas M, et al., 2015. An overview of biogas production and utilization at full-scale wastewater treatment plants (WWTPs) in the United States: Challenges and opportunities towards energy-neutral WWTPs[J]. Renewable and Sustainable Energy Reviews, 50: 346-362.

Shizas I, Bagley D M, 2004. Experimental determination of energy content of unknown organics in municipal wastewater streams[J]. Journal of Energy Engineering, 130(2): 45-53.

Silvestre G, Fernández B, Bonmatí A, 2015. Significance of anaerobic digestion as a source of clean energy in wastewater treatment plants[J]. Energy Conversion and Management, 101: 255-262.

Simón G, Rainer S, Wilderer Peter A, et al., 1987. Alternating aerobic and anaerobic operation of an activated sludge plant[J]. Journal (Water Pollution Control Federation), 59(2): 65-71.

Singh P, Kansal A, Carliell-Marquet C, 2016. Energy and carbon footprints of sewage treatment methods[J]. Journal of Environmental Management, 165: 22-30.

Spanjers H, Vanrolleghem P, Olsson G, et al., 1996. Respirometry in control of the activated sludge process[J]. Water Science and Technology, 34(3-4): 117-126.

Speece R E, McCarty P L, 1964. Nutrient requirements and biological solids accumulation in anaerobic digestion[J]. Advances Water Pollution Research, 2: 305-333.

Stillwell A S, Hoppock D C, Webber M E, 2010. Energy recovery from wastewater treatment plants in the United States: a case study of the energy-water nexus[J]. Sustainability, 2(4): 945-962.

Sun Y, Chen Z, Wu G X, et al., 2016. Characteristics of water quality of municipal wastewater treatment plants in China: implications for resources utilization and management[J]. Journal of Cleaner Production, 131: 1-9.

Sussman M V, 1977. The efficiency of mechano-chemical cycles and the mechano-chemical availability function[J]. Journal of Mechanochemistry & Cell Motility, 4(1): 55-61.

Symons J M, McKinney R E, 1958. The biochemistry of nitrogen in the synthesis of activated sludge[J]. Sewage and Industrial Wastes, 30(7): 874-890.

Szargut J, 1980. International progress in second law analysis[J]. Energy, 5(8-9): 709-718.

Tai S, Matsushige K, Goda T, 1986. Chemical exergy of organic matter in wastewater[J]. International Journal of Environmental Studies, 27(3-4): 301-315.

Tandukar M, Pavlostathis S G, 2015. Co-digestion of municipal sludge and external organic wastes for enhanced biogas production under realistic plant constraints[J]. Water Research, 87: 432-445.

Thierbach R, Hanssen H, 2003. Utilisation of energy of sewage gas and sludge combustion at the Koehlbrandhoeft sewage plant, Hamburg; Nutzung von Energie aus der Faulgas-und Schlammverbrennung auf Hamburgs Klaerwerk Koehlbrandhoeft[C]. Germany.

Thomsen M, Romeo D, Caro D, et al., 2018. Environmental-economic analysis of integrated organic waste and wastewater management systems: a case study from Aarhus City (Denmark)[J]. Sustainability, 10(10): 3742

van Loosdrecht M C M, Henze M, 1999. Maintenance, endogenous respiration, lysis, decay and predation[J]. Water Science and Technology, 39(1): 107-117.

van Loosdrecht M C M, Brdjanovic D, 2014. Anticipating the next century of wastewater treatment[J]. Science, 344(6191): 1452-1453.

Verstraete W, Vlaeminck S E, 2011. ZeroWasteWater: Short-cycling of wastewater resources for sustainable cities of the future[J]. International Journal of Sustainable Development & World Ecology, 18(3): 253-264.

Wang H T, Yang Y, Keller A A, et al., 2016. Comparative analysis of energy intensity and carbon emissions in wastewater treatment in USA, Germany, China and South Africa[J]. Applied Energy, 184: 873-881.

Wang J W, Zhang T Z, Chen J N, 2010. Operating costs for reducing total emission loads of key pollutants in municipal wastewater treatment plants in China[J]. Water Science and Technology, 62(5): 995-1002.

Wang X, Liu J X, Ren N Q, et al., 2012. Assessment of multiple sustainability demands for wastewater treatment alternatives: A refined evaluation scheme and case study[J]. Environmental Science & Technology, 46(10): 5542-5549.

Wang X, Daigger G, de Vries W, et al., 2019. Impact hotspots of reduced nutrient discharge shift across the globe with population and dietary changes[J]. Nature Communications, 10(1): 1-12.

Wang Z Z, Jiang Y, Wang S, et al., 2020. Impact of total solids content on anaerobic co-digestion of pig manure and food waste: Insights into shifting of the methanogenic pathway[J]. Waste Management, 114: 96-106.

WEF, 1998. Design of municipal wastewaetr treatment plants-volume Ⅱ: Liquid treatment process. Fourth edition[M]. United States.

WEF, 2009. Energy conservation in water and wastewater facilities, 1sted[M]. New York: Water Environment Federation Press.

Wei L L, Zhu F Y, Li Q Y, et al., 2020. Development, current state and future trends of sludge management in China: Based on exploratory data and CO$_2$-equivaient emissions analysis[J]. Environment International, 144: 106093.

Werther J, Ogada T, 1999. Sewage sludge combustion[J]. Progress in Energy and Combustion Science, 25(1): 55-116.

Wesner G M, Culp G L, Lineck T S, et al., 1978. Energy conservation in municipal wastewater treatment[J]. MCD-32. EPA 430/9-77-011.

Xiong Y T, Zhang J, Chen Y P, 2021. Geographic distribution of net-zero energy wastewater treatment in China[J]. Renewable and Sustainable Energy Reviews, 150: 111462.

Yan P, Qin R C, Guo J S, et al., 2017. Net-zero-energy model for sustainable wastewater treatment[J]. Environmental Science & Technology, 51(2): 1017-1023.

Yan P, Guo J S, Xu Y F, et al., 2018. New insight into sludge reduction induced by different substrate allocation strategy between oxygen and nitrate/nitrite as terminal electron acceptor[J]. Bioresource Technology, 257: 7-16.

Yan P, Shi H X, Chen Y P, et al., 2020. Optimization of recovery and utilization pathway of chemical energy from wastewater pollutants by a net-zero energy wastewater treatment model[J]. Renewable and Sustainable Energy Reviews, 133: 110160.

Yan X, Li L, Liu J X, 2014. Characteristics of greenhouse gas emission in three full-scale wastewater treatment processes[J]. Journal of Environmental Sciences, 26(2): 256-263.

Yang G, Zhang G M, Wang H C, 2015. Current state of sludge production, management, treatment and disposal in China[J]. Water Research, 78: 60-73.

Yang J W, Chen B, 2021. Energy efficiency evaluation of wastewater treatment plants (WWTPs) based on data envelopment analysis[J]. Applied Energy, 289: 116680.

Yang L B, Zeng S Y, Chen J N, et al., 2010. Operational energy performance assessment system of municipal wastewater treatment plants[J]. Water Science and Technology, 62(6): 1361-1370.

Yao Y, Huang G, An C J, et al., 2020. Anaerobic digestion of livestock manure in cold regions: Technological advancements and global impacts[J]. Renewable and Sustainable Energy Reviews, 119: 109494.

Zhang Q H, Wang X C, Xiong J Q, et al., 2010. Application of life cycle assessment for an evaluation of wastewater treatment and reuse project–Case study of Xi'an, China[J]. Bioresource Technology, 101(5): 1421-1425.

Zhang Q H, Yang W N, Ngo H H, et al., 2016. Current status of urban wastewater treatment plants in China[J]. Environment International, 92: 11-22.

Zupančič G D, Roš M, 2003. Heat and energy requirements in thermophilic anaerobic sludge digestion[J]. Renewable Energy, 28(14): 2255-2267.

附录 A 式(3.55)的推导

先推导可压缩的气体、和因分压变化引起的扩散㶲计算方法。

常温条件下对方程(3.52)取压力的偏微分，得

$$\left(\frac{\partial E_{\mathrm{x}}}{\partial P}\right)_T = \left(\frac{\partial H}{\partial P}\right)_T - T_0\left(\frac{\partial S}{\partial P}\right)_T \qquad (\text{附 A.1})$$

根据麦克斯韦(Maxwell)关系式 $*(\partial S / \partial P)_T = -(\partial V / \partial T)_P$ 及其推论 $(\partial H / \partial P)_T = V - T(\partial V / \partial T)_P$，式(附 A.1)成为

$$\left(\frac{\partial E_{\mathrm{x}}}{\partial P}\right)_T = V - (T - T_0)\left(\frac{\partial V}{\partial T}\right)_P \qquad (\text{附 A.2})$$

在压力、间积分上式(附 A.2)，得

$$\Delta E_{\mathrm{x}} = \int_{P_1}^{P_2}\left[V - (T - T_0)\left(\frac{\partial V}{\partial T}\right)_P\right]\mathrm{d}P$$

对理想气体，$V = nRT / P$，$n=1$ 时由压力 $P_1 = 1$ 到压力 P_2 的㶲变化为

$$\Delta E_{\mathrm{x}} = nRT_0\int_{P_1}^{P_2}\frac{\mathrm{d}P}{P} = RT_0\ln\left(\frac{P_1}{P_2}\right) = RT_0\ln\left(\frac{1}{P_2}\right) \qquad (\text{附 A.3})$$

该方程表明饱和湿空气中的组分在压力 $1.013\times10^5\mathrm{Pa}$ 和压力时㶲值的差别。我们可根据饱和湿空气各组分的分压情况定义其标准化学㶲。

用表示物质的标准化学㶲，并用其替代式(附 A.3)中的 ΔE_{x}，得

$$E_{\mathrm{xc},i}^0 = RT_0\ln\left(\frac{1}{P_i}\right) \qquad (\text{附 A.4})$$

式中，P_i 为组分在空气中的分压，将表 3.2 中的数据代入，即可得到 O_2、N_2 和 W_2 等的标准化学㶲(扩散㶲)。

假设任一化合物的分子式为 $X_xY_yZ_z$，其生成反应为

$$x\mathrm{X}+y\mathrm{Y}+z\mathrm{Z} \rightarrow \mathrm{X}_x\mathrm{Y}_y\mathrm{Z}_z \qquad (\text{附 A.5})$$

该反应㶲的变化为

$$\Delta E_{\mathrm{x}} = E_{\mathrm{xc},\mathrm{X}_x\mathrm{Y}_y\mathrm{Z}_z}^0 - xE_{\mathrm{xc},\mathrm{X}}^0 - yE_{\mathrm{xc},\mathrm{Y}}^0 - zE_{\mathrm{xc},\mathrm{Z}}^0 \qquad (\text{附 A.6})$$

该反应自由能的变化为

$$\Delta G = \Delta G_{\mathrm{f},\mathrm{X}_x\mathrm{Y}_y\mathrm{Z}_z}^0 - x\Delta G_{\mathrm{f},\mathrm{X}}^0 - y\Delta G_{\mathrm{f},\mathrm{Y}}^0 - z\Delta G_{\mathrm{f},\mathrm{Z}}^0 \qquad (\text{附 A.7})$$

在常温下可获得的最大功等于自由能的变化：

$$\Delta E_{\mathrm{x}} = \Delta G$$

则其标准化学㶲由式(附 A.6)与式(附 A.7)求解得到

$$E_{\mathrm{xc},\mathrm{X}_x\mathrm{Y}_y\mathrm{Z}_z}^0 = \Delta G_{\mathrm{f},\mathrm{X}_x\mathrm{Y}_y\mathrm{Z}_z}^0 - x\Delta G_{\mathrm{f},\mathrm{X}}^0 - y\Delta G_{\mathrm{f},\mathrm{Y}}^0 - z\Delta G_{\mathrm{f},\mathrm{Z}}^0 + xE_{\mathrm{xc},\mathrm{X}}^0 + yE_{\mathrm{xc},\mathrm{Y}}^0 + zE_{\mathrm{xc},\mathrm{Z}}^0$$

由于 25℃、1 大气压下稳定单质的标准生成自由能为零，上式可写为

$$E_{\mathrm{xc},\mathrm{X}_x\mathrm{Y}_y\mathrm{Z}_z}^0 = \Delta G_{\mathrm{f},\mathrm{X}_x\mathrm{Y}_y\mathrm{Z}_z}^0 + xE_{\mathrm{xc},\mathrm{X}}^0 + yE_{\mathrm{xc},\mathrm{Y}}^0 + zE_{\mathrm{xc},\mathrm{Z}}^0 \qquad (\text{附 A.8})$$

即式(3.55)。

附录B 案例城市污水处理厂的工艺特征参数表

污水处理厂	处理规模 Q_w /(10⁴m³/d)	污水处理工艺	进水COD /(mg/L)	COD去除量 ΔCOD/(kg/d)	M_{vs}/M_{ts}	COD_{ana} /COD_t	μ/(kW·h /kgCOD)	干污泥 /(t/d)	能量生产 /kW·h/d)	自给率 /%
北京1	58	AAO-MBR	550.0	301249		0.57	0.82	160.9	263886	98.62
北京2	61	AAO	552.2	322052		0.54	0.41	163.8	268629	176.84
北京3	91	AAO	418.5	349382		0.45	0.80	146.5	240315	80.52
吉林1	15	MBR	400.0	55500		0.52	1.62	26.9	44176	47.39
吉林2	15	A/O	347.9	44520		0.43	0.42	17.8	29161	139.67
黑龙江1	30	A/O	480.0	131877		0.44	0.72	54.9	90002	88.25
黑龙江2	4	CAS	500.0	18000		0.36	0.78	6.0	9841	66.87
黑龙江3	10	AAO	371.4	32567		0.51	1.00	15.6	25578	74.34
辽宁1	25	DAT-IAT	318.4	68550		0.63	0.96	40.6	66588	94.49
辽宁2	8	BAF	367.0	26968		0.39	0.83	10.0	16401	69.51
辽宁3	10	A/O	271.0	36745		0.52	0.99	13.3	21731	76.37
辽宁4	36	BAF	439.2	129312		0.63	0.64	76.8	125960	136.95
河北	8	BAF	305.4	32320		0.44	0.86	13.5	22125	75.57
山西1	5	P-MSBR	360.0	15665		0.48	1.60	7.0	11503	44.52
山西2	10	OD	330.0	30052		0.60	0.82	16.8	27554	103.96
陕西1	15	A-AAO	306.7	43436		0.48	0.97	19.5	31982	72.15
陕西2	17	AAO	476.0	77520		0.48	0.69	35.0	57346	99.54
天津1	1	MHA	271.0	2893	0.75	0.61	1.21	1.7	2706	73.04
天津2	55	A/O	398.0	198770		0.43	0.98	80.0	131208	64.24
天津3	45	A/O	321.0	124169		0.45	0.33	52.5	86105	184.10
天津4	1	BDP	600.0	5490		0.61	1.09	5.2	5136	79.82
山东1	4	AAO	232.0	6993		0.46	1.39	3.0	4920	48.92
山东2	3	OD	447.5	12632		0.61	1.81	7.3	11911	50.17
山东3	8	CAS	722.6	51862		0.40	0.54	19.5	31949	105.32
山东4	8	AAO	308.0	21080		0.49	1.33	9.7	15975	54.76
河南1	7	OD	510.0	21918		0.53	1.37	11.0	17974	57.18
河南2	2	Biolak	434.0	7826		0.41	0.61	3.0	4920	95.38
四川1	10	AAO	250.4	23580		0.63	0.50	14.0	22961	171.56
四川2	1	AAO	309.6	3960		0.63	1.25	2.4	3856	73.72
四川3	3	CASS	265.0	6000		0.34	0.67	1.9	3184	75.24
贵州1	5	AAO	450.0	20250		0.51	1.76	9.8	16040	43.60
广西	48	AAO-MSBR	152.0	62880		0.55	0.78	32.4	53139	99.98
广东1	20	AAO	198.2	36493		0.56	1.19	19.2	31507	68.80
广东2	6	CAS	263.0	13620		0.39	1.19	5.0	8153	48.55
广东3	10	UCT	572.0	56796		0.56	0.40	29.9	49036	186.43

续表

污水处理厂	处理规模 Q_w /($10^4 m^3$/d)	污水处理工艺	进水 COD /(mg/L)	COD 去除量 ΔCOD/(kg/d)	M_{vs}/M_{ts}	COD_{ana} /COD_t	μ/(kW·h /kgCOD)	干污泥 /(t/d)	能量生产 /kW·h/d	自给率 /%
浙江 1	25	CAST-MBBR-AAO	—	55000	0.58	1.05	30.0	49203	79.90
浙江 2	3	DAT-IAT	430.0	11100	0.45	0.76	4.7	7708	86.02
江苏 1	3	MBR	214.1	5951	0.59	1.74	3.3	5392	50.16
江苏 2	5	MBR	500.0	22500	0.36	1.56	7.7	12609	35.10
湖北 1	18	AAO	240.0	40500	0.61	0.90	23.1	37922	97.07
湖北 2	9	OD	159.0	11523	0.65	1.85	7.1	11594	52.19
安徽 1	10	AAO	330.0	28000	0.53	0.71	14.0	22961	105.95
安徽 2	10	AAO-OD	276.0	24940	0.58	1.06	13.5	22141	78.76
安徽 3	2	OD	350.0	5800	0.44	0.97	2.4	3936	66.87
湖南 1	4	AAO	219.0	7720	0.39	1.55	2.8	4592	37.23
湖南 2	2	OD	260.0	4000	0.43	1.74	1.6	2624	36.70
上海 1	40	SBR	323.4	114480	0.43	0.63	45.7	74951	96.76
上海 2	14	AAO	413.6	53396	0.40	0.52	20.0	32756	107.80
上海 3	3	A/O	142.0	3548	0.43	1.21	1.4	2349	52.66
上海 4	8	CAS	282.0	18953	0.46	1.90	8.1	13336	36.07
福建 1	6	AAO	450.0	23400	0.36	0.69	7.8	12793	74.94
福建 2	20	OD	300.0	55180	0.50	0.72	26.0	42643	98.93
重庆 1	44	AAO	—	130446	0.48	0.62	59.0	96751	109.25
重庆 2	5	CASS	207.0	8467	0.64	0.92	5.1	8285	98.72
重庆 3	6	OD	335.5	18045	0.53	1.02	8.9	14599	74.98
重庆 4	3	CAS	264.0	6250	0.43	0.83	2.5	4112	74.93
重庆 5	9	AAO	275.5	21591	0.61	1.09	12.4	20266	81.03
重庆 6	5	CASS	250.0	11430	0.48	0.86	5.1	8424	80.67
重庆 7	1	AAO	268.0	2113	0.58	1.10	1.2	1879	76.34
重庆 8	3	OD	378.4	12356	0.41	0.78	4.8	7854	76.93
重庆 9	1	CAS	211.0	2053	0.64	1.01	1.2	2033	91.48
重庆 10	5	OD	409.3	17350	0.54	0.82	8.9	14399	94.25
内蒙古 1	8	AAO	500.0	36800	0.39	1.20	13.4	22017	48.28
内蒙古 2	7	CAS	768.0	49420	0.35	0.47	16.4	26975	106.14
宁夏	2	SBR	350.0	3750	0.50	1.68	1.8	2870	44.10
甘肃	30	CAS	650.0	180000	0.41	1.55	68.5	112347	39.16
新疆 1	1	OD	400.0	3400	0.57	0.82	1.8	2965	98.32
新疆 2	4	MBBR	800.0	30000	0.64	1.50	17.9	29357	62.40
海南	30	AAO	286.2	66060	0.45	0.49	28.0	45923	128.88
青海	3	A/O	131.0	3080	0.59	1.69	1.7	2806	51.90